# 북한의 수학 연구 현황 분석

서울대학교통일학연구총서 29

# 북한의 수학 연구 현황 분석

초판 1쇄 인쇄 2016년 3월 10일
초판 1쇄 발행 2016년 3월 15일

지은이 김도한 · 신정선
펴낸곳 서울대학교출판문화원
펴낸이 성낙인

책임 편집 정미경
디자인 장혜원

출판등록 제15-3호

주소 (08826) 서울 관악구 관악로 1
대표전화 02-880-5252 팩스 02-888-4148
마케팅팀(주문상담) 02-889-4424, 02-880-7995
이메일 snubook@snu.ac.kr
홈페이지 www.snupress.com

ISBN 978-89-521-1727-4 94410
978-89-521-1029-9(세트)

서울대학교통일학연구총서 29

# 북한의 수학 연구 현황 분석

김도한 · 신정선 지음

서울대학교출판문화원

# Analysis of Mathermatical Research in North Korea

Dohan Kim and Jong Son Shin

Seoul National University Press

# 서울대학교통일학연구총서를 내면서

냉전체제가 와해되고 남북교류가 증대하면서 21세기 한반도의 창조적 미래 구상이 절실히 요청되고 있다. 우리의 희망과는 달리 남북관계는 여전히 불안정하고 국제정세 또한 유동적이지만, 상호적대적인 분단체제는 더 이상 유지되기 어려운 상황임이 분명하다. 민주화와 경제발전을 성공적으로 이룩한 우리 사회의 역량을 바탕으로 이제 통일한국의 미래를 기획하고 추진하는 일이 핵심적인 시대적 과제로 부각되고 있다.

어떤 형태의 통일이 바람직할 것인가에 대해 완전한 합의를 얻기는 쉽지 않다. 통일이 이루어질 시기를 예측하기도 어려우며, 통일과정이 반드시 점진적이거나 평화적일 것이란 보장도 없다. 우리가 원치 않는 방식으로 통일문제에 맞부딪치게 될 가능성도 얼마든지 있다. 그럼에도 불구하고, 아니 그렇기 때문에 통일에 대한 연구는 더욱 총체적인 시야에서 체계적으로 이루어져야 한다. 실제로 통일과정에 돌입했을 때 그 전 과정을 적절히 관리할 역량이 갖추어지지 못하면 오히려 심각한 갈등과 후유증을 겪을 우려가 크기 때문이다.

통일논의가 구체화되고 정책적 실현가능성이 높아질수록 그에 적합한 전문성과 책임성을 갖추기 위해 노심초사해야 하는 것이 한국 지식인의 책무일 것이다. 반세기 이상 남북한 주민들이 경험해온 상이한 제도와 관행을 적절히 통합하고 전쟁의 상처와 오랜 대립에서 비롯된 적대감과 이질성을 극복하기 위해서는 고도의 전문성과 기획력이 무엇보다도 필요하다. 한반도 통일을 바람직한 동북아지역 질서와 연계시키고 보다 나은 공동체를 구현하는 일도 지식인들의 높은 식견과 섬세한 대응역량이 없이는 불가능하다.

서울대학교는 2003년부터 통일학연구 지원사업을 시작하였고, 우리 사회의 지적 대응능력을 키우는 데 진력하고 있다. 서울대학교의 통일연구 사업은 북한에 대한 지역연구 차원을 넘어서 통일과정 전반에서 고려되어야 할 쟁점들을 학제적으로 분석하는 데 목적을 둔다. 따라서 정치, 경제, 사회, 역사, 문화, 환경의 영역은 물론이고 농학과 의학, 과학기술과 예술 및 체육에 이르기까지 광범위한 영역을 포괄한다. 이 일을 총괄하는 서울대학교 통일평화연구원은 국내외의 연구기관 및 연구자들과 교류하면서 종합학문으로서의 통일학을 정립하고자 애쓰고 있다.

서울대학교통일학연구총서는 이러한 학문적 노력의 결실이다. 이 총서가 우리 시대 최대의 과제인 분단극복과 통일한국을 향한 역사적 장정에 긴요한 지적 자산이 되기를 기대한다. 또한 소모적인 이념 논란을 지양하고 창조적인 대안과 정책적 지혜를 탐색하는 이성적 도구로 활용되기를 바란다. 끝으로 통일연구의 시대사적 중요성을 인식하고 서울대학교 통일연구 사업의 제도적 바탕을 마련해주신 정운찬 전 총장님과 변함없이 이 연구사업을 지원, 격려해주신 이장무 전 총장님, 그리고 종전의 통일평화연구소를 통일평화연구원으로 승격하여 새로운 도약과 발전의 기틀을 마련해주신 오연천 총장님께 깊은 감사를 표한다.

2011년 9월

서울대학교 통일평화연구원

# 머리말

우리에게 통일은 숙명적인 과제다. 이 어려운 과제를 해결하는 데 꼭 필요한 것이 통일 후에 발생할 여러 문제에 대해 미리 준비하고 대비하는 자세라 하겠다. 최근의 남북관계는 5년 넘게 상당히 오랫동안 경직되어 있는 상황이지만, 그러하기에 더더욱 민족의 동질감 형성과 상호 이해 협조 기반을 튼튼히 해두는 것이 필요하다. 이러한 기반은 우선 북한의 실제 상황을 정확히 파악하고 남한과 비교 · 분석하는 과정을 통해 공고해질 수 있다.

그런 의미에서 21세기 지식기반사회에서 국가 경제 발전과 직결되고 동시에 그 바탕이 되는 기초과학, 특히 중요한 분야인 수학에 관한 북한의 연구 현황을 연구하고 남한과 비교 · 분석하는 것은 매우 중요한 일이다. 수학이 이념에 독립적인 학문이므로 자유로운 지식의 교류를 통한 동질성 추구와 학술 교류가 가능하다는 점에서 남북 교류가 가장 쉽고 유망한 분야이기 때문에 더욱 그렇다.

이 책에서 다룬 북한 수학의 기초 자료와 남북한 수학 연구 인력, 연구 동향, 연구 분야 및 연구 역량 비교는 기본 자료로서 중요한 역할을 할 수 있을 것이다.

한 가지 안타까운 것은 한국 수학계가 서울 코엑스에서 성공적으로 개최한 2014년 세계수학자대회에 북한 수학자를 초청하려고 다각적으로 노력하였으나 남북 간의 단절을 실감한 것으로 끝났다는 점이다. 뜻을 이루지는 못했지만 이를 위하여 노력해준 중국 연변대학의 최성일 학원장과 일본 조선대학의 김희남 이공학부장에게 감사의 뜻을 표한다.

또한 이 책의 집필을 시작할 때부터 자료 정리와 편집까지 도와준 서울대학교 김수진 조교와 금융수학 분야 논문의 전문적 평가에 큰 도움을 준 서울대 김원세 조교에게도 감사의 뜻을 전한다.

2016년 2월

김도한 · 신정선

# 차례

# 표 차례

## 그림 차례

# 제1장
# 서론

## 1. 연구 목적

### 1) 연구 배경

다른 학문과 마찬가지로 수학도 해방 후 분단 반세기 넘게 남한과 북한은 전혀 교류가 없는 상태에서 서로 다른 길을 걸어왔다. 때문에 연구 분야는 물론 학술 용어도 서로 달라 상당한 이질감을 느낄 수밖에 없다.

연구 분야를 살펴보면 남한에서는 최근까지 순수수학에 치중해온 반면, 북한에서는 순수수학 분야의 연구는 극히 제한적이고, 실생활이나 북한에서 4대 선행 부문이라고 일컫는 전력, 석탄, 금속, 철도운수 부문의 생산현장에서 발생하는 문제를 해결하는 데 필요한 응용수학 분야에 편중되어 있다.

학술 용어는 특별한 노력 없이 일본식 한자와 영어를 그대로 수용해온 우리와는 달리, 북한에서는 한글화 작업에 많은 노력을 쏟아 일부 러시아식 학술 용어를 제외한 대부분의 수학 용어들이 우리 고유의 한글로 정착되었다. 현재의 우리 감각에는 상당히 생소하고 어색한 용어도 많지만 열린 마음으로 살펴보고 북한의 좋은 한글 학술 용어는 수정 · 보완해 받아들여도 좋으리라 생각한다. 최근에는 남한에서도 학술 용어의 한글화 작업에 노력을 기울이고 있으므로 남한과 북한의 학술 용어에서 좋은 부분만 따르면 학술 용어의 통일을 기할 수 있을 것이다. 결국 남북의 통일은 학문 분야에서도 큰 시너지 효과를 발휘할 수 있으리라 기대한다.

그러나 아쉽게도 북한의 수학 연구의 과학적인 분석 · 종합 그리고 수학 학술 용어의 정리는 매우 빈약하고 또 그런 연구는 극히 일부에 지나지 않는다. 그뿐만 아니라, 1980년대 말 연구신청자인 김도한(1993a; 1993b)이 수행한 연구와 2005년에 공동연구자인 신정선(2005)이 수행한 연구는 연구 분야, 연구자 및 참고문헌 분류 등 대략적인 경향은 알 수 있지만 이미 시의성을 잃어 새로운 연구가 필요한 시점이다. 또한 과학적인 엄밀한 측면에서 수학 분야의 국제학술지에서 통용되는 세분된 연구 분야 분류법인 MSC 2010(2010년 판 Mathematics Subject Classification)을 따라 좀 더 상세하게 분석할 필요가 있다.

또한 김도한(1993b)이 1980년대 말에 수행한 연구에서 북한의 학술 용어의 한글화에 관하여 정리 · 분석한 작업을 확대할 필요가 있다. 2003년 『남북과학기술용어집』이 한국과학기술단체총연합회와 재일본조선인과학기술협회의 협력으로 발간되었으나 수학에서 점점 중요해지고 있는, 예를 들면 symplectic geometry 같은 최신 학술 용어는 수록되지 않아 업데이트가 요구된다. 따라서 북한의 수학 연구 현황을 질적 · 양적 또한 종합적 · 과학적으로 자세히 연구 · 분석하는 것이 당면과제라고 생각한다.

### 2) 연구 목적과 의의

본 연구의 목적은 다음과 같다. 첫째, 북한의 수학 연구와 인력에 관한 현황을 조사 · 분석한다. 둘째, 북한의 기초과학 정책, 특히 수학의 연구 방향과 중점을 두고 있는 분야를 조사 · 분석한다. 셋째, 남북한 수학의 균형적 발전을 위하여 수학 용어의 동일성을 위한 조사와 북한의 수학에 관한 자료를 종합적으로 데이터베이스화하여 기초 자료를 제공한다. 이는 다가올 남북 간 수학 분야의 학술 교류와 통일 그리고 남북 간 및 남한과 일본 조총련과의 수학 학술교류 협력 방안을 모색하는 기초 자료로서 의의가 크다.

## 2. 연구 내용과 방법

### 1) 연구 내용

북한의 가장 중요하고 대표적인 수학 잡지로는 『과학원통보』와 『수학』이 있다. 북한에서 발간되는 기초과학계의 가장 핵심적이고 종합적인 학술지는 과학원에서 발간하는 『조선민주주의인민공화국 과학원통보』로 1957년에 출판이 시작되었다. 격월간으로 연간 여섯 권이 출판되고 있다. 이 잡지는 1953년부터 1956년까지 출판된 『조선과학원학보』가 이어진 것으로, 구소련 학술원에서 시작하여 현재까지 발간하고 있는 *Doklady*를 모델로 삼은 것으로 볼 수 있다. 분량은 매권 60쪽 정도이며 약 30 내지 40편의 논문을 포함하고 있어 논문 한 편당 분량은 약 2쪽이다. 『과학원통보』에 게재된 논문 중 수학 논문의 비중은 통계 및 정보수학을 포함하여 거의 1/3에 가까워 북한이 기초과학 분야에서 수학을 얼마나 중요하게 여기는지를 알 수 있다.

수학 분야의 대표적인 학술지는 『수학』이다. 원래 과학원 수학물리연구소 논문집인 『수학과 물리』라는 이름으로 계간으로 발행되었으나 1986년 1호를 마지막으로 『물리』와 분리되어 발행되고 있다. 분량은 매권 60쪽 정도며 약 30편의 논문을 포함하고 있다.

『과학원통보』, 『수학』 모두 논문 한 편당 평균 2쪽 내외 분량으로 심도 있는 수준의 논문을 쓰기에는 턱없이 부족하다. 구소련이나 러시아에서 *Doklady* 등 『통보』에 나오는 논문들은 다른 학술지에 나올 긴 논문에서 증명을 생략하고 내용을 먼저 소개하는 역할을 한다. 그러나 북한의 논문들은 증명이 다른 학술지에 나오지도 않아 검증하기가 쉽지 않다.

거의 모든 과학 기술 분야 학술지들은 "북한학술지 통합 데이터베이스

www.kpjournal.com"에 정리되어 있어 필요한 자료는 모두 이곳에서 찾을 수 있다.

본 연구에서는 북한의 수학 학술지 『과학원통보』와 『수학』에 2001~2010년에 게재된 모든 논문의 분석을 통하여 연구 분야 및 한글 학술 용어 등 남북한의 수학 연구 현황을 비교 · 분석하였다. 구체적으로 다음의 연구들을 수행하였다.

### (1) 북한의 수학 연구 분야 분석

수학 연구 분야는 일반적으로 크게 다음과 같이 분류한다.

1. 대수학
2. 해석학
3. 기하학
4. 위상수학
5. 응용수학
6. 확률 및 통계

본 연구에서는 전통적인 분류에 의하여 모든 대상 논문을 위의 6개 분야로 분류하였다. 또한 미국수학회(AMS)의 논문 리뷰 학술지인 *Mathematical Reviews*와 독일의 수학 논문 리뷰지 *Zentralblatt*에서 공동으로 수학 분야 분류법으로 만든 MSC 2010 분류법에 따라 63개의 소분야로 분류하여 상세하게 분석하였다. 그 후에 남한 수학자들이 연구하는 연구 분야, 더 나아가서 세계 전체 수학자들의 연구 분야와도 비교하여 더 자세한 비교 평가가 가능하도록 분석하였다.

참고로 2010년 수학분류법 MSC 2010 목록은 2장 1절을 참조하기 바란다.

### (2) 북한 수학자의 데이터베이스 작업

북한은 폐쇄적인 사회라 인적 자원의 데이터를 얻거나 이를 데이터베이스화하는 작업에 어려움이 많다. 그럼에도 본 연구에서는 연구를 진행하면서 부수작업으로 논문 저자, 논문 수 및 연구 분야를 데이터베이스화하여 기본 자료를 만들었다. 이 자료가 북한 수학 분야 인적자원의 기본 자료로 중요한 역할을 할 것으로 기대한다.

2001년부터 2010년까지 조사기간 10년 동안 두 학술지에 논문을 게재한 연구 인력의 명단을 정리하고 저자들의 발표논문 수, 연구 분야, 논문의 저자 수 등을 자세하게 분석하였다.

북한의 수학 연구 인력의 데이터베이스에서 논문 대부분이 저자들의 소속과 직위를 밝히지 않고 있어 정확하고 세밀한 분류는 가능하지 않았지만, 북한 수학 연구 인력의 기본 자료로는 중요한 역할을 할 수 있을 것이다.

### (3) 참고문헌에 나온 논문의 국가별 분석

논문들의 참고문헌에 나온 논문을 국가별로 분석하였다. 김도한(1993a)에서는 참고문헌에 나온 논문들을 분석하였는데 1980년대 말에 국가별 구성비를 살펴보면 북한 18.5%, 중국 1.3%, 일본 4.5%, 미국 및 유럽 29.0%인 반면에, 구소련 문헌이 차지하는 비율이 46%로 압도적이다. 그러나 1985년의 51.7%와 비교하면 점차 감소하는 추세에 있었다. 참고문헌의 국가별 구성비가 2000년대에 들어와서는 어떻게 변화했는가를 연구하는 것도 상당히 흥미롭고 의미 있는 과제라 이 연구에서 이 추세를 분석하여 참고문헌에 나온 논문들을 북한, 미국 및 유럽, 러시아, 중국, 일본 등 5개로 분류하여 연도별 변화 현황을 도표로 표시하였다.

### (4) 남한 및 세계와의 연구 분야 비교

『한국 수학계의 연구동향분석』(대한수학회, 2011)에 나온 남한 수학자들의 연구 분야와 연구 인력 분석에 관한 결과를 정리하여 북한의 연구에 관련하여 위에 정리한 자료들과 비교하여 정리하였다. 또한 남북한 연구 분야 및 연구 인력 등을 미국수학회의 학술지정보 검색 홈페이지인 Math.Sci.Net에 나온 세계 전체의 자료와도 양적 및 백분율로 비교하였다.

### (5) 북한 수학자의 국제학술지 게재 논문 목록

미국수학회에서 발간하는 국제 수학학술지에 게재된 논문들을 데이터베이스화한 Math.Sci.Net에서 이제까지 북한 수학자가 국제학술지에 게재한 논문 목록을 따로 발췌해 조사 · 분석하였다.

### (6) 북한의 수학 한글 용어

북한의 학술 연구는 논문의 질을 획기적으로 높이기는 쉽지 않을 것으로 보이지만, 앞에서 언급한 것처럼 한글화 작업에서는 많은 노력을 기울여왔기 때문에 남한의 수학 용어 한글화 작업에 적지 않은 도움을 줄 수 있으리라 생각한다. 수학 학술 용어를 한글화한 인상적인 예로는 소수 → 씨수, 이산 → 띠염(띄엄띄엄), 배반사건 → 등진사건, 데이터 프로세스 → 자료다루기, 다항식 → 여러마디식, 단진동 → 홑떨기, 지수 → 어깨수 등이 있다.

북한에서는 급수(series)를 합열이라고 하는데 급수라고 하면 학생들이 처음에 접했을 때 수열의 합이라는 개념이 잘 잡히지 않는 반면, 합열이라고 하면 보는 즉시 수열의 합이라는 것을 알 수 있다. 또한 표현식 $a^n$에서 n을 남한에서는 지수라고 하는데 북한에서는 어깨수라고 하여 용어가 뜻하는 바를 쉽게 이해할 수 있다.

그러나 한편으로는 러시아의 영향을 많이 받아 러시아어가 그대로 사용되는 경우도 왕왕 있어 미분작용소는 미분오뻬라또르, 벡터는 벡또르 등으로 쓰는 식으로 한글화 작업이 완전히 이루어지기에는 아직 요원한 감이 있다.

수학의 가장 기본 용어인 compact를 1980년대에는 러시아의 영향으로 '꼼빡뜨'라고 썼는데, 이 용어를 포함하여 기본 용어들이 최근에 어떻게 한글화되었나 학술지 『수학』을 통하여 조사하였다.

특히 조총련에서 초 · 중 · 고등학교 교과서를 위하여 정리한 한글용어집과 필자가 정리한 북한 인민학교의 한글 수학 용어를 함께 재정리하고 남한의 수학 용어와 비교하였다. 또한 학술지 『수학』에 나오는 모든 한글 용어를 정리하여 부록에 첨부하였다. 이러한 작업은 남북한 수학용어집을 만드는 데 중요한 기본 자료가 될 수 있고, 더 나아가 남북한 수학 용어 통일 작업에도 크게 기여할 수 있을 것이다.

(7) 북한의 과학기술 정책

2007~2012년 『수학』과 『과학원통보』에 나오는 권두언을 통하여 북한의 수학 및 과학 정책을 파악하였다. 북한은 선군정책[1] 이후 순수과학 기술에 관한 뚜렷한 정책이 보이지 않는다. 그러나 두 학술지의 권두언을 통하여 북한의 정책기관과 과학 기술자들이 어떤 점에 중점을 두고 있는지 편린이나마 추측할 수 있을 것이다.

### 2) 연구 방법

① 북한의 학술지 『과학원통보』와 『수학』에서 2001년과 2010년 사이의 모든 논문을 분야별로 분류하였다.

–분야별 분류는 MSC 2010에 따라 진행하였다. 선행 연구 결과와 비교하기 위하여 전통적인 분류법(대한수학회, KMS)에 의한 분류도 진행하였다.

–논문에 인용된 참고문헌을 국가별로 분류하였다.

–연구 분야별로 저자를 분류하였다.

② 남북한 수학 연구 동향과 연구 인력을 비교하였다.

–북한의 수학 연구 현황을 선행 연구 결과와 비교하였다.

–북한의 수학 연구 현황을 남한의 수학 연구 현황, 세계 전체의 수학 연구

---

1 북한에서 군을 우선하는 통치방식으로 1995년 초에 처음 논의하기 시작하였으며 1998년 김정일의 국방위원장 취임과 함께 북한의 핵심적 통치방식으로 정착하였다. 선군정치는 군의 영향력으로 정치와 경제뿐만 아니라 교육, 문화, 예술 등에 이르기까지 북한 사회의 전 영역에 투영시키고 있다.(한국민족문화대백과)

현황과 비교하였다. 특히 미국수학회에 의하여 운영되는 국제학술지에 게재되는 수학 논문의 방대한 데이터베이스인 Math.Sci.Net의 통계 자료를 보조 연구원을 채용하여 적극적으로 활용하였다.

③ 남북한, 그리고 조총련에서 사용하는 수학 용어를 비교하였다. 특히, 북한의 인민학교에서 고등중학교까지의 교과서에 나오는 수학 용어를 일본 조총련계 조선인 학교의 초 · 중 · 고등학교 교과서에 나오는 수학 용어와 함께 정리하여 남한의 수학 용어와 비교하였다. 이후의 작업으로는 『남북수학한글용어집』을 만들어 남북한 용어 통일화 기초 작업에 기여할 수 있을 것이다.

④ 북한의 기초과학에 관한 정책과 관련해서는 2000년대 중반 이후 『과학원통보』와 『수학』에 나온 권두언을 분석하였다. 2000년 이후 『과학원통보』와 『수학』에 게재된 논문들을 연구 분야별로 분류하고 논문 저자들의 연구 관련 사항을 정리하여 데이터베이스 작업을 하였다.

이 자료를 바탕으로 2000년대 이후 북한의 수학 연구 현황을 분석하고 1990년대 초 김도한(1993a; 1993b)의 연구, 2000년대 초의 신정선(2005)의 연구와 비교하여 북한의 수학 연구 현황을 파악하였다. 그 후에 남한의 수학 연구 현황, 더 나아가서 세계 전체의 수학 연구 현황과 비교 · 분석하였다. 또한 Math.Sci.Net의 통계 자료를 적극적으로 활용하였다.

북한은 선군정책을 표방한 이후로는 기초과학에 관한 정책이 별로 없는 것으로 보이나, 2000년대 중반 이후 『과학원통보』와 『수학』에 나온 권두언을 분석하여 정리하였다.

# 제2장

# 북한의 수학 연구 현황 분석

## 1. 북한의 수학 연구 분야 분석

### 1) KMS 분류법에 의한 연구 분야 분석

먼저 2001년에서 2010년까지 10년 동안 『수학』과 『과학원통보』에 나온 논문들을 대한수학회(KMS) 분류 방법으로 나누어 분류하기로 한다.

1. 대수학
2. 해석학
3. 기하학
4. 위상수학
5. 응용수학
6. 확률 및 통계

먼저 『수학』에 나온 756편(저자 674명)의 논문을 전통적인 분류 방법에 따라 분류하여 조사하기로 한다.[1]

---

1 앞으로 모든 자료는 『수학』에 관한 자료를 먼저 정리하고 그다음에 『과학원통보』에 관한 자료를 정리하고, 마지막으로 『수학』과 『과학원통보』에 관한 자료를 통합한다.

### (1) 『수학』

10년간의 논문 분포는 〈표 2-1〉과 같다. 연도별 분포는 부록을 참조하기 바란다. 〈표 2-1〉의 통계표를 도표로 나타내면 〈그림 2-1〉과 같다.

표 2-1 『수학』: KMS 분류에 의한 연도별 통계표

| 수학 분류 / 연도 | 1 | 2 | 3 | 4 | 5 | 6 | 7 | 합계 |
|---|---|---|---|---|---|---|---|---|
| 2001 | 3(5.4) | 17(30.4) | – | 1(1.8) | 33(58.9) | 2(3.6) | – | 56 |
| 2002 | – | 12(16.9) | 3(4.2) | 1(1.4) | 43(60.6) | 11(15.5) | 1(1.4) | 71 |
| 2003 | 3(4.2) | 14(19.4) | 3(4.2) | 2(2.8) | 39(54.2) | 11(15.3) | – | 72 |
| 2004 | 3(4.8) | 16(25.8) | 1(1.6) | – | 33(53.2) | 8(12.9) | 1(1.6) | 62 |
| 2005 | – | 15(28.8) | 2(3.8) | 1(1.9) | 28(53.8) | 6(11.5) | – | 52 |
| 2006 | 1(1.6) | 17(27.4) | – | 1(1.6) | 36(58.1) | 7(11.3) | – | 62 |
| 2007 | 1(1.6) | 20(32.3) | 1(1.6) | 2(3.2) | 32(51.6) | 6(9.7) | – | 62 |
| 2008 | 1(1.1) | 20(21.7) | 3(3.3) | 2(2.2) | 53(57.6) | 13(14.1) | – | 92 |
| 2009 | 2(1.8) | 23(20.7) | 6(5.4) | 3(2.7) | 68(61.3) | 9(8.1) | – | 111 |
| 2010 | 2(1.7) | 26(22.4) | 7(6.0) | 5(4.3) | 71(61.2) | 5(4.3) | – | 116 |
| 합계 | 16 | 180 | 26 | 18 | 436 | 78 | 2 | 756 |

그림 2-1 『수학』 2001~2010년간 분포

| 수학 분류 | 빈도 | 퍼센트 | 비고 |
|---|---|---|---|
| 1 | 16 | 2.1 | |
| 2 | 180 | 23.8 | |
| 3 | 26 | 3.4 | |
| 4 | 18 | 2.4 | |
| 5 | 436 | 57.7 | |
| 6 | 78 | 10.3 | |
| 7 | 2 | 0.3 | 수학사 (송창호) |
| 합계 | 756 | 100 | |

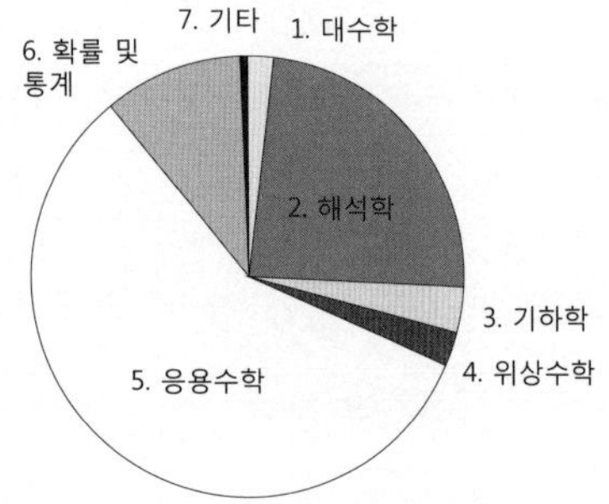

연도별로 분포의 차이는 크게 없고 응용수학은 51%에서 61%, 해석학은 16%에서 29% 범위에 있다. 그러나 대수학, 기하학, 위상수학 분야는 논문이 하나도 없는 연도도 있고, 기껏해야 5% 미만에 불과하며 응용수학과 해석학에 편중된 양상을 보여 균형적인 발전이 이루어지지 않고 있음을 알 수 있다.

10년간의 분포를 보면 응용수학 57.7%, 해석학 23.8%로 응용수학과 해석학의 비중이 예상보다 과도하게 높은 반면, 순수수학에서 중요한 대수학, 기하학, 위상수학은 점유율이 2~3%에 머물고 있다.

다음은 『과학원통보』에 나온 472편(저자 561명)의 논문을 전통적인 분류 방법에 따라 분류한 것이다.

### (2) 『과학원통보』

10년간의 논문 분포는 〈표 2-2〉와 같고, 연도별 분포는 부록을 참조하기 바란다. 〈표 2-2〉의 통계표를 도표로 나타내면 〈그림 2-2〉와 같다.

『과학원통보』에서도 연도별로 분포의 차이는 크게 없고 응용수학 68.4%,

표 2-2 『과학원통보』: KMS 분류에 의한 연도별 통계표

| 연도 \ 수학 분류 | 1 | 2 | 3 | 4 | 5 | 6 | 7 | 합계 |
|---|---|---|---|---|---|---|---|---|
| 2001 | 1(1.9) | 9(17.3) | 5(9.6) | 1(1.9) | 33(63.5) | 3(5.8) | – | 52 |
| 2002 | – | 4(8.9) | 2(4.4) | 4(8.9) | 28(62.2) | 7(15.6) | – | 45 |
| 2003 | 1(1.8) | 5(8.9) | 5(8.9) | 2(3.6) | 36(64.3) | 7(12.5) | – | 56 |
| 2004 | 2(5.4) | 5(13.5) | 2(5.4) | 2(5.4) | 24(64.9) | 2(5.4) | – | 37 |
| 2005 | – | 3(9.4) | 1(3.1) | – | 21(65.6) | 7(21.9) | – | 32 |
| 2006 | – | 3(9.1) | – | 4(12.1) | 26(78.8) | – | – | 33 |
| 2007 | – | 3(8.8) | 2(5.9) | 2(5.9) | 21(61.8) | 6(17.6) | – | 34 |
| 2008 | – | 2(3.5) | 4(7.0) | 3(5.3) | 46(80.7) | 2(3.5) | – | 57 |
| 2009 | – | 10(15.2) | 3(4.5) | 3(4.5) | 46(69.7) | 4(6.1) | – | 66 |
| 2010 | – | 8(13.3) | 5(8.3) | 1(1.7) | 42(70.0) | 4(6.7) | – | 60 |
| 합계 | 4 | 52 | 29 | 22 | 323 | 42 | 0 | 472 |

그림 2-2 『과학원통보』 2001~2010년간 분포

| 수학 분류 | 빈도 | 퍼센트 | 비고 |
|---|---|---|---|
| 1 | 4 | 0.8 | |
| 2 | 52 | 11.0 | |
| 3 | 29 | 6.1 | |
| 4 | 22 | 4.7 | |
| 5 | 323 | 68.4 | |
| 6 | 42 | 8.9 | |
| 합계 | 472 | 100 | |

해석학 11%로 응용수학, 해석학의 비중이 과도하게 높다. 이는 『수학』보다도 훨씬 더 높은 편중치다. 『과학원통보』는 여러 분야의 논문을 게재하고 있기 때문에 『수학』보다 응용수학의 비중이 높은 것이라고 할 수 있다. 나중에 4장에서 다루겠지만 『과학원통보』는 기초과학보다는 4대 선행 부문인 전력, 석탄, 금속, 철도운수 부문 생산현장에 이바지해야 한다는 지침을 수없이 반복·강조하고 있어 순수수학에서 중요한 대수학, 기하학, 위상수학은 그 점유율이 『수학』과 비교해도 더 미미한 수준이다.

### (3) 『통합』(『수학』 + 『과학원통보』)

『수학』과 『과학원통보』에 나온 모든 논문을 통합하여 분류하면 응용수학, 해석학, 확률 및 통계를 합친 논문 수는 1,111편이며 그 비율은 90.4%이며, 순수수학의 논문 수는 115편으로 그 비율은 9.4%(수학자 제외)다. 이로부터 북한 수학의 연구 분야는 응용 및 응용적 색채가 강한 분야에 과도하게 집중되어 있으며, 응용과는 거리가 먼 순수수학의 분야, 특히 수학에서 중요한 분야인 대수학의 비중이 1.6%에 불과하다는 것은 충격적인 사실이다.

그림 2-3 『통합』 10년간 분포

| 수학 분류 | 빈도 | 퍼센트 | 비고 |
|---|---|---|---|
| 1 | 20 | 1.6 | |
| 2 | 232 | 18.9 | |
| 3 | 55 | 4.5 | |
| 4 | 40 | 3.3 | |
| 5 | 759 | 61.8 | |
| 6 | 120 | 9.8 | |
| 7 | 2 | 0.2 | 수학사 |
| 합계 | 1,228 | 100 | |

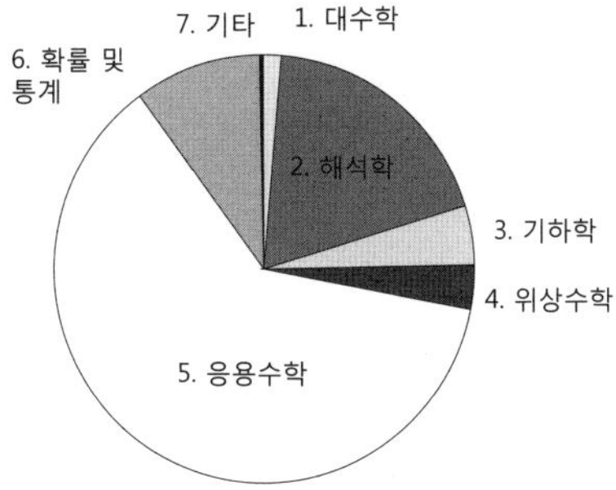


## 2) MSC 2010 분류법에 의한 연구 분야 분석

2001년에서 2010년까지 10년 동안 『수학』과 『과학원통보』에 나온 논문들을 국제적으로 통용되는 수학분류법인 MSC 2010으로 분류하면 다음과 같다.

00 General(일반)

01 History and biography(수학사와 전기)

03 Mathematical logic and foundations(수리논리학과 기초론)

05 Combinatorics(조합론)

06 Order, lattices, ordered algebraic structures(순서, 격자, 순서대수구조)

08 General algebraic systems(일반대수체계)

11 Number theory(수론)

12 Field theory and polynomials(수체론과 다항식)

13 Commutative ring and algebra(가환대수)

14 Algebraic geometry(대수기하학)

15 Linear and multilinear algebra; matrix theory(선형과 다중선형대수; 행렬 이론)

16 Associative rings and algebras(결합환과 대수)

17 Nonassociative rings and algebras(비결합환과 대수)

18 Category theory, homological algebra(카테고리 이론, 호몰로지 대수)

19 K theory(K 이론)

20 Group theory and generalizations(군론과 일반화)

22 Topological groups, Lie groups(위상군, 리군)

26 Real functions(실함수)

28 Measure and integration(측도와 적분)

30 Functions of a complex variable(일변수복소함수)

31 Potential theory(퍼텐셜 이론)

32 Several complex variables and analytic spaces(다변수복소함수론과 해석공간)

33 Special functions(특수함수)

34 Ordinary differential equations(상미분방정식)

35 Partial differential equations(편미분방정식)

37 Dynamical systems and ergodic theory(동력학계와 에르고딕 이론)

39 Difference and functional equations(차분과 함수방정식)

40 Sequences, series, summability(수열, 급수, 합가능성)

41 Approximations and expansions(근사와 전개)

42 Harmonic analysis on Euclidean spaces(유클리드 공간 위의 조화해석)

43 Abstract harmonic analysis(추상조화해석)

44 Integral transforms, operational calculus(적분변환, 연산법)

45 Integral equations(적분방정식)

46 Functional analysis(함수해석)

47 Operator theory(작용소론)

49 Calculus of variations and optimal control; optimization(변분학과 최적제어)

51 Geometry(기하학)

52 Convex and discrete geometry(볼록과 이산기하학)

53 Differential geometry(미분기하학)

54 General topology(일반위상수학)

55 Algebraic topology(대수위상수학)

57 Manifolds and cell complexes(다양체와 셀 복체)

58 Global analysis, analysis on manifolds(대역해석, 다양체 위의 해석학)

60 Probability theory and stochastic processes(확률론과 확률과정)

62 Statistics(통계학)

65 Numerical analysis(수치해석)

68 Computer science(컴퓨터 과학)

70 Mechanics of particles and systems(입자역학과 계)

74 Mechanics of deformable solids(가변체 역학)

76 Fluid mechanics(유체역학)

78 Optics, electromagnetic theory(광학, 전자기학)

80 Classical thermodynamics, heat transfer(고전열역학, 열전달)

81 Quantum theory(양자론)

82 Statistical mechanics, structure of matter(통계역학, 물체구조)

83 Relativity and gravitational theory(상대성과 중력이론)

85 Astronomy and astrophysics(천문학과 천체물리학)

86 Geophysics(지구물리학)

90 Operations research, mathematical programming(OR과 수리계획)

91 Game theory, economics, social and behavioral sciences(게임이론, 경제학, 사회 및 행동과학)

92 Biology and other natural sciences(생물학과 타 자연과학)

93 Systems theory, control(시스템이론, 제어)

94 Information and communication, circuits(정보와 통신, 회로이론)

97 Mathematical education(수학교육)

다음은 『수학』에 게재된 756편(저자 674명)의 논문을 연구 분야별로 세분한 MSC 2010 분류법에 따라 분류하여 조사하였다.

(1) 『수학』

2001~2010년간 『수학』에 게재된 논문 분포는 〈표 2-3〉과 같고 그래프로 나타내면 〈그림 2-4〉와 같다. 연도별 분포는 부록을 참조하기 바란다. 〈표 2-3〉의 통계표를 부록에 있는 연도별 표에서 보는 바와 같이 연도별 차이는 그리 크지 않다. 10년간 분야별 순위를 보면 다음과 같다.

90 OR과 수리계획: 12.6%
65 수치해석: 10.7%
35 편미분방정식: 9.0%
49 변분학과 최적제어: 7.0%
60 확률론과 확률과정: 6.1%
74 가변체 역학: 6.0%
93 시스템 이론, 제어: 4.5%
94 정보와 통신, 회로이론: 4.4%
62 통계학: 4.0%
76 유체역학: 3.8%
37 동력학계와 에르고딕 이론: 3.3%

남한의 분포와는 너무 다른 양상을 보이며, 순수수학의 가장 중요한 분야인 대수기하학, 대수적 위상수학, 정수론 등은 거의 연구되지 않고 있다.

표 2-3 『수학』: MSC 2010 분류에 의한 통계표

| 수학 분류 | 빈도 | 퍼센트 |
|---|---|---|
| 01 | 2 | 0.3 |
| 03 | 1 | 0.1 |
| 05 | 5 | 0.7 |
| 06 | 1 | 0.1 |
| 11 | 11 | 1.5 |
| 12 | 3 | 0.4 |
| 14 | 2 | 0.3 |
| 15 | 7 | 0.9 |
| 16 | 1 | 0.1 |
| 18 | 1 | 0.1 |
| 20 | 3 | 0.4 |
| 22 | 2 | 0.3 |
| 26 | 1 | 0.1 |
| 28 | 6 | 0.8 |
| 30 | 7 | 0.9 |
| 31 | 11 | 1.5 |
| 32 | 12 | 1.6 |
| 34 | 14 | 1.9 |
| 35 | 68 | 9.0 |
| 37 | 25 | 3.3 |
| 39 | 1 | 0.1 |
| 42 | 13 | 1.7 |
| 45 | 11 | 1.5 |
| 46 | 21 | 2.8 |
| 47 | 8 | 1.1 |
| 49 | 53 | 7.0 |
| 51 | 3 | 0.4 |
| 52 | 2 | 0.3 |
| 53 | 14 | 1.9 |
| 54 | 6 | 0.8 |
| 55 | 13 | 1.7 |
| 58 | 6 | 0.8 |
| 60 | 46 | 6.1 |

| 수학 분류 | 빈도 | 퍼센트 |
|---|---|---|
| 62 | 30 | 4.0 |
| 65 | 81 | 10.7 |
| 68 | 8 | 1.1 |
| 70 | 4 | 0.5 |
| 74 | 45 | 6.0 |
| 76 | 29 | 3.8 |
| 80 | 1 | 0.1 |
| 86 | 1 | 0.1 |
| 90 | 95 | 12.6 |
| 91 | 15 | 2.0 |
| 93 | 34 | 4.5 |
| 94 | 33 | 4.4 |
| 합계 | 756 | 100 |

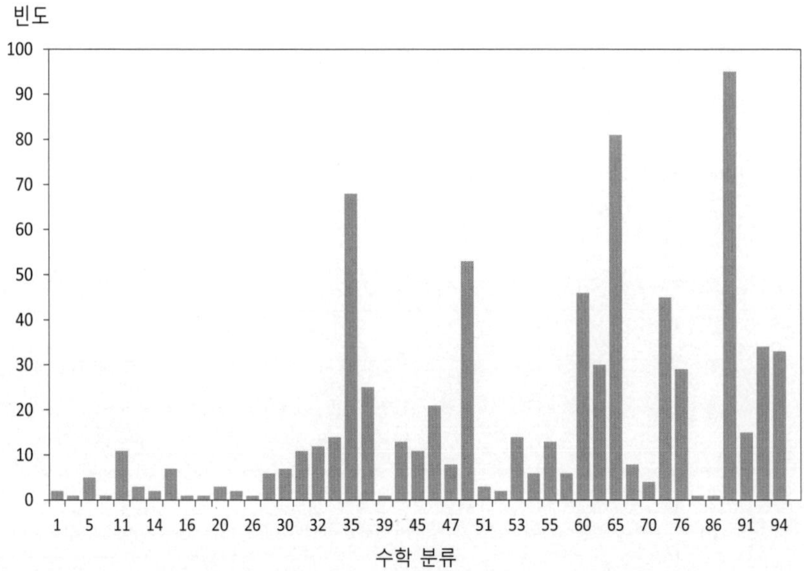


그림 2-4 2001~2010년간 『수학』에 게재된 논문 분포도

다음은 『과학원통보』에 게재된 472편의 논문을 연구 분야별로 세분한 MSC 2010 분류법에 따라 분류하여 조사하였다.

### (2) 『과학원통보』

2001~2010년간 『과학원통보』에 게재된 논문 분포는 〈표 2-4〉와 같고, 그래프로 나타내면 〈그림 2-5〉와 같다.

『과학원통보』에 나온 논문들을 분류하면 『수학』에서보다도 응용수학의 편중 경향이 더 심하다.

90 OR과 수리계획: 24.4%

94 정보 및 통신, 회로: 13.3%

65 수치해석: 9.1%

35 편미분방정식: 4.2%

등으로 나머지 분야, 특히 그래프에서 왼쪽 부분을 차지하고 있는 대수학, 정수론, 대수기하학 등 중요한 분야의 점유율이 상대적으로 점차 미미해지고 있는 것으로 보아, 기본을 중시하는 균형 있는 발전보다는 급박한 필요에 의한 연구의 편중 현상을 짐작할 수 있다.

표 2-4 『과학원통보』: MSC 2010 분류에 의한 통계표

| 수학 분류 | 빈도 | 퍼센트 |
|---|---|---|
| 03 | 2 | 0.4 |
| 05 | 13 | 2.8 |
| 06 | 1 | 0.2 |
| 15 | 1 | 0.2 |
| 17 | 1 | 0.2 |
| 20 | 2 | 0.4 |
| 26 | 1 | 0.2 |
| 28 | 2 | 0.4 |
| 30 | 1 | 0.2 |

| 수학 분류 | 빈도 | 퍼센트 |
|---|---|---|
| 32 | 2 | 0.4 |
| 34 | 4 | 0.8 |
| 35 | 20 | 4.2 |
| 37 | 17 | 3.6 |
| 41 | 1 | 0.2 |
| 42 | 11 | 2.3 |
| 45 | 4 | 0.8 |
| 46 | 8 | 1.7 |
| 47 | 5 | 1.1 |
| 49 | 24 | 5.1 |
| 51 | 5 | 1.1 |
| 52 | 1 | 0.2 |
| 53 | 20 | 4.2 |
| 54 | 4 | 0.8 |
| 55 | 8 | 1.7 |
| 57 | 1 | 0.2 |
| 58 | 3 | 0.6 |
| 60 | 18 | 3.8 |
| 62 | 25 | 5.3 |
| 65 | 43 | 9.1 |
| 68 | 11 | 2.3 |
| 74 | 5 | 1.1 |
| 76 | 3 | 0.6 |
| 80 | 3 | 0.6 |
| 82 | 1 | 0.2 |
| 90 | 115 | 24.4 |
| 91 | 7 | 1.5 |
| 93 | 16 | 3.4 |
| 94 | 63 | 13.3 |
| 합계 | 472 | 100 |

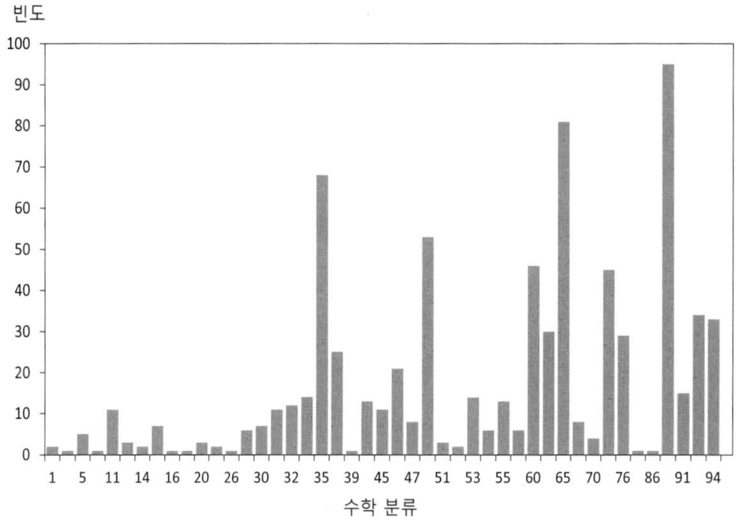


그림 2-5 2001~2010년간 『과학원통보』에 게재된 논문 분포도

『수학』과 『과학원통보』에 나온 모든 논문을 통합하여 분류하면 다음과 같다.

## (3) 통합(『수학』 + 『과학원통보』)

표 2-5 『통합』(『수학』 + 『과학원통보』): MSC 2010 분류에 의한 통계표

| 수학 분류 | 빈도 | 퍼센트 |
|---|---|---|
| 1 | 2 | 0.2 |
| 3 | 3 | 0.2 |
| 5 | 18 | 1.5 |
| 6 | 2 | 0.2 |
| 11 | 11 | 0.9 |
| 12 | 3 | 0.2 |
| 14 | 2 | 0.2 |
| 15 | 8 | 0.7 |
| 16 | 1 | 0.1 |
| 17 | 1 | 0.1 |
| 18 | 1 | 0.1 |
| 20 | 5 | 0.4 |
| 22 | 2 | 0.2 |

| 수학 분류 | 빈도 | 퍼센트 |
|---|---|---|
| 26 | 2 | 0.2 |
| 28 | 8 | 0.7 |
| 30 | 8 | 0.7 |
| 31 | 11 | 0.9 |
| 32 | 14 | 1.1 |
| 34 | 18 | 1.5 |
| 35 | 88 | 7.2 |
| 37 | 42 | 3.4 |
| 39 | 1 | 0.1 |
| 41 | 1 | 0.1 |
| 42 | 24 | 2.0 |
| 45 | 15 | 1.2 |
| 46 | 29 | 2.4 |
| 47 | 13 | 1.1 |
| 49 | 77 | 6.3 |
| 51 | 8 | 0.7 |
| 52 | 3 | 0.2 |
| 53 | 34 | 2.8 |
| 54 | 10 | 0.8 |
| 55 | 21 | 1.7 |
| 57 | 1 | 0.1 |
| 58 | 9 | 0.7 |
| 60 | 64 | 5.2 |
| 62 | 55 | 4.5 |
| 65 | 124 | 10.1 |
| 68 | 19 | 1.5 |
| 70 | 4 | 0.3 |
| 74 | 50 | 4.1 |
| 76 | 32 | 2.6 |
| 80 | 4 | 0.3 |
| 82 | 1 | 0.1 |
| 86 | 1 | 0.1 |
| 90 | 210 | 17.1 |
| 91 | 22 | 1.8 |
| 93 | 50 | 4.1 |
| 94 | 96 | 7.8 |
| 합계 | 1,228 | 100 |

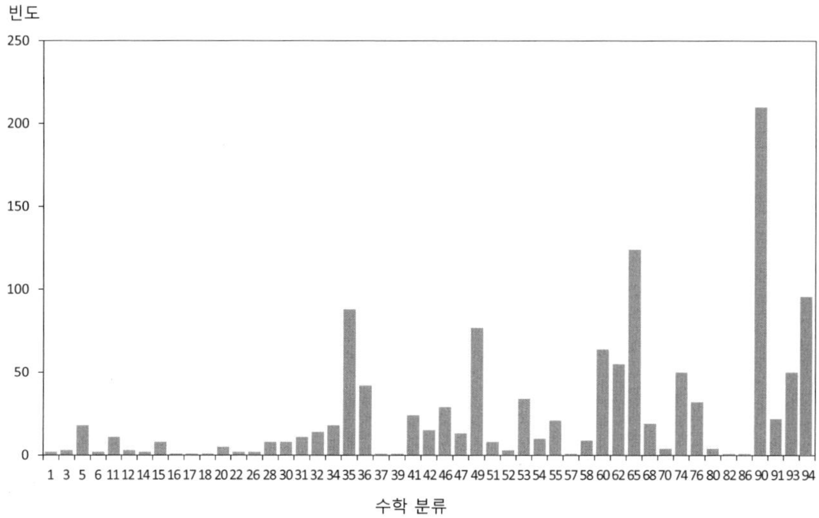

그림 2-6 2001~2010년간 『통합』에 게재된 논문 분포도

〈표 2-5〉의 통계표를 그래프로 나타내면 〈그림 2-6〉과 같다.

북한 수학은 49개 분야에 대한 연구가 진행되고 있고, 거의 연구되지 않고 있는 분야(논문 수가 3편 이하인 경우)는 16개 분야이므로 실질적으로 연구되고 있는 분야(논문 수가 8편 이상의 경우)는 33개 분야다. 33개 분야 중 논문 수가 20편 이상의 경우는 16개 분야다.

『수학』과 『과학원통보』에 나온 모든 논문을 분류해도 대동소이한 결과를 얻는다. 응용수학의 몇 분야에 너무 치우쳐 있고, 순수수학의 대수학, 정수론, 대수기하학 등 주요 분야는 거의 연구되지 않고 있어 연구 분야의 균형적인 발전이 시급한 것으로 보인다.

## 2. 북한의 수학 연구 인력 분석

2001년부터 2010년까지 조사기간 10년 동안 두 학술지에 논문을 게재한 연구자는 『수학』에 674명, 『과학원통보』에 561명이다. 두 학술지에 논문을 게재한 연구 인력은 총 1,031명으로, 두 학술지에 함께 논문을 게재한 수학자 수는 상대적으로 적다고 할 수 있다. 그 이유는 확실하지 않지만 과학원 소속 수학연구소 연구원은 『과학원통보』에 논문을 많이 게재하고, 대학교에 재직하는 수학자들은 『수학』에 논문을 게재하는 것으로 보인다.

북한의 수학 연구 인력의 데이터베이스를 정확하게 정리하려고 시도하였으나 대부분 논문에서 저자들은 자신의 소속과 직위를 거의 밝히지 않고 있어 이 작업은 매우 어려웠다. 대신 10년 동안 각 학술지에 논문을 가장 많이 게재한 수학자들의 자료는 쉽게 얻을 수 있었다. 먼저 논문별 저자 수는 〈표 2-6〉과 같다. 다시 말해서 단독 논문은 311편이고 2인 공저 논문은 896편, 3인 공저 논문은 21편으로 2인 공저 논문이 상대적으로 많은 것을 알 수 있다.

다음에 『수학』에 논문을 게재한 수학자 중에서 논문 편수순으로 저자를 적어보면, 21편 최현일, 20편 송창호·조동섭, 11편 김병배·심선숙, 10편 김윤길·리덕남·손영철, 9편 박철홍·홍학호, 8편 김경청·김두진·리덕만·장혜경·홍창길, 7편 김영·김영호·정광현, 6편 황철준, 5편 강리섭·김명하·김종윤·김흥규·리창복·리해엽·리희균·장혁·조성철·최룡길·최순봉·최주원·최철응 등이다.

『과학원통보』에 논문을 게재한 수학자 중에서 논문 편수순으로 저자를 적

표 2-6 논문별 저자 수 현황

| 분류별 \ 저자 수 | 1 | 2 | 3 | 합계 |
|---|---|---|---|---|
| 『과학원통보』 | 104 | 348 | 20 | 472 |
| 『수학』 | 207 | 548 | 1 | 756 |
| 합계 | 311 | 896 | 21 | 1,228 |

어보면, 10편 김윤길·류혜동·조동섭, 9편 김광호, 8편 리종욱·박철홍, 7편 송창호·최현일, 6편 김두진·김윤철·류일형·방승선·정윤철·최철웅, 5편 김윤미·리승현·장혁·최재우, 4편 고철복·김걸·김서인·김순호·김용진·김익선·량서연·류태원·리치원·박태제·서봉학·안재현·우승식·장옥란 등이다.

두 학술지에 모두 논문을 게재한 수학자 중에서 논문 편수순으로 저자를 적어 보면, 31편 조동섭, 28편 최현일, 27편 송창호, 20편 김윤길, 17편 박철홍, 14편 김두진, 13편 리덕남·심선숙·정윤철, 12편 리종욱·손영철, 11편 김병배·최재우·최철웅, 10편 김광호·류태원·류해동·리덕만·장혁, 9편 김경철·김광이·김영·김영호·김윤철·오유성·장혜경·정광현·홍학호·황철준 등이다.

이 중에서 송창호는 2002년 베이징 세계수학자대회(ICM)에 참석한 수학자로 김일성종합대학 교수 및 과학원원사로 알려져 있고, 김두진은 2006년 마드리드 세계수학자대회에 참석하여 나비어-스톡스 방정식에 관한 강연도 한 북한에서 가장 국제적인 연구를 하는 수학자다.

이들은 한국 수학자의 논문도 인용하였다. 이 두 사람이 발표한 논문들을 살펴보면, 송창호는 다양한 분야를 섭렵하여 편미분방정식, 수치해석, 수학사(고려, 조선시대의 수학)뿐만 아니라 상당히 실제적인 문제까지 연구하고 있는 것이 흥미롭다. 김두진은 한 분야, 편미분방정식 중에서도 나비어-스톡스 방정식에 집중하고 있다. 송창호는 연세대학교 박은재 교수의 논문을 인용하고 있고, 김두진은 중앙대학교 채동호 교수의 논문을 세 번이나 인용하고 있어 흥미로웠다. 두 사람의 논문 목록을 정리하면 다음과 같다.

### 1) 송창호

#### (1)『수학』

-준선형 쏘볼레브 방정식의 혼합경계값 문제의 유한요소 풀이의 오차 평가
-공업로의 충진층에서의 류체의 압력과 속도계산법

-14세기 고려에서 천문 계산에 리용된 한 가지 보간법
-3차원 비유계 구역에서의 포텐셜 마당 계산법
-우연과정의 임풀스 조종에서 질규준 범함수의 최량값이 만족시키는 함수부등식과 미분부등식
-15세기 조선에서 리용된 한가지 변형된 접선법
-우연과정의 임풀스 조종에서 질규준 범함수의 최량값이 만족시키는 준변분부등식과 그 응용
-고차 대칭성 긴행렬의 일반화된 부분 고유값 문제의 고속풀이법
-형태 최량화에서 2계 매질 도함수의 계산법
-구역형태 최량화에 의한 타원형 미분방정식의 두상미정 경계문제의 풀이법
-타원형 미분방정식을 수값 풀이할 때 나서는 련립수방정식의 곁수 행렬과 비선형연산자의 성질
-라쁠라스 방정식에 대한 3각형 2차 유한요소법의 억세기행렬의 비L성과 비대각 우세성
-변분방정식들로 결정되는 함수족에서 정의된 범함수의 고계 도함수의 한가지 계산방법
-제1종 포물선형 단조준 변분부등식의 풀이의 존재성, 유일성과 근사풀이법
-조수력 발전 연구에서 나서는 한 가지 상미분방정식의 미정 련결 경계값 문제의 풀이의 유일존재성
-계차 뿌아쏭 방정식의 디리끌레 문제에 대한 야코비 법의 반복 행렬의 고유값들의 제곱합의 수렴 성질
-구역 형태 최량화에 의한 원유 매장위치의 추정법
-균렬-공극지층에서 원유(가스) 매장구역의 한 가지 추정법
-플라즈마 주사전호에 의한 금속 겉면 열처리에서의 전류 세기의 최량화
-3차원 비유계 구역에서 포텐셜 마당의 구역 형태 최량화

(2) 『과학원통보』

-방향 도함수에 관한 비선형 법칙으로 그려지는 현상의 리산수학 모형의 작성법(박은재 인용)

-방향 도함수에 관한 비선형 법칙으로 그려지는 현상의 리산수학 모형의 풀이법

-팔매 선형 변분방정식의 풀이족에서 정의된 범함수의 극소화 방법

-계차 뿌아쏭 방정식의 디리클레 문제에 대한 야코비 완화법의 수렴성 성질

-변분부등식에 대한 3각형 1-0차 유한요소 풀이의 오차 평가

-확산과 비확산 성분들을 가진 비정상 과정의 수학 모형의 한가지 풀이법

-한 가지 해밀턴-야코비 방정식의 퇴화 팔매성과 점성 풀이의 유일 존재성

## 2) 김두진

(1) 『수학』

-목표상태에 대한 제한밑에서의 2차원 나비에-스톡스 방정식의 근사조종 가능성

-구역 일부에 작용하는 준방-방조종에 의한 나비에-스톡스 방정식의 근사조종 가능성과 점성 곁수 사이의 관계

-나비에-스톡스 방정식의 유일 연장선

-구역 또는 경계 일부에 작용하는 조종에 의한 한가지 준선형 포물선형 방정식의 근사조종 가능성

-혼합 경계조건을 가진 포물선형 편미분방정식의 칼레만 부등식(채동호 인용)

-혼합 경계조건을 가진 선형 포물선형 편미분방정식의 정확한 조종 가능성(채동호 인용)

-용기에 부분적으로 담긴 점성 류체의 3차원 비정상 운동방정식의 대역적인 강풀이의 존재성에 관한 한가지 결과

-비표준 경계조건을 가진 정상 나비에-스톡스 방정식의 풀이의 미끈성

(2) 『과학원통보』

-3차원 오셴 방정식의 근사조종 가능성과 나비에-스톡스 방정식의 성질

-경계의 일부에서 압력 경계조건을 가진 선형화된 나비에-스톡스 방정식의 칼레만 부등식과 풀이평가(채동호 인용)

-경계 일부에서 압력 경계조건을 가진 선형화된 나비에-스톡스 방정식의 정확한 조종 가능성

-경계 일부에서 압력 경계조건을 가진 나비에-스톡스 방정식의 국부적 정확한 조종 가능성(Journal of Diff. Eg. 자기 논문 인용)

-한 가지 비표준 경계조건을 가진 나비에-스톡스 방정식의 풀이의 미끈성

-비실린더 구역에서 혼합 경계조건을 가진 포물선형 방정식의 풀이의 존재성

그 외에 김모란, 김걸은 논문 「혼합 경계조건을 가진 2차원 부시네스크 방정식의 경계 흐름 조종의 최량성 조건」에서 아주대학교 이형천 교수의 논문을 인용하고 있다.

『수학』, 『과학원통보』, 『통합』(『수학』 + 『과학원통보』)에 논문을 발표한 수학자들의 명단을 가나다순과 발표 논문 편수로 정리한 명단은 부록 1. 3)을 참조하기 바란다.

## 3. 북한의 수학 연구의 몇 가지 분석

### 1) 논문에서 인용된 참고문헌의 국가별 분석

『수학』과 『과학원통보』에 나온 논문에서 인용된 참고문헌을 국가별(지역별), 즉 북한, 미국과 유럽, 러시아, 중국, 일본으로 나누어 통계표를 만들면 〈표 2-7〉, 〈표 2-8〉과 같다.

### (1) 『수학』

〈표 2-7〉의 통계표를 연도별로 국가별 인용 논문 수와 백분율을 그래프로 나타내면 〈그림 2-7〉과 〈그림 2-8〉과 같다. 괄목한 만한 사실은 미국과 유럽은 2001년 인용 논문 수가 72개, 백분율이 25% 약간 넘는 정도였으나, 2010년에는 인용 논문 수가 299편, 백분율이 75%에 가까워 논문 수로는 네 배가 넘게 되었고, 백분율도 세 배 가까이 증가하였다.

반면에 러시아는 2001년 인용 논문 수가 119편, 백분율이 40%가 넘었으나, 2010년에는 인용 논문 수가 30편, 백분율이 10%도 되지 않아 논문 수, 백분율 모두 1/4로 줄었다. 북한과 중국은 크게 변동이 없고, 일본은 인용문헌이 많지도 않았지만 감소 추세다.

표 2-7 『수학』에 게재된 논문의 참고문헌의 연도별/국가별 인용 논문 수

| 연도 | 북한 | 미국과 유럽 | 러시아 | 중국 | 일본 |
|---|---|---|---|---|---|
| 2001 | 46 | 72 | 119 | 17 | 25 |
| 2002 | 52 | 88 | 101 | 30 | 34 |
| 2003 | 30 | 144 | 115 | 28 | 20 |
| 2004 | 41 | 100 | 105 | 20 | 16 |
| 2005 | 32 | 141 | 44 | 18 | 11 |
| 2006 | 33 | 206 | 43 | 26 | 19 |
| 2007 | 37 | 187 | 66 | 19 | 6 |
| 2008 | 48 | 238 | 28 | 39 | 15 |
| 2009 | 70 | 299 | 46 | 41 | 8 |
| 2010 | 54 | 299 | 30 | 15 | 5 |
| 합계 | 443 | 1,774 | 697 | 253 | 159 |

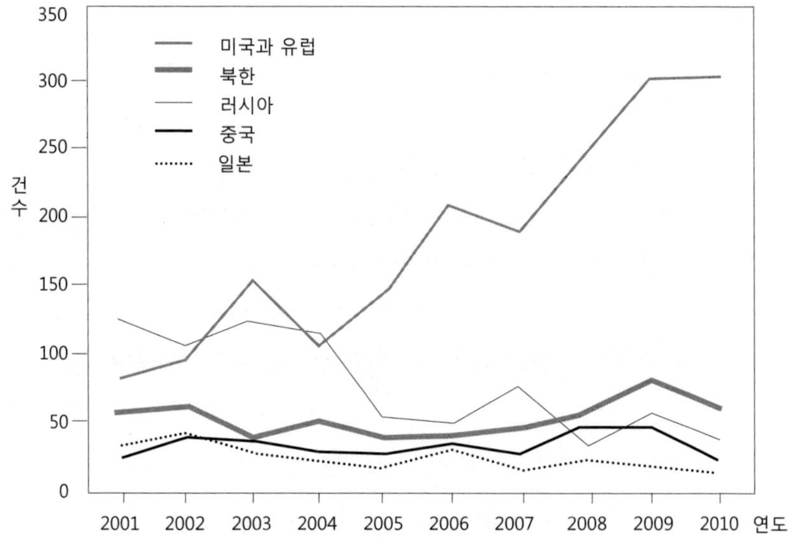


그림 2-7 『수학』에 게재된 논문의 참고문헌의 연도별/국가별 인용 논문 수

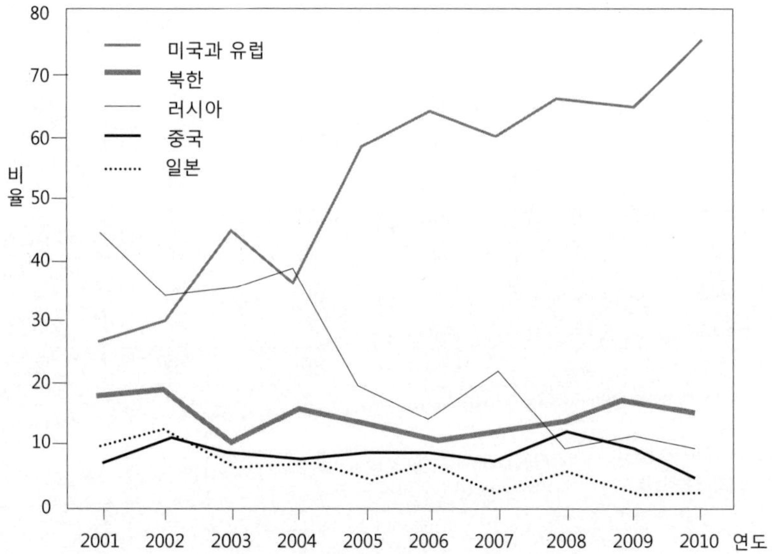


그림 2-8 『수학』에 게재된 논문의 참고문헌의 연도별/국가별 인용 논문 수 백분율

### (2) 『과학원통보』

〈표 2-8〉의 통계표를 연도별로 국가별 인용 논문 수와 백분율을 그래프로 나타내면 〈그림 2-9〉와 〈그림 2-10〉과 같다.

『과학원통보』의 경우도 미국과 유럽은 2001년 인용 논문 수가 51개, 백분율이 25%도 되지 않았으나, 2010년에는 인용 논문 수가 149편, 백분율이 75%가 넘어 논문 수, 백분율 모두 세 배 정도 증가하였다.

반면에 러시아는 2001년 인용 논문 수가 71편, 백분율이 40%가 넘었으나, 2010년에는 인용 논문 수가 4편밖에 되지 않고, 백분율도 10%도 되지 않아 논문 수, 백분율 모두 급격하게 줄었다. 북한과 중국은 크게 변동이 없고, 일본은 인용문헌이 많지도 않았지만 감소 추세다.

표 2-8 『과학원통보』에 게재된 논문의 참고문헌의 연도별/국가별 인용 논문 수

| 연도 | 북한 | 미국과 유럽 | 러시아 | 중국 | 일본 |
|---|---|---|---|---|---|
| 2001 | 42 | 51 | 71 | 18 | 31 |
| 2002 | 33 | 83 | 37 | 24 | 17 |
| 2003 | 39 | 89 | 50 | 28 | 28 |
| 2004 | 58 | 41 | 38 | 11 | 11 |
| 2005 | 31 | 87 | 9 | 9 | 10 |
| 2006 | 41 | 111 | 13 | 18 | 4 |
| 2007 | 13 | 57 | 11 | 4 | 8 |
| 2008 | 26 | 133 | 11 | 13 | 5 |
| 2009 | 36 | 86 | 3 | 14 | 2 |
| 2010 | 24 | 149 | 4 | 16 | 3 |
| 합계 | 343 | 887 | 247 | 155 | 119 |

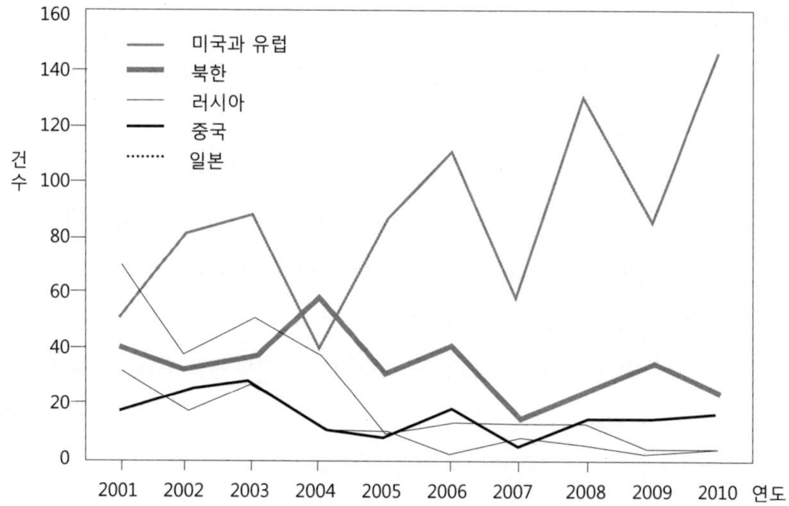


그림 2-9 『과학원통보』에 게재된 논문의 참고문헌의 연도별/국가별 인용 논문 수

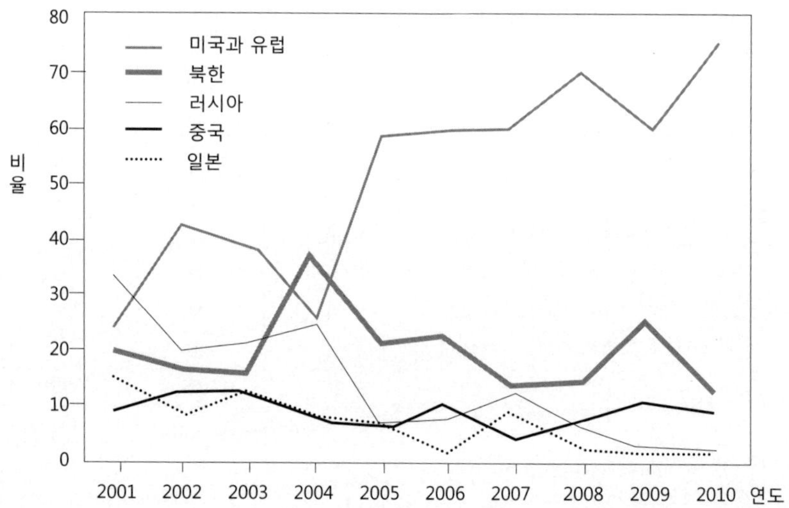


그림 2-10 『과학원통보』에 게재된 논문의 참고문헌의 연도별/국가별 인용 논문 수 백분율

### (3) 통합 (『수학』 + 『과학원통보』)

〈표 2-9〉의 통계표를 연도별로 국가별 인용 논문 수와 백분율을 그래프로 나타내면 〈그림 2-11〉과 〈그림 2-12〉와 같다.

『통합』의 경우도 『수학』, 『과학원통보』와 크게 다르지 않다. 미국과 유럽은 2001년 인용 논문 수가 123편, 백분율이 25% 정도였다가, 2010년에는 인용 논문 수 448편, 백분율이 75% 정도가 되어 논문 수, 백분율 모두 세 배 이상 증가하였다.

반면에 러시아는 2001년 인용 논문 수가 190편, 백분율이 40% 정도였으나, 2010년에는 인용 논문 수가 34편, 백분율이 10%도 되지 않아 논문 수, 백분율 모두 1/4로 줄었다. 북한과 중국은 크게 변동이 없고, 일본은 인용문헌이 많지도 않았지만 감소 추세다. 놀랄만한 것은 수학 분야에서 러시아의 영향이 많이 줄어들고 미국과 유럽 학술지의 영향이 커진 것이다. 미국과 유럽의 학문을 수용하고 받아들이는 이러한 현상은 러시아, 중국과의 교류에만 의존하던 북한이 폐쇄사회에서 벗어나 개방사회로 가는 시발점으로 볼 수 있지 않을까 하는 조심스러운 진단이 가능하다.

표 2-9 『통합』에 게재된 논문의 참고문헌의 연도별/국가별 인용 논문 수

| 연도 | 북한 | 미국과 유럽 | 러시아 | 중국 | 일본 |
|---|---|---|---|---|---|
| 2001 | 88 | 123 | 190 | 35 | 56 |
| 2002 | 85 | 171 | 138 | 54 | 51 |
| 2003 | 69 | 233 | 165 | 56 | 48 |
| 2004 | 99 | 141 | 143 | 31 | 27 |
| 2005 | 63 | 228 | 53 | 27 | 21 |
| 2006 | 74 | 317 | 56 | 44 | 23 |
| 2007 | 50 | 244 | 77 | 23 | 14 |
| 2008 | 74 | 371 | 39 | 52 | 20 |
| 2009 | 106 | 385 | 49 | 55 | 10 |
| 2010 | 78 | 448 | 34 | 31 | 8 |
| 합계 | 786 | 2,661 | 944 | 408 | 278 |

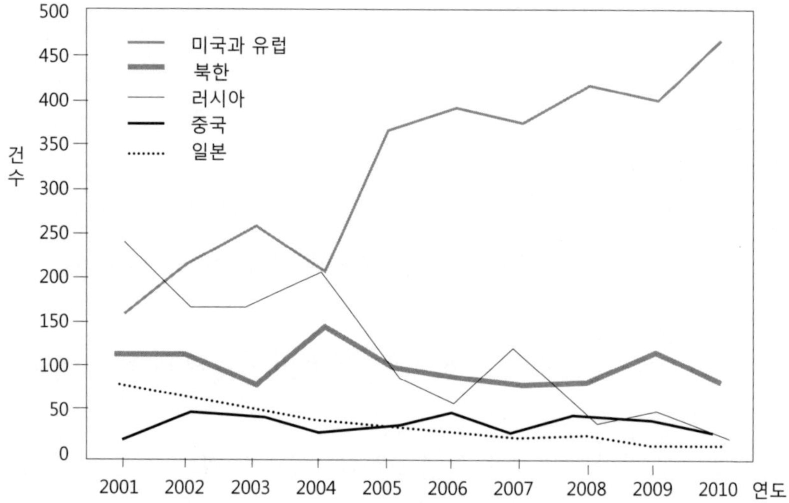


그림 2-11 『통합』에 게재된 논문의 참고문헌의 연도별/국가별 인용 논문 수

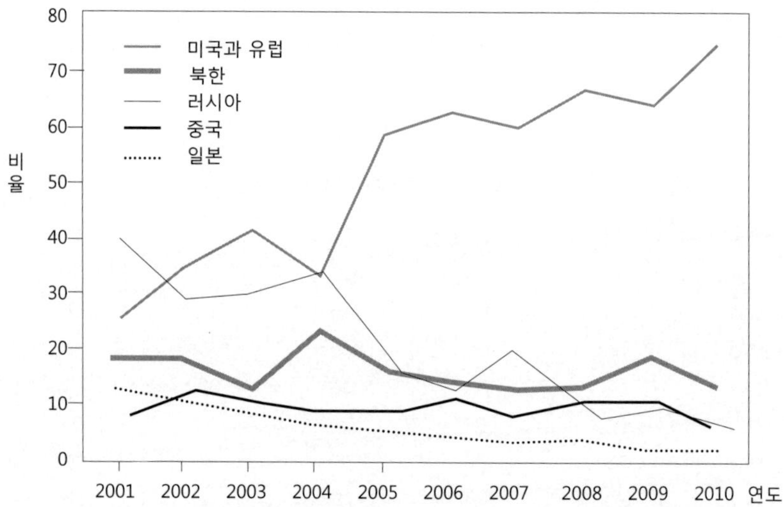


그림 2-12 『통합』에 게재된 논문의 참고문헌의 연도별/국가별 인용 논문 수 백분율

### 2) 금융수학 및 암호론 분야 연구 분석

최근 금융수학 및 암호론에 관한 연구가 활발하다. 북한에서의 금융수학 분야의 논문을 모아보면 다음과 같다.

『수학』

–박용준 · 최학천: 비약금융시장에서 외화환률선택권의 가격계산공식(2008)
–오형철: 계약위반가능한 채권가격의 편미분방정식 모형과 가격공식(2008)
–류영철 · 오형철: 우연돌발계약위반도와 위약금을 가지는 경우 채권가격의 편미분방정식 모형화(2010)
–류영철 · 최철훈: 리자률과 계약위반도가 우연인 경우 시장가격 위약금을 가지는 회사채권의 가격공식(2010)
–황보철혁 · 오형철: 블랙–숄즈 편미분방정식의 구조적 특성(2010)

『과학원통보』

–오형철: 신용위험을 가지는 채권가격의 3인자모형과 가격공식(2008)
–최철훈 · 류영철: 시간의존결수를 가지는 고계두값선택권 가격공식

이 절에서는 금융수학 관련 전체 논문과 몇 개의 암호론 관련 논문의 전문적인 평가를 하겠다.

#### (1) 금융수학 분야 논문의 전문적 평가

「계약위반가능한 채권가격의 편미분방정식 모형과 가격공식」

신용 리스크를 포함한 채권가격의 산출법과 신용호환계약의 공식을 도출하는 논문이다. 채권가격의 산출법은 익히 알려진 아핀항 구조모델을 사용하여 얻은 결과로 이미 연구되었던 이론들의 답습에 지나지 않는다. 신용호환계약

의 편미분방정식을 유도하였으나 그리 색다른 방법은 아니고 편미분방정식의 해법에 대한 연구는 논의되지 않고 있다.

「비약금융시장에서 외화환률선택권의 가격계산공식」

이 논문은 점프를 고려한 GBM 확률과정의 곱에 대한 연구이고, 이러한 과정을 따르는 자산의 옵션 가치를 구하는 과정이지만, 이미 예전에 이루어졌던 연구와 똑같은 방법론을 사용하고 있다.

「신용위험을 가지는 채권가격의 3인자모형과 가격공식」

기존 이자율 모델에 확률과정으로 표현된 부도율 모형과 회사가치를 GBM으로 표현한 모형을 첨가하여 채권가격을 계산한 논문이다. 저자의 앞서 작성한 논문과의 연관성을 살펴볼 필요는 있으나 이 논문에서 가정하고 있는 모델이 현실에서 어떠한 의미를 가지는지, 또한 논문의 결과가 실제 현상에 대해 설명력을 가지는지에 대한 연구가 더 필요하다고 생각한다.

「시간의존곁수를 가지는 고계두값선택권 가격공식」

블랙–숄즈 이론 위에서 이자율, 배당, 변동성 함수를 시간에 의존하는 함수로 정의하고, 랜덤변수를 2차원으로 가정하여 디지털 옵션 가격을 계산한 논문으로 기존 블랙–숄즈 이론의 기본 가정들을 확장하여 다시 계산한 논문이다.

「우연돌발계약위반도와 위약금을 가지는 경우 채권가격의 편미분방정식 모형화」

중간에 계약이 위반될 수 있는 무이표 채권가격의 편미분방정식을 유도하는 것이 이 논문의 중심 내용이다. 그러나 모델 설정과 증명과정에 엄밀성이 높지 않아 보인다. 예를 들면 가정 2에서 $P_t$ 가 확률을 의미하므로 0과 1 사이에 있음이 보장되어야 하며, 또한 정리 1을 유도하는 과정에서 이산시간모형에서 얻은 관찰을 연속시간모형으로 전환하는 데 잘못 표현된 식이 많다.

「블랙-숄즈 편미분방정식의 구조적 특성」

주어진 다차원 블랙-숄즈 편미분방정식으로부터 한 차원 줄인 블랙-숄즈 편미분방정식으로 유도하는 것을 목적으로 한다. 기존 결과와 무엇이 다르고 얼마나 개선이 되었는지에 대한 내용과 한 차원 줄이는 것이 왜 중요한지에 대한 언급이 부족하다.

「리자률과 계약위반도가 우연인 경우 시장가격 위약금을 가지는 회사채권의 가격공식」

중간에 계약이 위반될 수 있는 무이표 회사채의 가격공식을 아핀항 구조를 가정하여 구한 것이 이 논문의 중심 내용이다. 기존의 논문 결과를 바탕으로 경우마다 계약위반 발생 확률과정에 이자율 모형의 방법을 차용하여 채권가격을 구하였으며 결과 해석도 잘 언급되어 있다. 다만 최근의 주제 경향과는 조금 떨어져 보이며 새로운 내용이라 보기에는 미흡하다.

전체적으로 볼 때 금융수학 분야의 논문 수준은 아직 기초적인 초보 단계에 지나지 않지만 일단 자본주의의 필수 요소인 금융의 흐름과 채권, 외환선율선택권 등에 대해 연구하기 시작했다는 점을 주목해야 할 것이다. 북한에 확률론을 전공하는 수학자가 많으므로 앞으로 더 많은 연구가 진행되리라 생각한다.

(2) 암호론 분야 논문의 전문적 평가

현대 암호학의 주요 주제를 폭넓게 다루고 있다. 현재의 연구 흐름과는 다소 떨어져 있으며 논문으로 출판하기에는 다소 깊이가 부족해 보이는 연구 결과 또한 많다. 본격적인 암호학에 관한 연구라기보다는 암호학에서 파생된 작은 수학적 문제를 주로 다루고 있다.

「대수적 수체의 암호리용을 위한 한 가지 판정조건」

타원곡선은 정수론과 현대 주요 공개키 암호 시스템인 타원곡선 암호의 중요 연구 주제다. 이 논문은 타원곡선이 정의되는 체(field) 중 대수적 수체의 성질에 관해 다루고 있다. 그러나 타원곡선 암호는 대부분 유한체를 사용하기 때문에 논문은 순수 정수론 연구에 훨씬 가까우며, 그 결과가 암호학적으로는 큰 의미가 없는 것으로 보인다.

「F2에 기초한 한 가지 5항식의 기약인수 개수의 짝홀성」

유한체에서 제곱근 계산 문제는 공개키 암호 시스템의 이론적 토대인 계산수론의 주요 연구 주제다. 이 논문에서는 기존 결과를 확장하였으나 미미한 것으로 판단된다.

「유한체상의 순환행렬들에서의 리산로그 문제」

이산대수 문제는 현대 공개키 암호의 가장 중요한 기반 문제 중 하나다. 이산대수 문제는 타원곡선, 유한체, 환 Z/nZ의 부분군에서 주로 연구되는데, 이 논문은 행렬군에서 정의된 이산대수 문제를 다루고 있다. 최근 학계의 이산대수 문제의 연구 흐름과는 다소 동떨어져 있다고 볼 수 있다.

「반복법에 의한 한 가지 비밀공유방법에 대한 연구」

다자간 비밀공유기법에 관한 논문이며 기존 스킴(Scheme)의 효율성 증가를 목적으로 한다. 기존 스킴 자체가 큰 의미가 있지 않기 때문에 논문 결과 또한 중요해 보이지 않는다.

「병행처리 가능한 한 가지 통보문인증부호 구성에 대한 연구」

대칭키 암호 시스템의 주요 연구 분야인 메시지 인증 코드(MAC)에 관한 연구다. 최근에 제안된 MAC의 안전성을 다루고 있는데, 논문을 쓸 정도의 결과라고 하기에는 다소 미흡해 보인다.

암호론 분야 역시 시대적인 흐름에 뒤떨어져 있는 초보 수준의 연구를 하고 있으나 폐쇄적인 사회에서 개방된 세계로 나가기 위해서는 필요한 단계라 여겨진다.

### 3) 북한 수학자의 국제학술지 게재 논문 분석

현재까지 북한의 수학자가 국제학술지에 게재한 논문을 분석해보면 다음과 같다. 2장 2절에서 언급한 송창호와 김두진이 제일 먼저 중국과 국제 학술지에 논문을 게재하였다. 외국 논문 수와 부록 1의 3)에 나와 있는 북한 내 학술지에 게재된 논문 수를 병기하면 〈표 2-10〉과 같다.

이 중에서도 리진명과 홍학호는 미분방정식 분야의 권위 있는 학술지 중 하나인 *J. Differential Equations*에 논문을 게재하였고, 김두진은 *SIAM Journal* 에도 논문을 게재하여 어려운 여건에서도 국제적인 수준의 연구를 하고 있다. 안타까운 것은 리명환은 짧은 시간에 독일 수학자와 공저로 논문을 네 편이나 게재하였는데 북한 학술지에는 한 편밖에 없다는 사실이다.

하나 더 언급할 것은 2010년 북한 김일성종합대학 소속 수학자 한성철이

표 2-10 북한 수학자의 국제학술지 게재 논문 수

| 북한 수학자 | 국제학술지 | 북한 학술지 |
|---|---|---|
| 송창호 | 1 | 27 |
| 김두진 | 5 | 14 |
| 리명환 | 4 | 1 |
| 리진명 | 1 | 1 |
| 리국환 | 1 | 0 |
| 최철웅 | 1 | 11 |
| 최창일, 홍혜정, 김국환 | 1 | 2, 0, 1 |
| 홍학호 | 2 | 9 |
| 장혜경 | 1 | 9 |
| 원철성 | 1 | 2 |
| 심 철 | 1 | 2 |

중국 수학자와 공저로 쓴 논문이 『대한수학회보』에 투고되어 게재되었다. 남북 분단 이후 북한 학자의 논문이 한국 학술지에 게재된 것은 처음이다.

〈표 2-11〉의 목록에서 2000년대 이후 북한 수학자가 국제학술지에 게재한 논문 수가 증가하는 것은 상당히 괄목할 만한 사실이다.

표 2-11 2004년 이후 북한 수학자의 국제학술지 논문 게재 현황

| 저자 | 연도 | 논문 제목 | 저널 |
|---|---|---|---|
| Hong, Jialin; Sim, Chol; Yin, Xiuling | 2013 | Solvability of concatenated Runge–Kutta equations for second-order nonlinear PDEs | J. Comput. Appl. Math. |
| Won, Chol Song; Yi, Xu Ming | 2012 | Active contour model initialization using EM algorithm and wavelet multi-scale edge detection | J. Math. (Wuhan) |
| Kim, Tujin; Chang, Qian-shun; Xu, Jing | 2012 | Note on an open problem of higher order nonlinear evolution equations | Acta Math. Sci. Ser. B Engl. Ed. |
| Jang, Hye Gyong; Steinmetz, Norbert | 2012 | On the dynamics of the rational family $f_{t(z)} = -\frac{t}{4}\frac{(z^2-2)^2}{z^2-1}$ | Comput. Methods Funct. Theory |
| Hong, Hakho; Huang, Feimin | 2012 | Asymptotic behavior of solutions toward the superposition of contact discontinuity and shock wave for compressible Navier–Stokes equations with free boundary | Acta Math. Sci. Ser. B Engl. Ed. |
| Hong, Hakho | 2012 | Global stability of viscous contact wave for 1-D compressible Navier–Stokes equations | J. Differential Equations |
| Choe, Changil; Hong, Hyejong; Kim, Kukhwan | 2012 | Verification of N-M switching control system: a case study in temporal logic model checking | Rom. J. Math. Comput. Sci. |
| Choe, Chol-Ung; Dahms, Thomas; Hövel, Philipp; Schöll, Eckehard | 2011 | Control of synchrony by delay coupling in complex networks | Discrete Contin. Dyn. Syst. |
| Kim, Tujin; Cao, Daomin | 2010 | Local exact controllability of the Navier–Stokes equations with the condition on the pressure on parts of the boundary | SIAM J. Control Optim. |

| 저자 | 연도 | 논문 제목 | 저널 |
|---|---|---|---|
| Khvan, Li Kukh | 2010 | The strong monotonicity condition for a piecewise-smooth function on solutions of a differential inclusion | Dal'nevost. Mat. Zh. |
| Ri, Jinmyong; Huang, Feimin | 2009 | Vacuum solution and quasineutral limit of semiconductor drift-diffusion equation | J. Differential Equations |
| Kim, Tujin; Chang, Qian-shun; Xu, Jing | 2008 | A global Carleman inequality and exact controllability of parabolic equations with mixed boundary conditions | Acta Math. Appl. Sin. Engl. Ser. |
| Kim, Tujin; Chang, Qian-shun; Xu, Jing | 2008 | Approximate controllability of the Stokes equations with boundary condition on the pressure | J. Partial Differential Equations |
| Farwig, Reinhard; Ri, Myong-Hwan | 2008 | Resolvent estimates and maximal regularity in weighted $L^q$-spaces of the Stokes operator in an infinite cylinder | J. Math. Fluid Mech. |
| Ri, Myong-Hwan; Farwig, Reinhard | 2007 | Existence and exponential stability in $L^r$-spaces of stationary Navier-Stokes flows with prescribed flux in infinite cylindrical domains | Math. Methods Appl. Sci. |
| Farwig, Reinhard; Ri, Myong-Hwan | 2007 | An $L^q(L^2)$-theory of the generalized Stokes resolvent system in infinite cylinders | Studia Math. |
| Farwig, Reinhard; Ri, Myong-Hwan | 2007 | The resolvent problem and $H^\infty$-calculus of the Stokes operator in unbounded cylinders with several exits to infinity | J. Evol. Equ. |
| Kim, Tu Jin; Chang, Qianshun | 2005 | Remark on unique continuation of solutions to the Stokes and the Navier-Stokes equations | Acta Math. Sci. Ser. B Engl. Ed. |
| Song, Chang-ho; Wu, Sheng-chang | 2004 | Numerical model of the gas flow through packed beds of the industrial furnaces | Gongcheng Shuxue Xuebao |

제3장

# 남북한의 수학 연구 동향 비교

## 1. 남한의 수학 연구 인력과 연구 동향

대한수학회 회원의 연구 분야와 인력을 분석한 자료를 토대로 남한의 수학 연구 인력과 동향을 알아보자.

표 3-1 대한수학회 회원 분과별 분포

| 전공 분과 | 대한수학회 정회원 전공 분과별 구분 | |
|---|---|---|
| | 회원 수(명) | 비율(%) |
| 대수학 | 331 | 20 |
| 해석학 | 447 | 27 |
| 기하학 | 187 | 11 |
| 위상수학 | 150 | 9 |
| 응용수학 | 227 | 13 |
| 확률통계 | 98 | 6 |
| 수학교육 | 42 | 3 |
| 기타(선택 안 함) | 185 | 11 |
| 합계 | 1,667 | 100 |

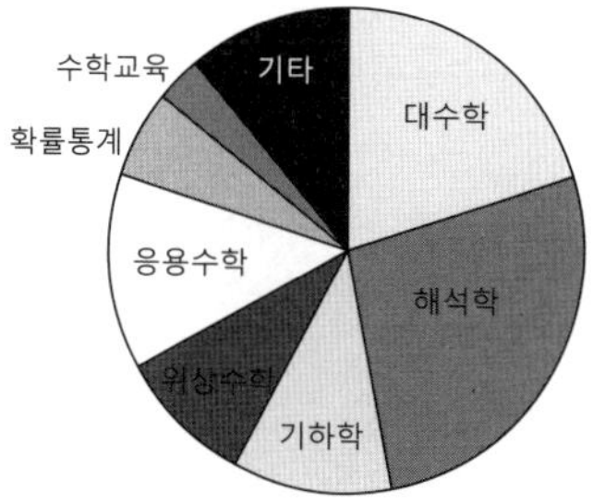

표 3-2 한국산업응용수학회 회원 전공별 분포

| 전공 | 한국산업응용수학회 회원 전공별 구분(%) |
|---|---|
| 경제경영 | 2 |
| 공학 | 17 |
| 물리학 | 2 |
| 수학(수학, 응용수학, 해석학) | 79 |
| 합계 | 100 |

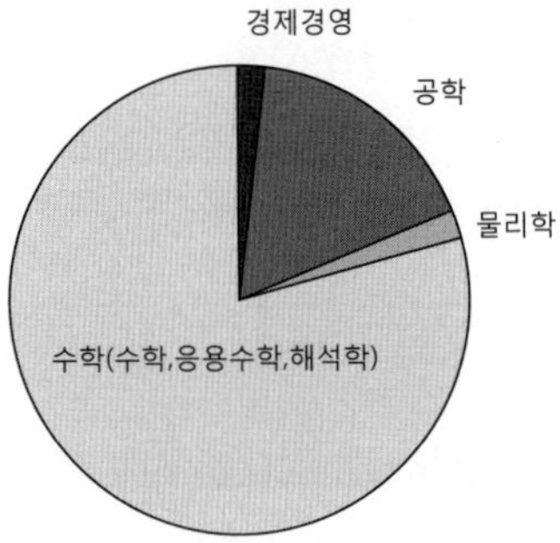


표 3-3 대한수학회 정회원의 MSC 2010 분류법에 의한 세부 분야별 분류(미입력 262명 제외)

| MSC | 전공 분야 | 회원 수 | 비율(%) |
|---|---|---|---|
| 00 | General | 8 | 1 |
| 01 | History and biography | 3 | 0 |
| 03 | Mathematical logic and foundations | 11 | 1 |
| 05 | Combinatorics | 50 | 4 |
| 06 | Order, lattices, ordered algebraic structures | 14 | 1 |
| 08 | General algebraic systems | 2 | 0 |
| 11 | Number theory | 72 | 5 |
| 12 | Field theory and polynomials | 5 | 0 |
| 13 | Commutative rings and algebras | 56 | 4 |
| 14 | Algebraic geometry | 41 | 3 |
| 15 | Linear and multilinear algebra; matrix theory | 13 | 1 |
| 16 | Associative rings and algebras | 36 | 3 |
| 17 | Nonassociative rings and algebras | 14 | 1 |
| 18 | Category theory; homological algebra | 7 | 1 |
| 19 | K-theory | 3 | 0 |
| 20 | Group theory and generalizations | 31 | 2 |
| 22 | Topological groups, Lie groups | 11 | 1 |
| 26 | Real functions | 3 | 0 |
| 28 | Measure and integration | 45 | 3 |
| 30 | Functions of a complex variable | 34 | 2 |
| 31 | Potential theory | 3 | 0 |
| 32 | Several complex variables and analytic spaces | 27 | 2 |

| MSC | 전공 분야 | 회원 수 | 비율(%) |
|---|---|---|---|
| 33 | Special functions | 9 | 1 |
| 34 | Ordinary differential equations | 28 | 2 |
| 35 | Partial differential equations | 83 | 6 |
| 37 | Dynamical systems and ergodic theory | 7 | 1 |
| 39 | Difference and functional equations | 2 | 0 |
| 40 | Sequences, series, summability | 2 | 0 |
| 41 | Approximations and expansions | 6 | 0 |
| 42 | Fourier analysis | 14 | 1 |
| 43 | Abstract harmonic analysis | 5 | 0 |
| 44 | Integral transforms, operational calculus | 2 | 0 |
| 45 | Integral equations | 4 | 0 |
| 46 | Functional analysis | 89 | 6 |
| 47 | Operator theory | 50 | 4 |
| 49 | Calculus of variations and optimal control; optimization | 16 | 1 |
| 51 | Geometry | 23 | 2 |
| 52 | Convex and discrete geometry | 3 | 0 |
| 53 | Differential geometry | 116 | 8 |
| 54 | General topology | 59 | 4 |
| 55 | Algebraic topology | 42 | 3 |
| 57 | Manifolds and cell complexes | 30 | 2 |
| 58 | Global analysis, analysis on manifolds | 15 | 1 |
| 60 | Probability theory and stochastic processes | 69 | 5 |
| 62 | Statistics | 40 | 3 |
| 65 | Numerical analysis | 87 | 6 |
| 68 | Computer science | 13 | 1 |
| 76 | Fluid mechanics | 10 | 1 |
| 81 | Quantum theory | 5 | 0 |
| 82 | Statistical mechanics, structure of matter | 7 | 1 |
| 90 | Operations research, mathematical programming | 8 | 1 |
| 92 | Biology and other natural sciences | 3 | 0 |
| 93 | Systems theory, control | 8 | 1 |
| 94 | Information and communication, circuits | 21 | 1 |
| 97 | Mathematics education | 40 | 3 |
| 합계 | | 1,405 | 100 |

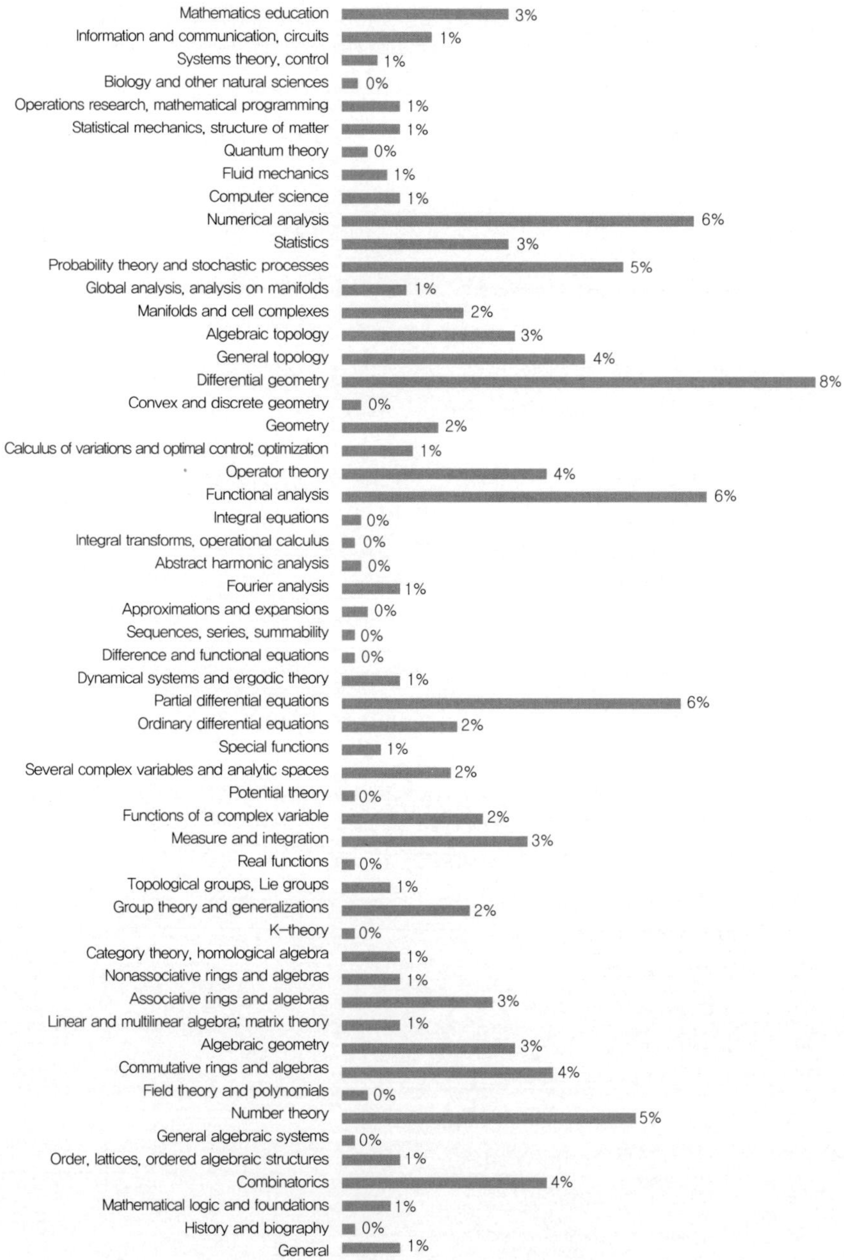


그림 3-1 남한 수학자의 MSC 2010 분류법에 의한 세부 분야별 분류

주: 소수점은 표기하지 않음. (예를 들면, 1.1%, 1.9% 모두 1%로 표기함)

## 2. 남한 수학자의 MSC 2010 분류법에 의한 연구 분야 분석

북한의 수학 현황과 비교하기 위하여 최근 9년(2001~2009년)간 남한 수학자의 논문 발표 현황을 조사하고 세계 전체에서 발표된 논문 수와 비교하면 〈표 3-4〉와 같다.

표 3-4 남한 수학자의 발표 논문 수의 세계 전체 대비 논문 점유율

| MSC | 분야명 | 남한 | 세계 전체 | 점유율(%) |
|---|---|---|---|---|
| 00 | General | 5 | 3,611 | 0.14 |
| 01 | History and biography | 7 | 8,288 | 0.08 |
| 03 | Mathematical logic and foundations | 118 | 14,001 | 0.84 |
| 05 | Combinatorics | 281 | 25,134 | 1.12 |
| 06 | Order, lattices, ordered algebraic structures | 253 | 3,324 | 7.61 |
| 08 | General algebraic systems | 8 | 973 | 0.82 |
| 11 | Number theory | 420 | 19,317 | 2.17 |
| 12 | Field theory and polynomials | 9 | 1,156 | 0.78 |
| 13 | Commutative rings and algebras | 132 | 4,528 | 2.92 |
| 14 | Algebraic geometry | 138 | 9,751 | 1.42 |
| 15 | Linear and multilinear algebra; matrix theory | 111 | 6,019 | 1.84 |
| 16 | Associative rings and algebras | 186 | 8,729 | 2.13 |
| 17 | Nonassociative rings and algebras | 77 | 4,606 | 1.67 |
| 18 | Category theory; homological algebra | 10 | 1,799 | 0.56 |
| 19 | K-theory | 2 | 667 | 0.30 |
| 20 | Group theory and generalizations | 141 | 13,417 | 1.05 |
| 22 | Topological groups, Lie groups | 13 | 2,469 | 0.53 |
| 26 | Real functions | 81 | 5,015 | 1.62 |
| 28 | Measure and integration | 102 | 3,047 | 3.35 |
| 30 | Functions of a complex variable | 138 | 8,962 | 1.54 |
| 31 | Potential theory | 25 | 1,321 | 1.89 |
| 32 | Several complex variables and analytic spaces | 116 | 5,439 | 2.13 |
| 33 | Special functions | 78 | 3,931 | 1.98 |
| 34 | Ordinary differential equations | 198 | 23,167 | 0.85 |
| 35 | Partial differential equations | 470 | 38,387 | 1.22 |
| 37 | Dynamical systems and ergodic theory | 114 | 16,835 | 0.68 |
| 39 | Difference and functional equations | 287 | 5,164 | 5.56 |

| MSC | 분야명 | 남한 | 세계 전체 | 점유율(%) |
|---|---|---|---|---|
| 40 | Sequences, series, summability | 2 | 1,012 | 0.20 |
| 41 | Approximations and expansions | 54 | 5,443 | 0.99 |
| 42 | Fourier analysis | 117 | 6,989 | 1.67 |
| 43 | Abstract harmonic analysis | 4 | 1,276 | 0.31 |
| 44 | Integral transforms, operational calculus | 6 | 758 | 0.79 |
| 45 | Integral equations | 17 | 1,691 | 1.01 |
| 46 | Functional analysis | 203 | 11,733 | 1.73 |
| 47 | Operator theory | 645 | 14,431 | 4.47 |
| 49 | Calculus of variations and optimal control; optimization | 265 | 8,773 | 3.02 |
| 51 | Geometry | 16 | 2,932 | 0.55 |
| 52 | Convex and discrete geometry | 45 | 3,833 | 1.17 |
| 53 | Differential geometry | 514 | 14,952 | 3.44 |
| 54 | General topology | 262 | 8,404 | 3.12 |
| 55 | Algebraic topology | 60 | 2,591 | 2.32 |
| 57 | Manifolds and cell complexes | 230 | 5,535 | 4.16 |
| 58 | Global analysis, analysis on manifolds | 99 | 6,096 | 1.62 |
| 60 | Probability theory and stochastic processes | 353 | 22,807 | 1.55 |
| 62 | Statistics | 656 | 33,946 | 1.93 |
| 65 | Numerical analysis | 354 | 29,742 | 1.19 |
| 68 | Computer science | 249 | 31,374 | 0.79 |
| 70 | Mechanics of particles and systems | 21 | 5,626 | 0.37 |
| 74 | Mechanics of deformable solids | 79 | 11,328 | 0.70 |
| 76 | Fluid mechanics | 163 | 19,016 | 0.86 |
| 78 | Optics, electromagnetic theory | 53 | 4,143 | 1.28 |
| 80 | Classical thermodynamics | 9 | 1,475 | 0.61 |
| 81 | Quantum theory | 464 | 30,864 | 1.50 |
| 82 | Statistical mechanics, structure of matter | 61 | 12,279 | 0.50 |
| 83 | Relativity and gravitational theory | 299 | 16,315 | 1.83 |
| 85 | Astronomy and astrophysics | 5 | 472 | 1.06 |
| 86 | Geophysics | 6 | 2,251 | 0.27 |
| 90 | Operations research, mathematical programming | 364 | 24,842 | 1.47 |
| 91 | Game theory, economics, social and behavior sciences | 131 | 18,605 | 0.70 |
| 92 | Biology and other natural sciences | 65 | 12,844 | 0.51 |
| 93 | Systems theory, control | 350 | 20,555 | 1.70 |
| 94 | Information and communication, circuits | 399 | 15,894 | 2.51 |
| 97 | Mathematics education | 0 | 0 | 0.00 |
| 합계 | | 10,142 | 649,884 | |

논문 점유율을 그래프로 나타내면 <그림 3-2>와 같다.

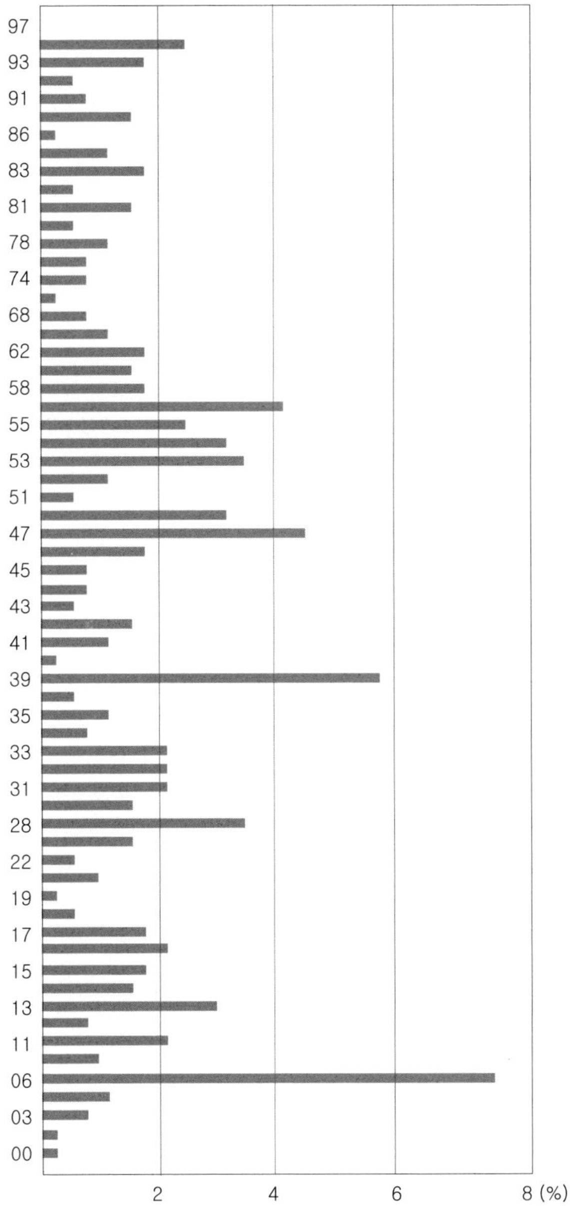


그림 3-2 남한 수학자의 발표 논문 수의 세계 전체 대비 논문 점유율

## 3. 북한 수학자의 MSC 2010 분류법에 의한 연구 분야 분석

남북한의 수학 현황을 비교하기 위하여 북한 수학자가 2001~2009년 사이에 발표한 논문을 남한의 경우에서와 같이 MSC 2010 분야별로 분류하여 세계 전체 발표 논문 수와 대비하면 〈표 3-5〉와 같다.

표 3-5 북한 수학자의 MSC 2010 분류별 발표 논문 수와 논문 점유율

| MSC | 분야명 | 북한 | 세계 전체 | 점유율(%) |
|---|---|---|---|---|
| 00 | General | 0 | 3,611 | 0.00 |
| 01 | History and biography | 2 | 8,288 | 0.02 |
| 03 | Mathematical logic and foundations | 3 | 14,001 | 0.02 |
| 05 | Combinatorics | 16 | 25,134 | 0.06 |
| 06 | Order, lattices, ordered algebraic structures | 2 | 3,324 | 0.06 |
| 08 | General algebraic systems | 0 | 973 | 0.00 |
| 11 | Number theory | 9 | 19,317 | 0.05 |
| 12 | Field theory and polynomials | 3 | 1,156 | 0.26 |
| 13 | Commutative rings and algebras | 0 | 4,528 | 0.00 |
| 14 | Algebraic geometry | 2 | 9,751 | 0.02 |
| 15 | Linear and multilinear algebra; matrix theory | 6 | 6,019 | 0.10 |
| 16 | Associative rings and algebras | 1 | 8,729 | 0.01 |
| 17 | Nonassociative rings and algebras | 1 | 4,606 | 0.02 |
| 18 | Category theory; homological algebra | 1 | 1,799 | 0.06 |
| 19 | K-theory | 0 | 667 | 0.00 |
| 20 | Group theory and generalizations | 5 | 13,417 | 0.04 |
| 22 | Topological groups, Lie groups | 2 | 2,469 | 0.01 |
| 26 | Real functions | 2 | 5,015 | 0.04 |
| 28 | Measure and integration | 7 | 3,047 | 0.23 |
| 30 | Functions of a complex variable | 6 | 8,962 | 0.07 |
| 31 | Potential theory | 10 | 1,321 | 0.76 |
| 32 | Several complex variables and analytic spaces | 14 | 5,439 | 0.26 |
| 33 | Special functions | 0 | 3,931 | 0.00 |
| 34 | Ordinary differential equations | 15 | 23,167 | 0.06 |
| 35 | Partial differential equations | 77 | 38,387 | 0.20 |
| 37 | Dynamical systems and ergodic theory | 31 | 16,835 | 0.18 |
| 39 | Difference and functional equations | 0 | 5,164 | 0.00 |

| MSC | 분야명 | 북한 | 세계 전체 | 점유율(%) |
|---|---|---|---|---|
| 40 | Sequences, series, summability | 0 | 1,012 | 0.00 |
| 41 | Approximations and expansions | 1 | 5,443 | 0.02 |
| 42 | Fourier analysis | 18 | 6,989 | 0.26 |
| 43 | Abstract harmonic analysis | 0 | 1,276 | 0.00 |
| 44 | Integral transforms, operational calculus | 0 | 758 | 0.00 |
| 45 | Integral equations | 13 | 1,691 | 0.77 |
| 46 | Functional analysis | 24 | 11,733 | 0.20 |
| 47 | Operator theory | 10 | 14,431 | 0.07 |
| 49 | Calculus of variations and optimal control; optimization | 62 | 8,773 | 0.71 |
| 51 | Geometry | 8 | 2,932 | 0.27 |
| 52 | Convex and discrete geometry | 2 | 3,833 | 0.05 |
| 53 | Differential geometry | 24 | 14,952 | 0.16 |
| 54 | General topology | 6 | 8,404 | 0.07 |
| 55 | Algebraic topology | 19 | 2,591 | 0.73 |
| 57 | Manifolds and cell complexes | 1 | 5,535 | 0.02 |
| 58 | Global analysis, analysis on manifolds | 8 | 6,096 | 0.13 |
| 60 | Probability theory and stochastic processes | 62 | 22,807 | 0.27 |
| 62 | Statistics | 49 | 33,946 | 0.14 |
| 65 | Numerical analysis | 111 | 29,742 | 0.37 |
| 68 | Computer science | 14 | 31,374 | 0.04 |
| 70 | Mechanics of particles and systems | 4 | 5,626 | 0.07 |
| 74 | Mechanics of deformable solids | 46 | 11,328 | 0.41 |
| 76 | Fluid mechanics | 30 | 19,016 | 0.16 |
| 78 | Optics, electromagnetic theory | 0 | 4,143 | 0.00 |
| 80 | Classical thermodynamics | 4 | 1,475 | 0.27 |
| 81 | Quantum theory | 0 | 30,864 | 0.00 |
| 82 | Statistical mechanics, structure of matter | 1 | 12,279 | 0.01 |
| 83 | Relativity and gravitational theory | 0 | 16,315 | 0.00 |
| 85 | Astronomy and astrophysics | 0 | 472 | 0.00 |
| 86 | Geophysics | 1 | 2,251 | 0.04 |
| 90 | Operations research, mathematical programming | 178 | 24,842 | 0.71 |
| 91 | Game theory, economics, social and behavior sciences | 13 | 18,605 | 0.07 |
| 92 | Biology and other natural sciences | 0 | 12,844 | 0.00 |
| 93 | Systems theory, control | 47 | 20,555 | 0.23 |
| 94 | Information and communication, circuits | 81 | 15,894 | 0.05 |
| 97 | Mathematics education | 0 | 0 | 0.00 |
| 합계 | | 1,052 | 649,884 | |

## 4. 남북한의 수학 연구 역량 비교

남북한의 수학 연구 역량을 비교하기 위하여 남한, 북한, 세계 전체 발표 논문 수를 정리하면 〈표 3-6〉과 같다.

표 3-6 남북한 MSC 2010 분류별 발표 논문 수와 세계 전체 발표 논문 수

| MSC | 분야명 | 남한 | 북한 | 세계 전체 |
|---|---|---|---|---|
| 00 | General | 5 | 0 | 3,611 |
| 01 | History and biography | 7 | 2 | 8,288 |
| 03 | Mathematical logic and foundations | 118 | 3 | 14,001 |
| 05 | Combinatorics | 281 | 16 | 25,134 |
| 06 | Order, lattices, ordered algebraic structures | 253 | 2 | 3,324 |
| 08 | General algebraic systems | 8 | 0 | 973 |
| 11 | Number theory | 420 | 9 | 19,317 |
| 12 | Field theory and polynomials | 9 | 3 | 1,156 |
| 13 | Commutative rings and algebras | 132 | 0 | 4,528 |
| 14 | Algebraic geometry | 138 | 2 | 9,751 |
| 15 | Linear and multilinear algebra; matrix theory | 111 | 6 | 6,019 |
| 16 | Associative rings and algebras | 186 | 1 | 8,729 |
| 17 | Nonassociative rings and algebras | 77 | 1 | 4,606 |
| 18 | Category theory; homological algebra | 10 | 1 | 1,799 |
| 19 | K-theory | 2 | 0 | 667 |
| 20 | Group theory and generalizations | 141 | 5 | 13,417 |
| 22 | Topological groups, Lie groups | 13 | 2 | 2,469 |
| 26 | Real functions | 81 | 2 | 5,015 |
| 28 | Measure and integration | 102 | 7 | 3,047 |
| 30 | Functions of a complex variable | 138 | 6 | 8,962 |
| 31 | Potential theory | 25 | 10 | 1,321 |
| 32 | Several complex variables and analytic spaces | 116 | 14 | 5,439 |
| 33 | Special functions | 78 | 0 | 3,931 |
| 34 | Ordinary differential equations | 198 | 15 | 23,167 |
| 35 | Partial differential equations | 470 | 77 | 38,387 |
| 37 | Dynamical systems and ergodic theory | 114 | 31 | 16,835 |
| 39 | Difference and functional equations | 287 | 0 | 5,164 |
| 40 | Sequences, series, summability | 2 | 0 | 1,012 |

| MSC | 분야명 | 남한 | 북한 | 세계 전체 |
|---|---|---|---|---|
| 41 | Approximations and expansions | 54 | 1 | 5,443 |
| 42 | Fourier analysis | 117 | 18 | 6,989 |
| 43 | Abstract harmonic analysis | 4 | 0 | 1,276 |
| 44 | Integral transforms, operational calculus | 6 | 0 | 758 |
| 45 | Integral equations | 17 | 13 | 1,691 |
| 46 | Functional analysis | 203 | 24 | 11,733 |
| 47 | Operator theory | 645 | 10 | 14,431 |
| 49 | Calculus of variations and optimal control; optimization | 265 | 62 | 8,773 |
| 51 | Geometry | 16 | 8 | 2,932 |
| 52 | Convex and discrete geometry | 45 | 2 | 3,833 |
| 53 | Differential geometry | 514 | 24 | 14,952 |
| 54 | General topology | 262 | 6 | 8,404 |
| 55 | Algebraic topology | 60 | 19 | 2,591 |
| 57 | Manifolds and cell complexes | 230 | 1 | 5,535 |
| 58 | Global analysis, analysis on manifolds | 99 | 8 | 6,096 |
| 60 | Probability theory and stochastic processes | 353 | 62 | 22,807 |
| 62 | Statistics | 656 | 49 | 33,946 |
| 65 | Numerical analysis | 354 | 111 | 29,742 |
| 68 | Computer science | 249 | 14 | 31,374 |
| 70 | Mechanics of particles and systems | 21 | 4 | 5,626 |
| 74 | Mechanics of deformable solids | 79 | 46 | 11,328 |
| 76 | Fluid mechanics | 163 | 30 | 19,016 |
| 78 | Optics, electromagnetic theory | 53 | 0 | 4,143 |
| 80 | Classical thermodynamics | 9 | 4 | 1,475 |
| 81 | Quantum theory | 464 | 0 | 30,864 |
| 82 | Statistical mechanics, structure of matter | 61 | 1 | 12,279 |
| 83 | Relativity and gravitational theory | 299 | 0 | 16,315 |
| 85 | Astronomy and astrophysics | 5 | 0 | 472 |
| 86 | Geophysics | 6 | 1 | 2,251 |
| 90 | Operations research, mathematical programming | 364 | 178 | 24,842 |
| 91 | Game theory, economics, social and behavior sciences | 131 | 13 | 18,605 |
| 92 | Biology and other natural sciences | 65 | 0 | 12,844 |
| 93 | Systems theory, control | 350 | 47 | 20,555 |
| 94 | Information and communication, circuits | 399 | 81 | 15,894 |
| 97 | Mathematics education | 0 | 0 | 0 |
| 합계 | | 10,142 | 1,052 | 649,884 |

〈표 3-6〉에서 남북한의 MSC 2010 분류별 논문 수를 비교하면 양적인 차이를 극명하게 볼 수 있다. 남한의 수학계 인력은 북한에 비해 약 1.5배로 보이며 논문 수 자체를 비교하면 전체적으로, 또한 많은 분야에서 10:1 정도다. 특히 북한에서 집중적으로 연구하고 있는 94, 90, 65, 60, 35분야도 남한에서 발표된 논문이 훨씬 많은데, 그 이유는 남한의 다른 과학기술 분야의 학자들도 수학 관련 분야의 논문을 쓰기 때문으로 보인다.

마지막으로 남북한과 세계 전체에서 각각 발표된 논문 수 대비 분야별 논문 수 백분율을 계산하면 〈표 3-7〉과 같다.

특히 북한에서 연구가 활발하고 백분율이 높은 분야를 세계 전체의 백분율과 비교하면 다음과 같다.

90 OR과 수리계획: 16.92%/3.82%

65 수치해석: 10.55%/4.58%

60 확률론과 확률과정: 5.89%/3.51%

49 변분학과 최적제어: 5.89%/1.35%

35 편미분방정식: 7.32%/5.91%

연구 인력과 분야가 특정 분야에 치우쳐 있는 것이 확실히 나타나 있다. 그리고 수학에서 제일 중요한 분야인 11(수론) 0.86%/2.97%, 14(대수기하학) 0.19%/1.50%로 연구 인력이 상당히 적고, 13(가환대수) 분야에는 논문이 하나도 없다. 북한에서 수학이 균형적으로 발전하려면 순수수학의 여러 분야를 다양하게 연구해야 할 것이다.

남한에서는 세계 연구 조류와 비교하면 대체로 균형적이다. 34(상미분방정식), 37(동력학계와 에르고딕 이론)의 연구가 조금 더 활발하고 39(차분과 함수방정식)와 47(작용소론)의 분야는 연구 인력과 분야가 조금은 쏠려 있는 것으로 보이나 47분야는 해석학에서 중요한 분야이므로 큰 문제는 없는 것으로 보인다.

표 3-7 남북한과 세계 전체 MSC 2010 분류별 발표 논문 수와 자체 내 백분율

| MSC | 분야명 | 남한(%) | 북한(%) | 세계 전체(%) |
|---|---|---|---|---|
| 00 | General | 5(0.05) | 0 | 3,611(0.56) |
| 01 | History and biography | 7(0.07) | 2(0.19) | 8,288(1.28) |
| 03 | Mathematical logic and foundations | 118(1.16) | 3(0.29) | 14,001(2.15) |
| 05 | Combinatorics | 281(2.77) | 16(1.52) | 25,134(3.87) |
| 06 | Order, lattices, ordered algebraic structures | 253(2.49) | 2(0.19) | 3,324(0.51) |
| 08 | General algebraic systems | 8(0.08) | 0 | 973 (0.15) |
| 11 | Number theory | 420(4.14) | 9(0.86) | 19,317(2.97) |
| 12 | Field theory and polynomials | 9(0.09) | 3(0.29) | 1,156 (0.18) |
| 13 | Commutative rings and algebras | 132(1.30) | 0 | 4,528 (0.70) |
| 14 | Algebraic geometry | 138(1.36) | 2(0.19) | 9,751 (1.50) |
| 15 | Linear and multilinear algebra; matrix theory | 111(1.09) | 6(0.57) | 6,019 (0.93) |
| 16 | Associative rings and algebras | 186(1.83) | 1(0.10) | 8,729 (1.34) |
| 17 | Nonassociative rings and algebras | 77(0.76) | 1(0.10) | 4,606 (0.71) |
| 18 | Category theory; homological algebra | 10(0.10) | 1(0.10) | 1,799 (0.28) |
| 19 | K-theory | 2(0.02) | 0 | 667 (0.10) |
| 20 | Group theory and generalizations | 141(1.39) | 5(0.48) | 13,417(2.06) |
| 22 | Topological groups, Lie groups | 13(0.13) | 2(0.19) | 2,469 (0.38) |
| 26 | Real functions | 81(0.80) | 2(0.19) | 5,015 (0.77) |
| 28 | Measure and integration | 102(1.01) | 7(0.67) | 3,047 (0.47) |
| 30 | Functions of a complex variable | 138(1.36) | 6(0.57) | 8,962 (1.38) |
| 31 | Potential theory | 25(0.25) | 10(0.95) | 1,321 (0.20) |
| 32 | Several complex variables and analytic spaces | 116(1.14) | 14(1.33) | 5,439 (0.84) |
| 33 | Special functions | 78(0.77) | 0 | 3,931 (0.60) |
| 34 | Ordinary differential equations | 198(1.95) | 15(1.43) | 23,167 (3.56) |
| 35 | Partial differential equations | 470(4.63) | 77(7.32) | 38,387(5.91) |
| 37 | Dynamical systems and ergodic theory | 114(1.12%) | 31(2.95) | 16,835(2.59) |
| 39 | Difference and functional equations | 287(2.83) | 0 | 5,164 (0.79) |
| 40 | Sequences, series, summability | 2(0.02) | 0 | 1,012 (0.16) |
| 41 | Approximations and expansions | 54(0.53) | 1(0.10) | 5,443 (0.84) |
| 42 | Fourier analysis | 117(1.15) | 18(1.71) | 6,989 (1.08) |
| 43 | Abstract harmonic analysis | 4(0.04) | 0 | 1,276 (0.20) |
| 44 | Integral transforms, operational calculus | 6(0.06) | 0 | 758 (0.12) |

| MSC | 분야명 | 남한(%) | 북한(%) | 세계 전체(%) |
|---|---|---|---|---|
| 45 | Integral equations | 17(0.17) | 13(1.24) | 1,691(0.26) |
| 46 | Functional analysis | 203(2.00) | 24(2.28) | 11,733(1.81) |
| 47 | Operator theory | 645(6.36) | 10(0.95) | 14,431(2.22) |
| 49 | Calculus of variations and optimal control, optimization | 265(2.61) | 62(5.89) | 8,773 (1.35) |
| 51 | Geometry | 16(0.16) | 8(0.76) | 2,932 (0.45) |
| 52 | Convex and discrete geometry | 45(0.44) | 2(0.19) | 3,833 (0.59) |
| 53 | Differential geometry | 514(5.07) | 24(2.28) | 14,952(2.30) |
| 54 | General topology | 262(2.58) | 6(0.57) | 8,404 (1.29) |
| 55 | Algebraic topology | 60(0.59) | 19(1.81) | 2,591 (0.40) |
| 57 | Manifolds and cell complexes | 230(2.27) | 1(0.10) | 5,535 (0.85) |
| 58 | Global analysis, analysis on manifolds | 99(0.98) | 8(0.76) | 6,096 (0.94) |
| 60 | Probability theory and stochastic processes | 353(3.48) | 62(5.89) | 22,807(3.51) |
| 62 | Statistics | 656(6.47) | 49(4.66) | 33,946(522) |
| 65 | Numerical analysis | 354(3.49) | 111(10.55) | 29,742(4.58) |
| 68 | Computer science | 249(2.46) | 14(1.33) | 31,374(4.83) |
| 70 | Mechanics of particles and systems | 21(0.21) | 4(0.38) | 5,626 (0.87) |
| 74 | Mechanics of deformable solids | 79(0.78) | 46(4.37) | 11,328(1.74%) |
| 76 | Fluid mechanics | 163(1.61) | 30(2.85) | 19,016(2.93) |
| 78 | Optics, electromagnetic theory | 53(0.52) | 0 | 4,143 (0.64) |
| 80 | Classical thermodynamics | 9(0.09) | 4(0.38) | 1,475 (0.23) |
| 81 | Quantum theory | 464(4.58) | 0 | 30,864(4.75) |
| 82 | Statistical mechanics, structure of matter | 61(0.60) | 1(0.10) | 12,279(1.89) |
| 83 | Relativity and gravitational theory | 299(2.95) | 0 | 16,315(2.51) |
| 85 | Astronomy and astrophysics | 5(0.05) | 0 | 472 (0.07) |
| 86 | Geophysics | 6(0.06) | 1(0.10) | 2,251(0.35) |
| 90 | Operationsresearch, mathematical programming | 364(3.59) | 178(16.92) | 24,842(3.82) |
| 91 | Game theory, economics, social and behavior sciences | 131(1.29) | 13(1.24) | 18,605(2.86) |
| 92 | Biology and other natural sciences | 65(0.64) | 0 | 12,844(1.98) |
| 93 | Systems theory; control | 350(3.45) | 47(4.47) | 20,555(3.16) |
| 94 | Information and communication, circuits | 399(3.93) | 81(7.70) | 15,894(2.45) |
| 97 | Mathematics education | 0 | 0 | 0 |
| 합계 | | 10,142(100) | 1,052(100) | 649,884(100) |

# 제4장

# 북한의 수학을 비롯한 기초과학 정책

이 장에서는 1990년대 북한의 기초과학 정책을 먼저 정리하고, 『수학』과 『과학원통보』의 권두언 분석을 통하여 정책 당국자나 과학자가 중점을 두고 있는 정책과 연구 분야를 살펴보도록 한다.

## 1. 북한의 기초과학 정책

먼저 2007~2012년 『수학』과 『과학원통보』의 권두언을 통하여 북한의 수학 및 과학 정책을 파악하고자 한다. 북한의 과학기술 정책의 기본방향은 북한식 표현으로 "선군사상에 기초하여 강성대국을 건설하는 데서 나서는 과학기술적 문제를 푸는 데 힘을 집중하며, 나라의 과학기술을 세계 선진 수준에 빨리 올리려는 것이다. 따라서 기초과학 연구와 사회주의 건설에 이바지하기 위한 응용개발 연구를 옳게 결합하는 것이 중요하다. 마땅히 기초과학 연구에 일차적인 힘을 쏟아야 하나 실천이 제기하는 과학기술적 문제와 거리가 먼 순수 기초이론 연구에만 치우치는 편향을 없애야 한다." 물론 사회주의 건설에 당장 도움을 주진 않지만, 과학기술 발전의 전망으로 보아 의미가 있는 기초이론 문제의 연구에도 힘을 쏟아야 한다고 주장하나 현실적으로는 어려운 점이 많은 것으로 보인다. 다시 북한식 표현으로 "과학기술적으로 뒤떨어진 나라일수록 응용개발 연구에 힘을 쏟아야 하며 이에 필요한 기초이론 연구를 진행해야만 한다. 이렇게 하는 것이 과학연구의 실천적 효과성을 높이고 나라의 경제발전과 인민생활 향상에 실질적으로 이바지하는 결과를 가져오며 세계 선진 수준을 따라잡는 빠른 길이다." 그러나 실제적인 면에서는 기초과학에 관한 진흥 정책이 경시되고 있는 것으로 보인다.

원래 북한을 비롯한 사회주의 국가에서 과학기술은 경제발전의 주요 수단이 되고 그 자체의 발전은 뒷전으로 밀리는 경우가 많은데 2000년대 "고난의 행군" 이후의 북한은 더 심각해졌다고 볼 수 있다. 이를 위하여 2007년부터 2012년까지 『수학』과 『과학원통보』의 권두언을 분석함으로써 북한의 정책기관과 과학 기술자들이 어떤 점에 중점을 두고 있는지 편린이나마 추측할 수 있다. 권두언에는 정치적인 부분이 많이 포함되어 있어 될 수 있으면 정치적인 부분은 걸러내어 정리하고 분석하고자 한다. 매년 권두언이 거의 비슷하다고 볼 수 있지만, 권두언을 읽으면 북한에서 정책적으로 강조하는 부분을 쉽게 알 수 있기 때문에 6년간의 권두언을 부록 3에 실었다.

## 2. 『수학』의 권두언 분석

먼저 북한을 포함한 사회주의 국가에서 과학기술은 무산계급정치와 경제발전의 주요 수단이 되고 그 자체의 발전은 뒷전으로 밀리는 경우가 많다(이춘근, 2005). 생산현장에 크게 기여하지 못하는 이론과학자들은 무산계급을 위하지 않는 것으로 인식될 수도 있기 때문에 수학자들까지도 상당히 실제적인 응용문제에 집중하려고 노력하는 것으로 보인다. 『과학원통보』의 권두언에서는 말할 것도 없고 『수학』의 권두언에서조차 과학자들도 농업, 공업 분야 특히 4대 선행 부문인 전력, 석탄, 금속, 철도운수 부문의 생산현장에 이바지해야 한다는 것을 수없이 반복하여 강조하고 있다.

『수학』의 권두언 앞부분에서는 정치적인 수사 다음에 수학 분야와 역학 분야에서의 성과를 나열하고 짧게나마 국제올림피아드에서의 성적을 언급하고 있다. 그다음에는 수학 역학 부문 과학자들이 4대 선행 부문에서 공업, 농업, 생물과학 등 실제 분야에서 생기는 문제들의 해결에 이바지해야 한다는 것을 역설하고 있다.

『과학원통보』의 권두언에서도 『수학』의 권두언에서와 마찬가지로 4대 선행 부문을 포함하여 농업, 생물과학, 공업 분야에서 나오는 문제들의 해결에 이바지해야 한다는 것을 강조하고 있다.

특기할 만한 사실은 2010년부터 『수학』과 『과학원통보』 권두언 모두에서 생산설비의 CNC(Computer Numerical Control, 컴퓨터 수치제어)화와 경공업 부문에서의 과학기술자들의 역할을 강조하고 있다는 것이다. 각 분야에 열거한 성과들은 다음과 같다.

#### (1) 수학 분야

① 2007년

–금융 시계열 모형들의 추정과 점근적 성질에 관한 연구
–점성 유체 운동의 조종 이론 연구
–포텐셜 마당의 구역형태 최량화 방법에 관한 연구
–고정밀 자기마당 조사에 의한 표사광상 탐사 컴퓨터지원체계 연구
–플라즈마에 의한 기차바퀴 겉면 열처리 컴퓨터지원체계 등 첨단기술 개발에 이바지하는 가치 있는 연구 결과

② 2008년

–반환 위에서 행렬이론과 $L^p$ 공간에서 연산자값 푸리에 인자 정리에 관한 연구 결과
–비유계 구역에서 포텐셜 마당의 형태 최량화 등 이론 연구에서 새로운 성과

–타원곡선 암호에 의한 무선통신의 암호화와 복호화 연구
–독립성분 분석에 의한 잡음 제거, 최량화 방법에 의한 전력계통 구성과 같은 첨단기술 개발에 이바지하는 가치 있는 연구 결과

③ 2009년

–통계적 품질관리이론을 우리 실정에 맞게 발전시키고 그것을 적용하여 국력을 강화하는 데 크게 이바지
–돌변색 관측체계를 세워 백두산 3대 장군의 혁명 사적물을 연구 보존하는 데 이바지
–비선형분포계의 수값 해석, 대수곡선의 유리점 계산, 비선형모형의 예측과 조종 등 과학기술발전 5개년계획의 첫해 과제 수행 성과
–2진체 위에서 타원 암호 연산을 고속화하기 위하여 수학자들이 내놓은 새로운 점두배 공식이 해당 부문의 국제학계에서 좋은 평가를 받음

④ 2010년

–선군시대의 기념비적 창조물로 솟아오른 영원발전소의 발전기 운영 정상화에서 절실한 균형보장의 과학성을 수학적으로 담보
–숫자식 유량계, 수위측정장치, 숫자식 온도검사 및 정보장치들을 높은 수준에서 개발하고 발전기와 터빈에 성공적 도입
–수학 부문의 과학자들은 현대수학의 성과를 이용하여 시멘트 소성로의 컴퓨터 조종, 흑백색 동화상의 천연색화 실현
–구조 보존 계차도식이론, 대수적 부호이론, 미분다양체이론에서 새로운 성과를 이룸

⑤ 2011년

–새로운 수학계산도구, 통계계산도구, 컴퓨터 입력기 등을 개발, 컴퓨터조작체계를 발전시키는 데 이바지

–기억기 보안체계를 개발하고 은행카드체계의 보안대책을 세워 인민경제의 정보화, 과학화를 실현하는 데 기여
–유체운동방정식의 질론, 대수계이론, 디락기하이론 등 기초이론 연구에서 새로운 성과를 이룸

⑥ 2012년
–희천발전소댐 건설에서 제기되는 블로크식 공법의 역학적 계산 기초 자료 보장
–대형 합성탑의 열처리와 지열 압축기의 진동 방지에서 나서는 수학역학적 문제 해결
–수지 연필 생산공정의 현대화에서 생기는 수학역학적 문제 해결
–승강기 생산공정의 현대화에서 제기되는 감속기의 프로필 결정 문제 해결
–흑백 영화를 천연색 영화로 만드는 체계를 개발하고 도입하는 데서 생기는 수학적 문제 해결
–수학적 방법을 이용하여 축전지의 고속 충전체계 개발
–수학 부문의 과학자들은 준지수시간에 이산로그를 계산하는 알고리즘과 거친 경계를 가지는 구역에서 유체 운동방정식의 풀이 평가, 고계 슈뢰딩거 방정식의 기본풀이 평가, 특이 분포계의 타당성과 근사풀이법의 수렴성 등에 관한 연구를 심화시키며 대수학, 기하학을 비롯한 기초수학을 발전시켜 나노기술, 정보기술 등 핵심기초기술과 첨단과학기술의 원리적 · 방법론적 토대를 쌓아야 한다.

### (2) 역학 분야

역학 분야에서 다음에 열거한 성과들은 더욱 더 응용에 치중하여 어떤 결과들은 수학 문제가 아니라 수학적 방법을 써서 공장에 나오는 실제적인 문제에 응용한 것으로, 수학 논문이라기보다는 공학의 case study로 보는 것이 타당하다고 볼 수 있다.

① 2007년

–화력발전소 보일러의 화염 중심을 합리적인 위치로 이동시켜 수천 kW의 전력 증산 방도 찾음

–화력 터빈과 풍력 터빈, 조수력 터빈 설계에서 생기는 역학적 문제 해결

–기계진동진단 컴퓨터 지원체계를 더욱 발전시켜 최신 과학기술에 기초한 경제의 현대화, 정보화에 크게 이바지

② 2008년

–회전기계의 진동상태 평가를 위한 입체 스펙트럼 진단과 송전탑의 지지능력 제고

–카오스의 조종과 동기화 방법들의 성능 개선 등에서 새로운 연구 결과

–화력발전소 미분탄 보일러의 화염 중심을 낮추는 연구사업의 성과 확대

–축전지 생산을 위한 검사공정과 주조공정의 컴퓨터화 실현

–우리식 조작체계에 의한 과학기술 계산 프로그램 개발

2009년부터는 수학과 역학 부문을 분리하지 않고 농업 및 공업에 응용되는 분야들을 다음과 같이 발전시켜야 한다고 강조하고 있다.

요약하면 에너지가 부족한 상황에서 발전소에서 나오는 여러 가지 문제, 수송조직과 지휘 등 물류에서 생기는 문제, 철강 생산에서 발생하는 문제, 2010년부터는 공정의 CNC화와 경공업의 발전에서 파생하는 문제들의 해결에 이바지해야 한다는 점을 강조하고 있다.

③ 2009년

–수력발전기의 진동원인을 해명하고 대책을 세워 발전기의 조립과 운영에 크게 도움

–화력발전소의 생산 정상화와 동력 발전기술을 발전시키는 데서 생기는 역학적 문제 해결

-초고층건물, 교량구조, 수행기구 체계 설계에서 생기는 역학적 문제 해결

④ 2010년

-수값 모형화, 품질 공학적 수법을 이용하여 금속공장의 생산정상화에서 생기는 기술적 문제들을 해결함으로써 강철 전선을 힘있게 지원하며 기계진동진단 기술을 전국의 발전소에 도입하여 수력발전소의 조업을 최대한 앞당기고 화력발전소 설비들을 만부하로 돌리는 데 이바지해야 한다.

-수리운영학을 수송조직과 지휘에 적극 도입하여 철도의 통과 능력을 향상하는 데 기여해야 한다.

-정보산업시대의 요구에 맞게 CNC화를 계속 높은 수준에서 실현하기 위한 문제들을 해결하고 조종 프로그램들을 개발해야 한다.

⑤ 2011년

-회전기계 동력전달 계통의 비선형동적 상태와 고체 알갱이 무리 현상의 운동 특성을 해석하고 유체기계의 성능을 개선하는 데서 제기되는 수학 · 역학적 문제들을 해결해서 인민소비품의 질을 결정적으로 높이고 생산의 현대화 · 과학화를 실현해야 한다.

-기계진동 기술을 적극 도입하여 희천발전소를 비롯한 대규모 수력발전소들의 조업을 최대한 앞당기고 화력발전 설비의 만부하, 만가동을 보장하며 생산공정을 CNC화하는 데 적극 이바지해야 한다.

-주체 철생산 공정에 대한 컴퓨터 모의와 최량방안 확정을 실현하기 위한 과학연구사업을 줄기차게 벌리며, 단조 과정을 비롯한 강한 비선형성을 띠는 소성가공과정의 역학적 해석방법을 확립하고, 열처리 공정의 CNC화를 실현하는 데 제기되는 과학기술적 문제들을 해결하여 금속공업 부문 공장, 기업소들에서 높이 세운 생산목표를 달성하는 데 도움을 주어야 한다.

-CNC 기술의 패권을 틀어쥔 경험을 토대로 모든 분야에서 세계가 도달한 과학기술 수준을 최단 기간 내에 뛰어넘어 지식경제시대의 전열에 서자는

것이 "우리 당"의 최첨단 돌파사상이다. 최첨단 돌파전의 선봉에서 내달리고 있는 회천련하기계종합공장의 과학자, 기술자들의 모범을 적극 따라 배워야 한다.

⑥ 2012년

–현장 균형잡이 기계진동진단을 위한 기구 제작 및 조종분석 프로그램들을 첨단 수준에서 개발하여 진동진단체계를 좀 더 완비하고 인민경제 여러 부문에 도입해야 한다.

–화력발전소들의 발전기 터빈축용 재생산공정을 수값 모의하여 합리적인 용접 조건을 보장하는 데서 제기되는 역학적 문제를 해결해야 한다.

–전자저울 수감부의 합리적인 구조결정과 양말포장기의 동력학적 기구모의 해석에 관한 연구와 대형 풍력발전기의 풍차날개를 수값 모의하여 합리적인 설계 정수를 결정하기 위한 연구를 심화해야 한다.

### (3) 올림피아드 성적

• 2008년(남한 4위, 북한 7위)

지난해 7월에 웰남의 하노이에서 진행된 제48차 국제수학올림피아드에서 우리나라 선수들은 금메달 1개, 은메달 4개, 영예상 1개를 쟁취하여 우수한 성과를 거두었다.

• 2009년(남한 4위, 북한 5위)

에스빠냐에서 진행된 제49차 국제수학올림피아드에 참가한 우리나라 선수들은 4개의 금메달과 2개의 은메달을 쟁취하여 우리 인민을 기쁘게 하였다.

• 2011년(남한 13위, 북한 7위)

• 2012년(남한 1위, 북한 12위)

네덜란드에서 진행된 제52차 국제수학올림피아드에서 우리의 나어린 학생들은 금메달 3개, 은메달 3개를 쟁취하여 주체조선의 존엄과 민족의 영예를 남김 없이 떨쳤다.

2011년에는 북한이 남한을 앞섰으나 언급하지 않았다.

## 3. 『과학원통보』의 권두언 분석

『과학원통보』에서 다루는 분야는 기초과학 및 자연과학인데 권두언에서 기초과학 분야의 연구는 전혀 강조하고 있지 않다. 『과학원통보』의 권두언을 읽어 보면 순수 연구에 관한 언급은 거의 없고 『수학』의 권두언 분석에서 언급한 것보다 실제 문제 해결에 더 중점을 두고 있다. 특히 4대 선행 부문과 농업, 생명공학, 섬유공업 부문에서 생기는 기술적 문제 해결의 필요성을 더 강조하고 있다.

위에서 언급한 바와 같이 현 상황의 북한에서는 의미 있는 기초과학 분야의 연구를 수행하기는 쉽지 않은 것으로 보인다.(부록 3 참조)

# 제5장

# 요약과 결론

## 1. 연구 결과 요약

여기에서는 북한의 학술지 『수학』과 『과학원통보』에 게재된 논문을 통하여 북한 수학의 연구 분야 및 연구 인력, 한글 수학 용어 등 분석한 결과의 주요 부분만을 요약한다.

### (1) 북한의 수학 학술지에서 본 연구 분야 동향과 특징

#### ① 북한의 수학 연구 분야 동향

연구 대상 논문은 2001년과 2010년 사이 『수학』에 나온 모든 논문과 『과학원통보』에 나온 모든 수학 분야 논문을 대상으로 하였다. 여기서는 두 학술지를 합친 결과를 요약한다.

• KMS 분류법(1. 대수학, 2. 해석학, 3. 기하학, 4. 위상수학, 5. 응용수학, 6. 확률 및 통계)
『수학』에 나온 논문은 756편, 『과학원통보』에 나온 수학 분야 논문은 472편이며, 합쳐서 1,228편이다. 대수학(20편) 1.6%, 해석학(232편) 18.8%, 기하학(55편) 4.5%, 위상수학(40편) 3.3%, 응용수학(759편) 61.8%, 확률 및 통계(120편)

9.8%, 기타(2편) 0.2%다. 응용수학, 해석학, 확률 및 통계를 합친 논문 수는 1,111편이며 그 비율은 90.4%이며, 순수수학의 논문 수는 115편으로 그 비율은 9.4%(수학사는 제외)다. 이로부터 북한 수학의 연구 분야는 응용 및 응용적 색채가 강한 분야에 과도하게 집중되어 있으며, 응용과는 거리가 먼 순수수학 분야, 특히 대수학 분야는 1.6%로 극단적으로 비율이 낮다는 것을 알 수 있다.

• MSC 2010 분류법(63개 분야로 분류)

북한의 수학은 63개 분야 중 49개 분야에 대한 연구가 진행되어 있고 14개 분야는 연구가 안 되고 있다. 거의 연구되지 않고 있는 분야(논문 수 3편 이하인 경우)는 30개 분야이므로 실질적으로 연구되고 있는 분야(논문 수 8편 이상인 경우)는 33개다. 이 33개 분야 중 논문 수가 20편 이상인 경우는 16개 분야뿐이다.

응용수학 중에서, 활발히 연구되고 있는 분야는 OR과 수리계획(90)(210편, 17.1%), 수치해석(65)(124편, 10.1%), 정보와 통신, 회로이론(94)(96편, 7.8%), 편미분방정식(35)(88편, 7.2%), 변분학과 최적제어(49)(77편, 6.3%), 확률론과 확률과정(60)(64편, 5.2%)으로 논문 수의 합계는 659편이다. 따라서 위의 분야별 응용 및 응용적 색채가 강한 분야인 응용수학, 해석학, 확률 및 통계에서 차지하는 비율은 59.3%(659/1,111)이다.

순수수학 중에서 활발히 연구되고 있는 분야는 조합론(5)(18편, 1.5%), 수론(11)(11편, 0.9%), 미분기하학(53)(34편, 2.8%), 일반위상수학(54)(10편, 0.8%), 대수위상수학(55)(21편, 1.7%)으로 논문 수의 합계는 94편이다. 따라서 위의 분야가 순수수학 분야인 대수학, 기하학, 위상수학에서 차지하는 비율은 81.7%(94/115)다. 그리고 순수 수학의 중요한 분야인 가환대수(13), 대수기하학(14) 등은 전혀 연구되지 않고 있는 기현상을 보이고 있다.

전체적으로 북한의 수학 연구 동향은 주로 응용 및 응용적 색채가 강한 분야에 편중되고 있어 전체적으로는 응용수학이 90.4%, 순수수학 9.4%(수학사 2편 제외)다.

### ② 북한의 수학 연구의 몇 가지 특징

위에서 언급한 바와 같이 수학 연구 분야의 동향은 크게 변화가 없으나, 최근에 북한의 수학 연구에 몇 가지 특징이 보인다.

• 참고문헌에 나온 논문의 국가별 분포에 큰 변화

김도한(1993a)에서는 참고문헌에 나온 논문들을 분석하였는데 1980년대 말에 국가별 구성비를 살펴보면 북한 18.5%, 중국 1.3%, 일본 4.5%, 미국과 유럽 29.0%인 반면에 구소련 문헌이 차지하는 비율이 46%로 압도적이다. 그 후의 추세를 분석하였는데 2001년에는 러시아가 40%에 가까웠고 미국과 유럽이 25% 정도였으나 2010년에는 러시아가 6% 정도, 미국과 유럽이 75%를 넘게 차지하여 러시아 수학의 영향은 미미해졌고 미국과 유럽 수학의 영향을 받게 된 것을 알 수 있다. 적기는 하지만 한국 수학자의 논문을 인용한 논문도 있다는 것은 흥미있는 사실이다.

• 금융수학 및 암호론 분야의 논문 수 증가

최근에 북한 수학 분야에서 금융수학 및 암호론에 관한 연구가 활발해지고 있는 점 또한 특징으로 볼 수 있다. 금융수학 분야의 논문 수는 7편, 암호론 논문 수는 5편이다. 논문의 수준은 그리 높지 못하나 새로운 분야를 개척하려는 북한 수학자의 의지를 엿볼 수 있다.

• 국제학술지 게재 논문 증가

최근에 북한 수학자들이 국제학술지에 논문을 게재하고 있는 것이 중요한 특징의 하나이며 게재한 논문의 수는 18편이다. 그중 제일 많은 논문을 쓴 수학자는 김두진으로 5편을 게재하고 있다. 김두진을 포함하여 북한 수학자가 세계적으로 우수한 수학 학술지인 *J. Differential Equations*와 *SIAM Journal*에도 논문을 게재하고 있다. 2010년 이후 유명 학술지에 게재되는 논문이 증가하고 있다는 사실은 괄목할 만하다

### (2) 북한의 수학 연구 인력의 조사 분석

2001년부터 2010년까지 조사기간 10년 동안 두 학술지에 논문을 게재한 연구자는 『수학』에 674명, 『과학원통보』에 561명이며 전체 연구자 수는 1,031명이다.

인력이 집중되어 있는 분야는, OR과 수리계획(90)이 388명, 수치해석(65)이 219명, 정보와 통신, 회로이론(94)이 175명, 변분학과 최적제어(49)가 136명, 편미분방정식(35)이 136명, 확률론과 확률과정(60)이 112명, 통계학(62)이 96명, 시스템이론, 제어(93)가 93명, 가변체 역학(74)이 86명, 동력학계와 에르고딕 이론(37)이 78명이다.

논문 수에 따른 저자 수를 보면, 8편 이상 논문을 쓴 연구자는 35명이며 그들은 북한 수학의 중심적인 연구자라 할 수 있다. 4편 이상의 논문을 쓴 연구자는 91명이며 따라서 그들이 실질적인 연구자라고 할 수 있다.

공저 논문의 분포를 보면 단독 논문은 311편이고, 2인 공저 논문은 896편, 3인 공저 논문은 21편이므로 공저 논문이 상대적으로 많은 것을 알 수 있다.

북한의 수학 연구 인력을 데이터베이스화하는 데 소속과 직위까지 정확하게 정리하려고 계획했으나, 폐쇄적인 사회의 특성상 대부분의 논문에서 저자들이 자신의 소속과 직위를 밝히지 않아 가능하지 않았다.

### (3) 북한의 수학 연구 현황과 관련된 기초 자료 마련

또한 북한 수학에 관하여 남한 및 세계와의 연구 분야 및 역량을 비교하였다. 앞으로 남북한에서 수학 분야의 교류를 진행함에 있어 중요한 자료를 정리하였으며 그것을 부록에 실었다. 부록에 실린 내용은 다음과 같다.

- KMS 분류법에 의한 연구 분야별 분포
- MSC 2010 분류법에 의한 연구 분야별 분포
- 북한 수학자의 논문 수 일람
- MSC 2010 분류법에 의한 연구 분야별 저자 일람
- 남한 · 북한 · 일본 조총련계 수학교과서에 나오는 수학 용어 비교
- 북한 학술지 『수학』(2001~2010년)에 나오는 수학 용어 일람
- 북한 학술지 『수학』과 『과학원통보』의 권두언 자료

## 2. 결론

1960년대 북한의 수학 연구는 상당한 수준을 유지한 것으로 보인다. 예를 들면 한국전쟁 전에 월북한 리재곤은 1960년대에 이미 그 당시의 해석학에서 제일 중요한 분야인 특이적분에 관하여 상당히 수준 높은 책을 썼고, 한국 전쟁 중 의용군으로 징집된 조주경은 1960년대에 이미 금융수학에 중요한 이토 이론을 포함하여 확률적분방정식이라는 제목으로 역시 상당히 수준 높은 책을 썼다. 이 당시 남한의 대학에서는 연구다운 연구는 거의 이루어지지 못했고 겨우 학부 수준의 교육에만 급급해 있었다.

그러나 1990년대 말 구소련 붕괴 이후 경제 쇠퇴와 국제적인 고립화로 인하여 기초과학의 연구는 양적으로나 질적으로 답보 상태에 머물렀다. 반면에 남한 수학자가 국제학술지에 발표한 논문 수는 세계 10위의 수준까지 올라갔다. 남북한 수학자가 발표한 논문 수를 비교하면 10:1로 볼 수 있다.

이것은 첫째, 북한의 과학기술정책에 기인하고 있다. 북한에서 기초과학 정책은 기초과학이 어디까지나 사회주의 건설의 현실이 요구하는 문제를 푸는 데 먼저 힘을 써야 한다는 것이다. 그러므로 순수수학에 힘을 쏟지 못하고 응용 개발 연구에만 집중하고 있다.

둘째, 닫힌 사회이고 경제력이 낮다는 것과도 관계 있다. 논문이 아직까지

한글로만 쓰여 있어, 세계에서 인정받는 학술지로서의 면모를 갖추지 못하고 있다. 국제학술지를 포함하여 외국 문헌을 구하기도 힘들고, 컴퓨터 설비, 종이 등 연구 환경의 기초적인 문제가 해결이 되지 않고 있어 수학자들의 연구 환경이 매우 어렵다.

셋째, 우수한 수학자들이 군사 및 사이버넷트 분야 등에 동원되고 있는 것도 큰 요인으로 보인다.

이에 비해 남한에서는 1990년대 이후 경제 발전으로 기초과학, 특히 수학에 국가가 많이 투자하고 있다. 그 결과, 남한에서는 서울에서 2014년 세계수학자 대회를 개최했으며, 그뿐만 아니라 남한이 후진국일 때 선진국으로부터 받은 도움을 다시 돌려주자는 뜻으로 "나눔"이라는 프로그램으로 개발도상국 수학자 1,000명을 초청하였다. 이 세계적인 학술회의에 북한과 조총련계 재일동포 수학자를 초청하려는 노력을 다각적으로 벌였으나 남북 관계의 경색으로 뜻을 이루지 못하였다.

북한이 국제적으로 고립되어 있지만 북한 수학자들이 국제학술지에 게재하는 논문의 숫자가 아주 미미하나마 점점 증가하고 있다는 사실, 2015년도 국제수학올림피아드에서 남한은 3위, 북한은 4위를 했다는 사실은 북한의 어려운 경제 상황을 감안하면 상당히 괄목할 만하다.

우리 민족의 숙원인 통일의 초석을 다지기 위하여 이념과 독립적인 수학 분야에서 남북 간의 학술교류와 공동연구가 꼭 필요하고, 본 연구는 수학 분야에서 남북 간의 학술교류와 공동연구를 시작하는 데 중요한 기초 자료가 될 것이다

# 참고문헌

김도한(1993a), 「북한의 과학 기술, 응용수학 등 일부 분야에 편중」, 『과학과 기술』, 27(5): 88–89.

김도한(1993b), 「북한의 과학 기술 용어, 수학」, 『과학과 기술』, 27(6): 85–86.

김도한(2007), 「평양 방문 및 남북 수학 교류기」, 『대한수학회 소식지』, 113: 18–23.

김도한(2012), 「일본 조선대학교 방문기」, 『대한수학회 소식지』, 145: 36–38.

대한수학회(2006), 『표준수학용어집』, 청문각.

신정선(2005), 「현재 북한 수학의 일반적 특징에 관하여」, 『대한수학회 소식지』, 101: 13–15.

이춘근(2005), 『북한의 과학기술』, 한울아카데미.

조도상(2010), 「2010년도 대한수학회 연차보고서」, 『대한수학회 소식지』, 145: 14–21.

한국과학기술단체총연합회(1991), 『북한의 기초과학 현황 분석』.

# 부록

## 1. 북한의 수학 연구 현황의 기초 자료

### 1) KMS 분류법에 의한 연구 분야별 분포

#### (1) 『수학』: KMS 분류에 의한 연도별 분포(2001~2010년)

2001년

| 수학 분류 | 빈도 | 퍼센트 |
|---|---|---|
| 1 | 3 | 5.4 |
| 2 | 17 | 30.4 |
| 4 | 1 | 1.8 |
| 5 | 33 | 58.9 |
| 6 | 2 | 3.6 |
| 합계 | 56 | 100 |

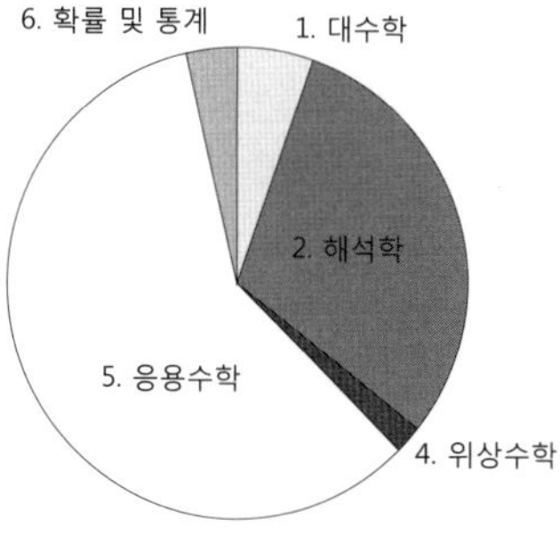

2002년

| 수학 분류 | 빈도 | 퍼센트 |
|---|---|---|
| 2 | 12 | 16.9 |
| 3 | 3 | 4.2 |
| 4 | 1 | 1.4 |
| 5 | 43 | 60.6 |
| 6 | 11 | 15.5 |
| 7 | 1 | 1.4 |
| 합계 | 71 | 100 |

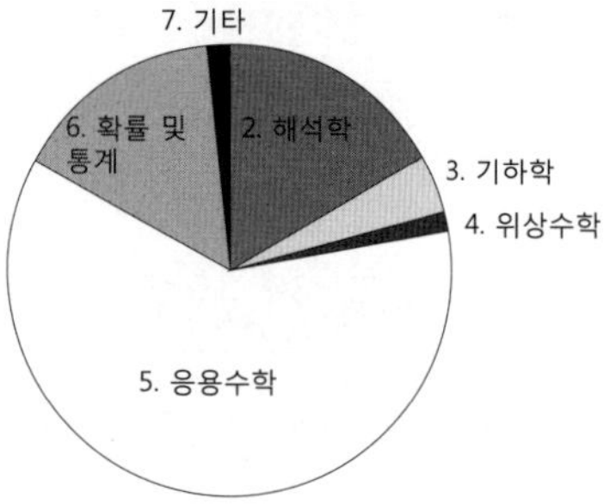


2003년

| 수학 분류 | 빈도 | 퍼센트 |
|---|---|---|
| 1 | 3 | 4.2 |
| 2 | 14 | 19.4 |
| 3 | 3 | 4.2 |
| 4 | 2 | 2.8 |
| 5 | 39 | 54.2 |
| 6 | 11 | 15.3 |
| 합계 | 72 | 100 |

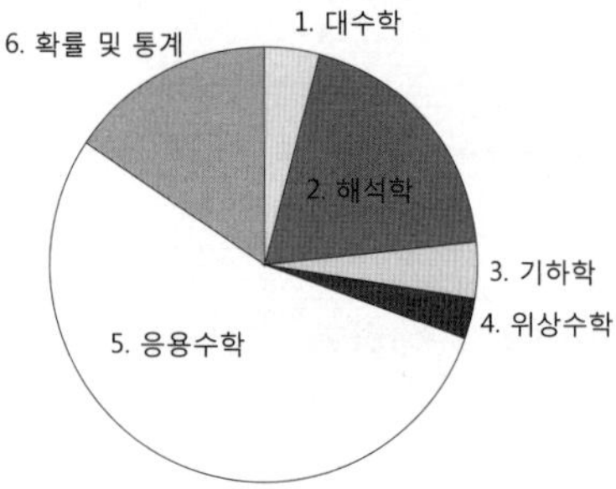


2004년

| 수학 분류 | 빈도 | 퍼센트 |
|---|---|---|
| 1 | 4 | 6.5 |
| 2 | 16 | 25.8 |
| 3 | 1 | 1.6 |
| 5 | 32 | 51.6 |
| 6 | 8 | 12.9 |
| 7 | 1 | 1.6 |
| 합계 | 62 | 100 |

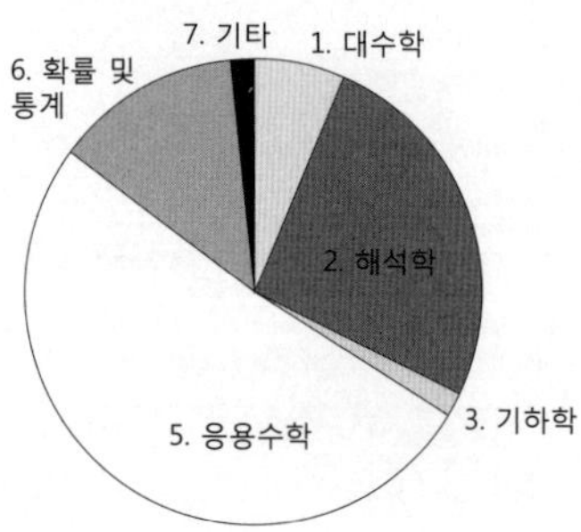

2005년

| 수학 분류 | 빈도 | 퍼센트 |
|---|---|---|
| 2 | 15 | 28.8 |
| 3 | 2 | 3.8 |
| 4 | 1 | 1.9 |
| 5 | 28 | 53.8 |
| 6 | 6 | 11.5 |
| 합계 | 52 | 100 |

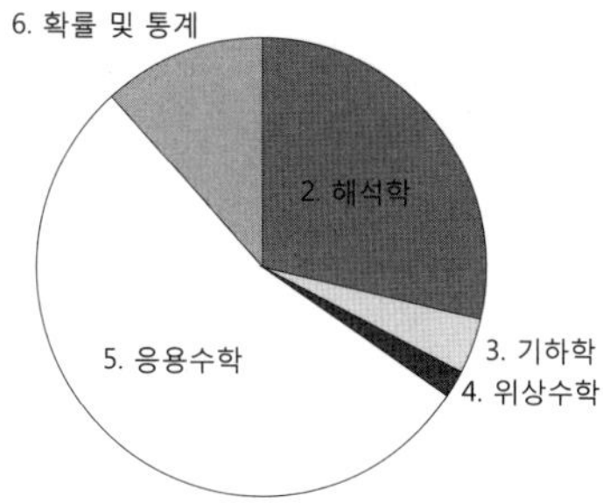


2006년

| 수학 분류 | 빈도 | 퍼센트 |
|---|---|---|
| 1 | 1 | 1.6 |
| 2 | 17 | 27.4 |
| 4 | 1 | 1.6 |
| 5 | 36 | 58.1 |
| 6 | 7 | 11.3 |
| 합계 | 62 | 100 |

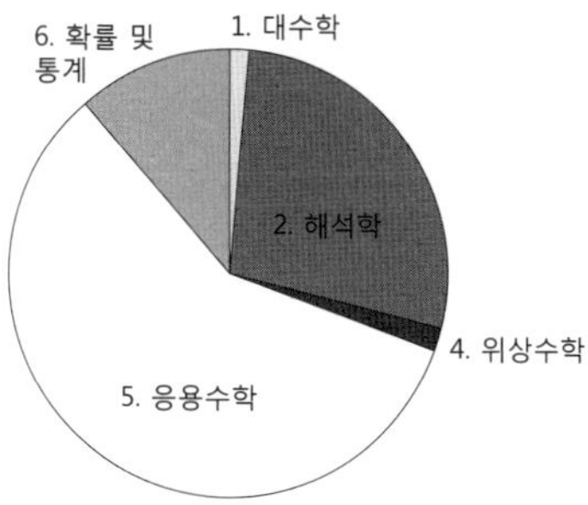


2007년

| 수학 분류 | 빈도 | 퍼센트 |
|---|---|---|
| 1 | 1 | 1.6 |
| 2 | 18 | 29.0 |
| 3 | 1 | 1.6 |
| 4 | 2 | 3.2 |
| 5 | 34 | 54.8 |
| 6 | 6 | 9.7 |
| 합계 | 62 | 100 |

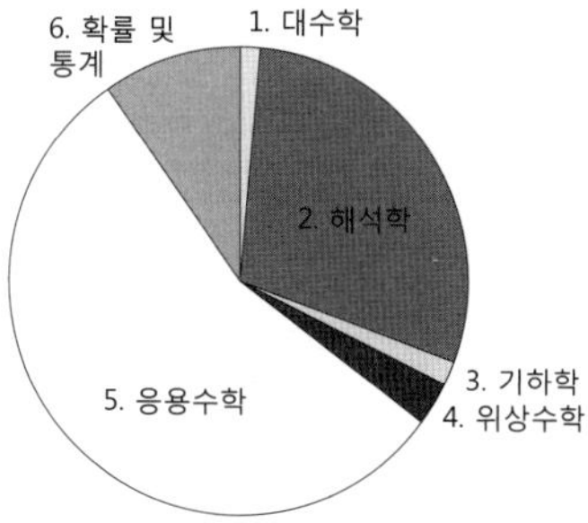

2008년

| 수학 분류 | 빈도 | 퍼센트 |
|---|---|---|
| 1 | 1 | 1.1 |
| 2 | 20 | 21.7 |
| 3 | 3 | 3.3 |
| 4 | 2 | 2.2 |
| 5 | 53 | 57.6 |
| 6 | 13 | 14.1 |
| 합계 | 92 | 100 |

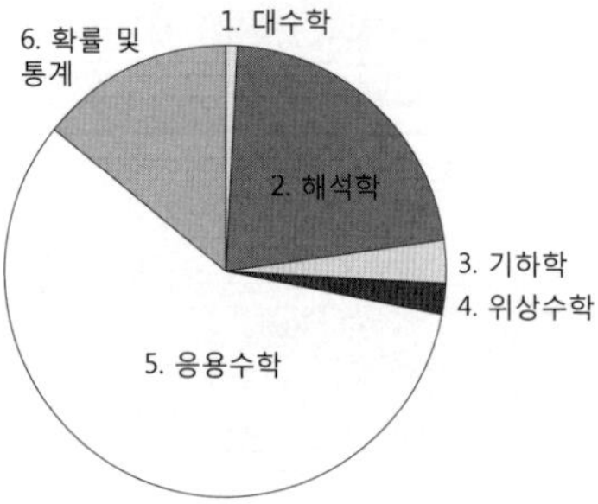


2009년

| 수학 분류 | 빈도 | 퍼센트 |
|---|---|---|
| 1 | 2 | 1.8 |
| 2 | 23 | 20.7 |
| 3 | 6 | 5.4 |
| 4 | 3 | 2.7 |
| 5 | 68 | 61.3 |
| 6 | 9 | 8.1 |
| 합계 | 111 | 100 |

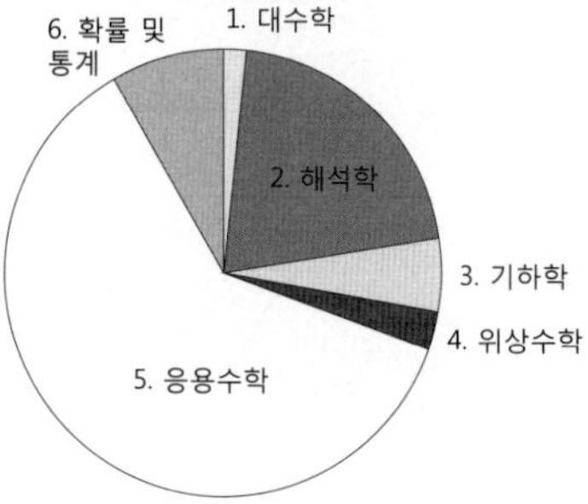


2010년

| 수학 분류 | 빈도 | 퍼센트 |
|---|---|---|
| 1 | 1 | 1.7 |
| 2 | 26 | 22.4 |
| 3 | 7 | 6.0 |
| 4 | 5 | 4.3 |
| 5 | 71 | 61.2 |
| 6 | 5 | 4.3 |
| 합계 | 116 | 100 |

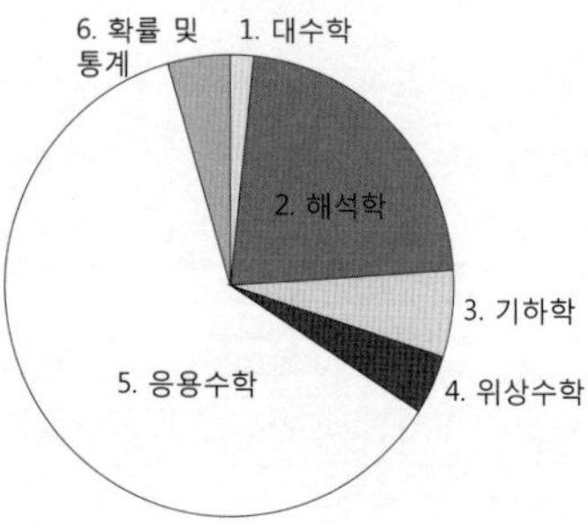

## (2)『과학원통보』: KMS 분류에 의한 연도별 분포(2001~2010년)

2001년

| 수학 분류 | 빈도 | 퍼센트 |
|---|---|---|
| 1 | 1 | 1.9 |
| 2 | 9 | 17.3 |
| 3 | 5 | 9.6 |
| 4 | 1 | 1.9 |
| 5 | 33 | 63.5 |
| 6 | 3 | 5.8 |
| 합계 | 52 | 100 |

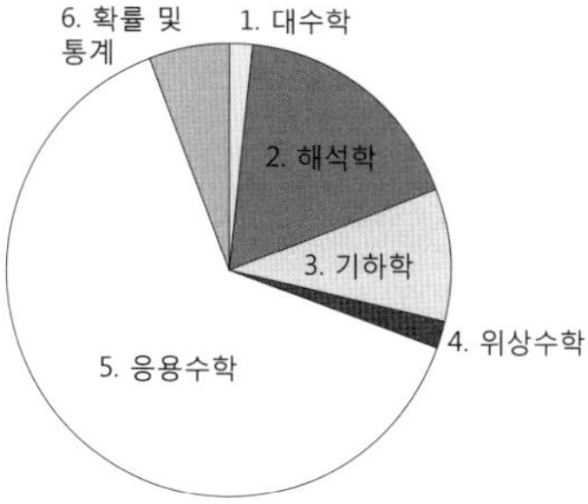


2002년

| 수학 분류 | 빈도 | 퍼센트 |
|---|---|---|
| 2 | 4 | 8.9 |
| 3 | 2 | 4.4 |
| 4 | 4 | 8.9 |
| 5 | 28 | 62.2 |
| 6 | 7 | 15.6 |
| 합계 | 45 | 100 |

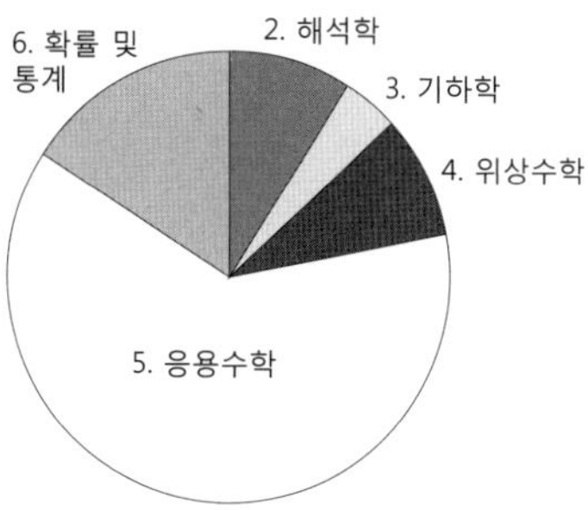


2003년

| 수학 분류 | 빈도 | 퍼센트 |
|---|---|---|
| 1 | 1 | 1.8 |
| 2 | 5 | 8.9 |
| 3 | 5 | 8.9 |
| 4 | 2 | 3.6 |
| 5 | 36 | 64.3 |
| 6 | 7 | 12.5 |
| 합계 | 56 | 100 |

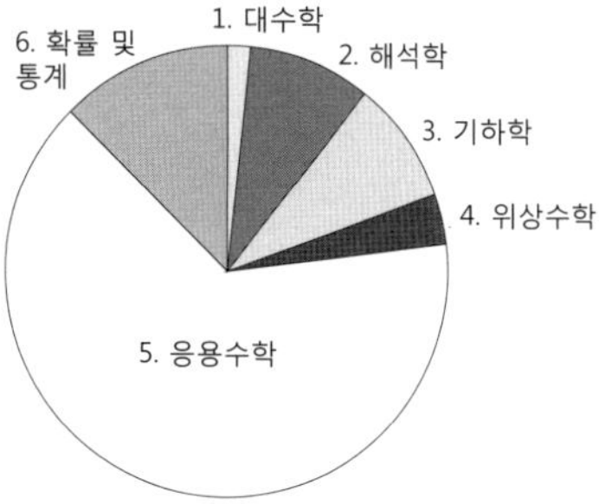

2004년

| 수학 분류 | 빈도 | 퍼센트 |
|---|---|---|
| 1 | 2 | 5.4 |
| 2 | 5 | 13.5 |
| 3 | 2 | 5.4 |
| 4 | 2 | 5.4 |
| 5 | 24 | 64.9 |
| 6 | 2 | 5.4 |
| 합계 | 37 | 100 |

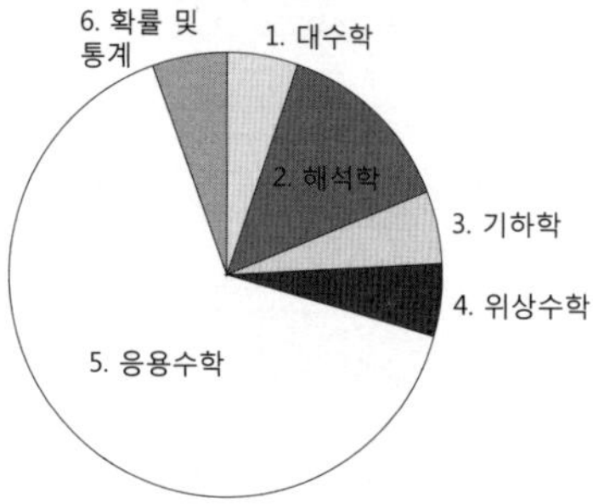


2005년

| 수학 분류 | 빈도 | 퍼센트 |
|---|---|---|
| 2 | 3 | 9.4 |
| 3 | 1 | 3.1 |
| 5 | 21 | 65.6 |
| 6 | 7 | 21.9 |
| 합계 | 32 | 100 |

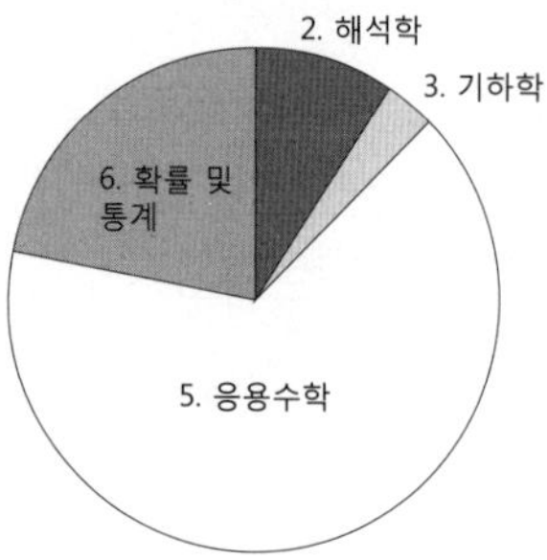


2006년

| 수학 분류 | 빈도 | 퍼센트 |
|---|---|---|
| 2 | 3 | 9.1 |
| 4 | 4 | 12.1 |
| 5 | 26 | 78.8 |
| 합계 | 33 | 100 |

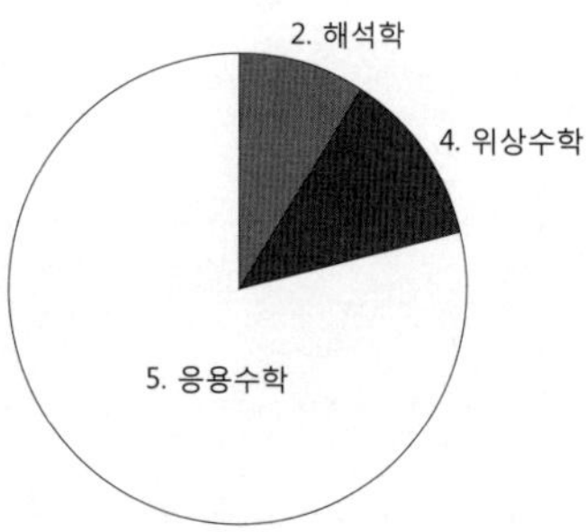

2007년

| 수학 분류 | 빈도 | 퍼센트 |
|---|---|---|
| 2 | 3 | 8.8 |
| 3 | 2 | 5.9 |
| 4 | 2 | 5.9 |
| 5 | 21 | 61.8 |
| 6 | 6 | 17.6 |
| 합계 | 34 | 100 |

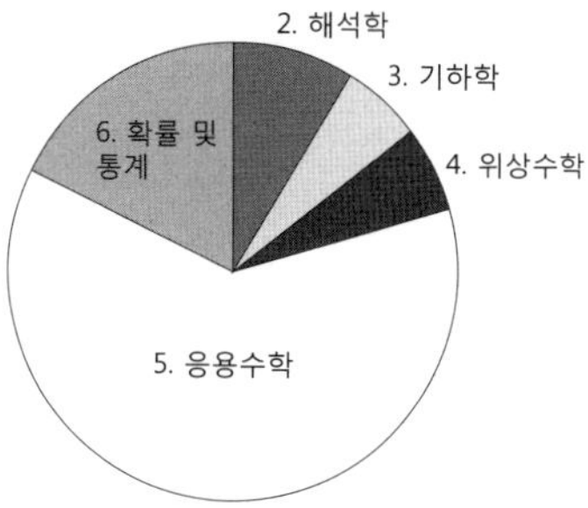


2008년

| 수학 분류 | 빈도 | 퍼센트 |
|---|---|---|
| 2 | 2 | 3.5 |
| 3 | 4 | 7.0 |
| 4 | 3 | 5.3 |
| 5 | 46 | 80.7 |
| 6 | 2 | 3.5 |
| 합계 | 57 | 100 |

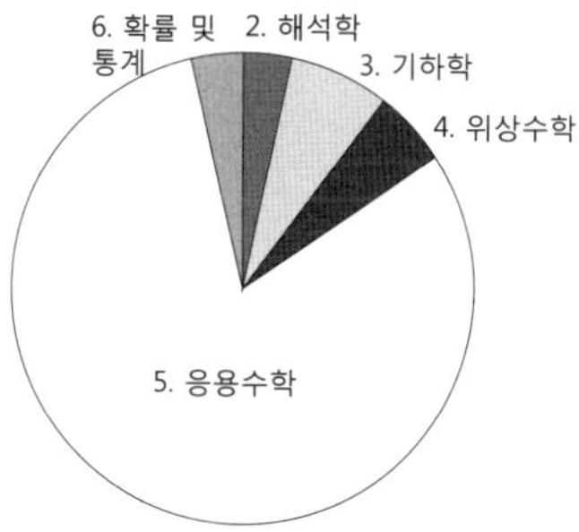


2009년

| 수학 분류 | 빈도 | 퍼센트 |
|---|---|---|
| 2 | 10 | 15.2 |
| 3 | 3 | 4.5 |
| 4 | 3 | 4.5 |
| 5 | 46 | 69.7 |
| 6 | 4 | 6.1 |
| 합계 | 66 | 100 |

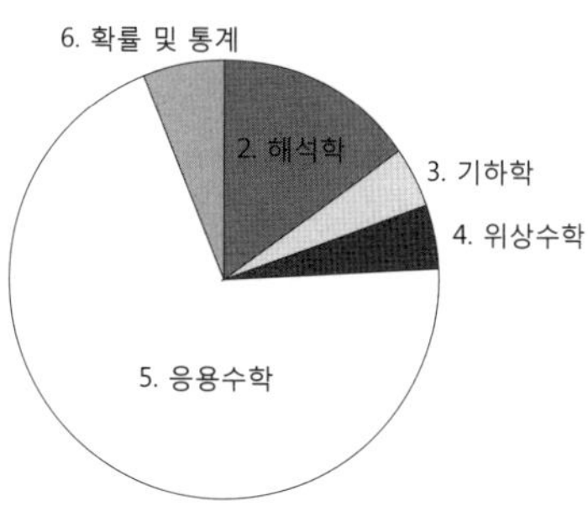

2010년

| 수학 분류 | 빈도 | 퍼센트 |
|---|---|---|
| 2 | 8 | 13.3 |
| 3 | 5 | 8.3 |
| 4 | 1 | 1.7 |
| 5 | 42 | 70.0 |
| 6 | 4 | 6.7 |
| 합계 | 60 | 100 |

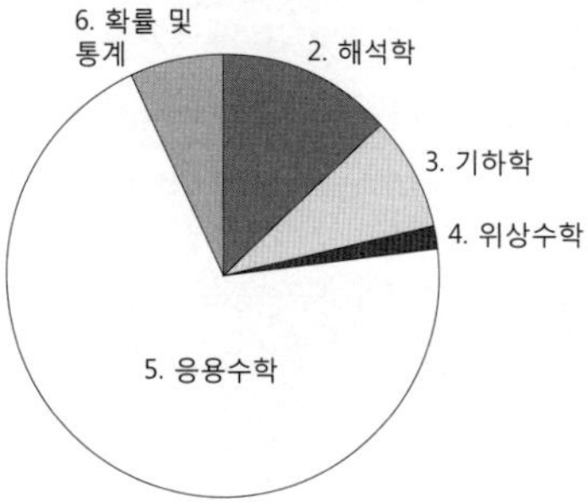

## 2) MSC 2010 분류법에 의한 연구 분야별 분포

### (1) 『수학』: MSC 2010 분류에 의한 연도별 분포(2001~2010년)

2001년

| 수학 분류 | 빈도 | 퍼센트 | 수학 분류 | 빈도 | 퍼센트 |
|---|---|---|---|---|---|
| 12 | 1 | 1.8 | 49 | 7 | 12.5 |
| 15 | 1 | 1.8 | 52 | 1 | 1.8 |
| 20 | 1 | 1.8 | 55 | 1 | 1.8 |
| 30 | 2 | 3.6 | 60 | 2 | 3.6 |
| 31 | 1 | 1.8 | 65 | 8 | 14.3 |
| 32 | 2 | 3.6 | 74 | 7 | 12.5 |
| 35 | 3 | 5.4 | 76 | 5 | 8.9 |
| 45 | 3 | 5.4 | 90 | 5 | 8.9 |
| 46 | 3 | 5.4 | 93 | 1 | 1.8 |
| 47 | 2 | 3.6 | 합계 | 56 | 100 |

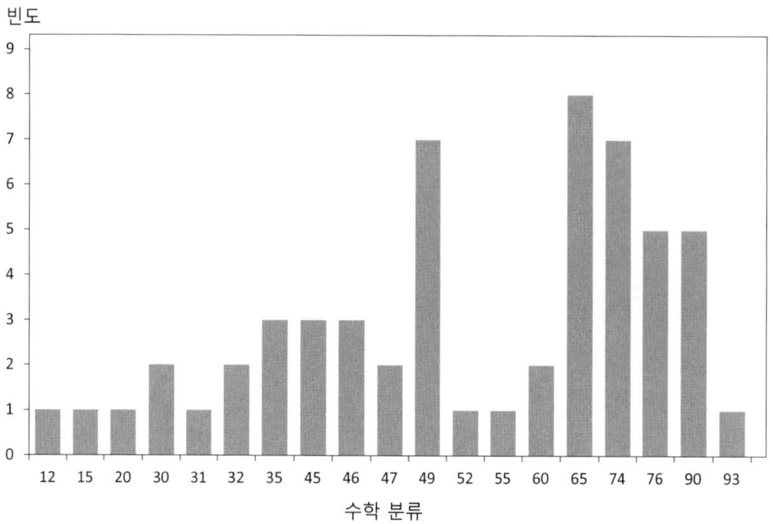

2002년

| 수학 분류 | 빈도 | 퍼센트 | 수학 분류 | 빈도 | 퍼센트 |
|---|---|---|---|---|---|
| 1 | 1 | 1.4 | 52 | 1 | 1.4 |
| 28 | 1 | 1.4 | 53 | 3 | 4.2 |
| 31 | 2 | 2.8 | 54 | 1 | 1.4 |
| 32 | 1 | 1.4 | 60 | 6 | 8.5 |
| 34 | 1 | 1.4 | 62 | 4 | 5.6 |
| 35 | 2 | 2.8 | 65 | 4 | 5.6 |
| 37 | 1 | 1.4 | 74 | 5 | 7.0 |
| 42 | 1 | 1.4 | 90 | 10 | 14.1 |
| 45 | 1 | 1.4 | 91 | 1 | 1.4 |
| 46 | 2 | 2.8 | 93 | 12 | 16.9 |
| 47 | 2 | 2.8 | 94 | 2 | 2.8 |
| 49 | 7 | 9.9 | 합계 | 71 | 100 |

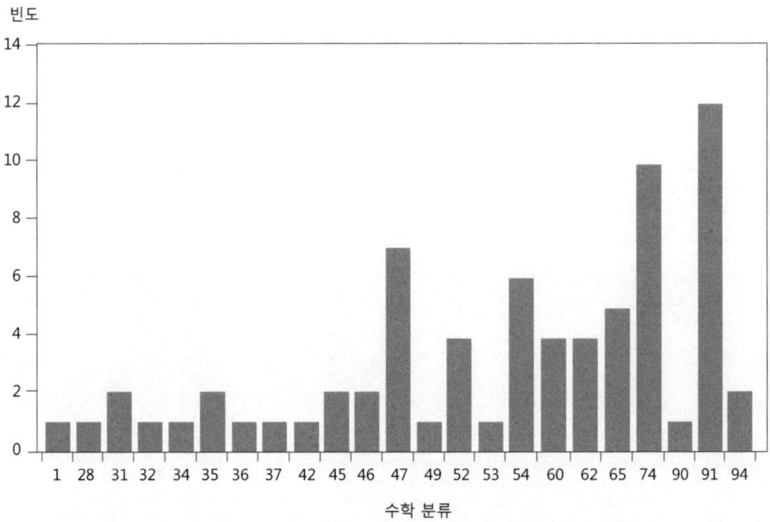

2003년

| 수학 분류 | 빈도 | 퍼센트 | 수학 분류 | 빈도 | 퍼센트 |
|---|---|---|---|---|---|
| 11 | 1 | 1.4 | 53 | 2 | 2.8 |
| 12 | 1 | 1.4 | 55 | 2 | 2.8 |
| 20 | 1 | 1.4 | 60 | 4 | 5.6 |
| 31 | 1 | 1.4 | 62 | 3 | 4.2 |
| 32 | 1 | 1.4 | 65 | 13 | 18.1 |
| 34 | 1 | 1.4 | 76 | 2 | 2.8 |
| 35 | 11 | 15.3 | 90 | 9 | 12.5 |
| 37 | 1 | 1.4 | 91 | 1 | 1.4 |
| 45 | 1 | 1.4 | 93 | 7 | 9.7 |
| 47 | 1 | 1.4 | 94 | 6 | 8.3 |
| 49 | 2 | 2.8 | 합계 | 72 | 100 |
| 51 | 1 | 1.4 | | | |

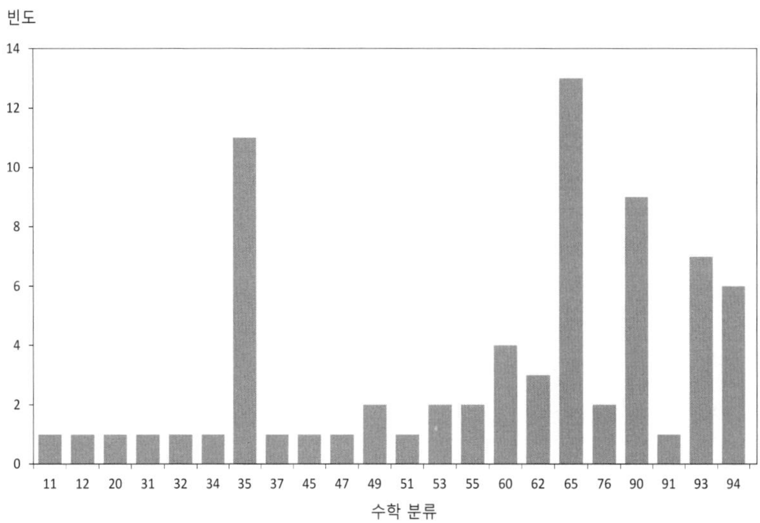

2004년

| 수학 분류 | 빈도 | 퍼센트 | 수학 분류 | 빈도 | 퍼센트 |
|---|---|---|---|---|---|
| 01 | 1 | 1.6 | 49 | 3 | 4.8 |
| 03 | 1 | 1.6 | 51 | 1 | 1.6 |
| 12 | 1 | 1.6 | 60 | 4 | 6.5 |
| 15 | 1 | 1.6 | 62 | 4 | 6.5 |
| 20 | 1 | 1.6 | 65 | 9 | 14.5 |
| 30 | 2 | 3.2 | 74 | 2 | 3.2 |
| 35 | 11 | 17.7 | 76 | 8 | 12.9 |
| 37 | 1 | 1.6 | 90 | 4 | 6.5 |
| 42 | 2 | 3.2 | 91 | 1 | 1.6 |
| 45 | 1 | 1.6 | 93 | 3 | 4.8 |
| 46 | 1 | 1.6 | 합계 | 62 | 100 |

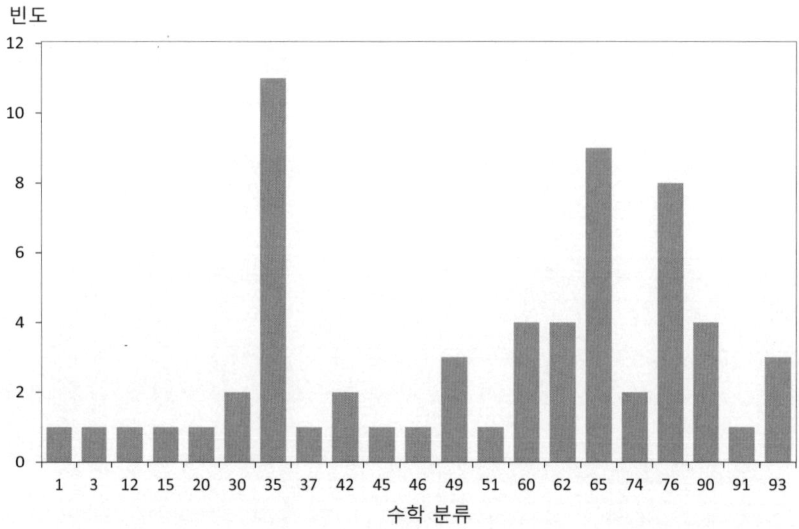

2005년

| 수학 분류 | 빈도 | 퍼센트 | 수학 분류 | 빈도 | 퍼센트 |
|---|---|---|---|---|---|
| 05 | 2 | 3.8 | 53 | 2 | 3.8 |
| 11 | 1 | 1.9 | 55 | 1 | 1.9 |
| 14 | 1 | 1.9 | 60 | 4 | 7.7 |
| 28 | 1 | 1.9 | 62 | 2 | 3.8 |
| 30 | 1 | 1.9 | 65 | 4 | 7.7 |
| 32 | 1 | 1.9 | 68 | 3 | 5.8 |
| 34 | 1 | 1.9 | 70 | 1 | 1.9 |
| 35 | 4 | 7.7 | 74 | 2 | 3.8 |
| 37 | 2 | 3.8 | 76 | 2 | 3.8 |
| 42 | 1 | 1.9 | 90 | 6 | 11.5 |
| 46 | 3 | 5.8 | 94 | 3 | 5.8 |
| 47 | 1 | 1.9 | 합계 | 52 | 100 |
| 49 | 3 | 5.8 | | | |

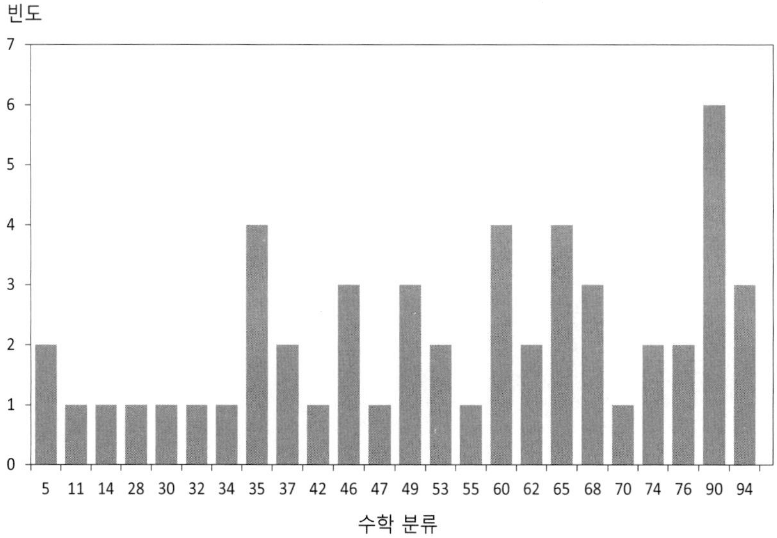

2006년

| 수학 분류 | 빈도 | 퍼센트 | 수학 분류 | 빈도 | 퍼센트 |
|---|---|---|---|---|---|
| 05 | 1 | 1.6 | 62 | 5 | 8.1 |
| 15 | 1 | 1.6 | 65 | 9 | 14.5 |
| 16 | 1 | 1.6 | 68 | 1 | 1.6 |
| 31 | 1 | 1.6 | 70 | 1 | 1.6 |
| 32 | 1 | 1.6 | 74 | 3 | 4.8 |
| 35 | 10 | 16.1 | 76 | 3 | 4.8 |
| 45 | 1 | 1.6 | 86 | 1 | 1.6 |
| 46 | 2 | 3.2 | 90 | 9 | 14.5 |
| 49 | 3 | 4.8 | 93 | 2 | 3.2 |
| 55 | 1 | 1.6 | 94 | 4 | 6.5 |
| 60 | 2 | 3.2 | 합계 | 62 | 100 |

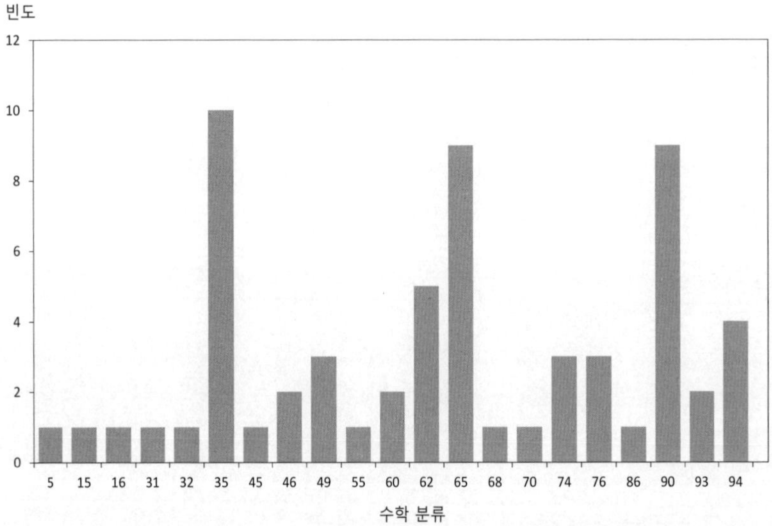

2007년

| 수학 분류 | 빈도 | 퍼센트 | 수학 분류 | 빈도 | 퍼센트 |
|---|---|---|---|---|---|
| 11 | 1 | 1.6 | 55 | 2 | 3.2 |
| 18 | 1 | 1.6 | 60 | 5 | 8.1 |
| 28 | 2 | 3.2 | 62 | 1 | 1.6 |
| 30 | 1 | 1.6 | 65 | 4 | 6.5 |
| 31 | 4 | 6.5 | 68 | 1 | 1.6 |
| 32 | 2 | 3.2 | 74 | 6 | 9.7 |
| 34 | 1 | 1.6 | 76 | 2 | 3.2 |
| 35 | 6 | 9.7 | 90 | 8 | 12.9 |
| 37 | 2 | 3.2 | 93 | 1 | 1.6 |
| 46 | 2 | 3.2 | 94 | 6 | 9.7 |
| 49 | 3 | 4.8 | 합계 | 62 | 100 |
| 53 | 1 | 1.6 | | | |

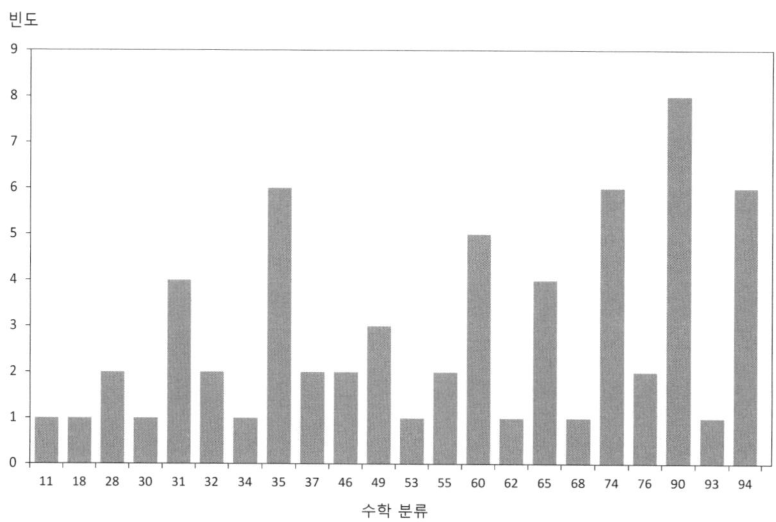

2008년

| 수학 분류 | 빈도 | 퍼센트 | 수학 분류 | 빈도 | 퍼센트 |
|---|---|---|---|---|---|
| 06 | 1 | 1.1 | 58 | 2 | 2.2 |
| 11 | 4 | 4.3 | 60 | 12 | 13.0 |
| 14 | 1 | 1.1 | 62 | 1 | 1.1 |
| 26 | 1 | 1.1 | 65 | 8 | 8.7 |
| 28 | 1 | 1.1 | 68 | 1 | 1.1 |
| 31 | 1 | 1.1 | 70 | 1 | 1.1 |
| 32 | 2 | 2.2 | 74 | 3 | 3.3 |
| 35 | 8 | 8.7 | 76 | 5 | 5.4 |
| 37 | 4 | 4.3 | 80 | 1 | 1.1 |
| 42 | 3 | 3.3 | 90 | 13 | 14.1 |
| 46 | 2 | 2.2 | 91 | 3 | 3.3 |
| 47 | 1 | 1.1 | 93 | 3 | 3.3 |
| 49 | 5 | 5.4 | 94 | 2 | 2.2 |
| 51 | 1 | 1.1 | 합계 | 92 | 100 |
| 55 | 2 | 2.2 | | | |

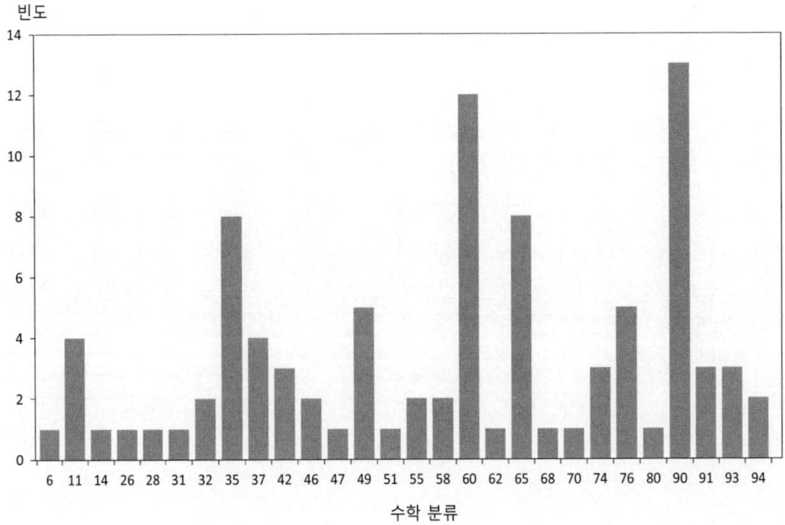

2009년

| 수학 분류 | 빈도 | 퍼센트 | 수학 분류 | 빈도 | 퍼센트 |
|---|---|---|---|---|---|
| 11 | 2 | 1.8 | 55 | 2 | 1.8 |
| 15 | 2 | 1.8 | 58 | 3 | 2.7 |
| 22 | 2 | 1.8 | 60 | 5 | 4.5 |
| 32 | 2 | 1.8 | 62 | 7 | 6.3 |
| 34 | 7 | 6.3 | 65 | 13 | 11.7 |
| 35 | 5 | 4.5 | 70 | 1 | 0.9 |
| 37 | 4 | 3.6 | 74 | 14 | 12.6 |
| 42 | 2 | 1.8 | 76 | 1 | 0.9 |
| 45 | 2 | 1.8 | 90 | 12 | 10.8 |
| 46 | 2 | 1.8 | 91 | 1 | 0.9 |
| 49 | 9 | 8.1 | 93 | 3 | 2.7 |
| 53 | 1 | .9 | 94 | 7 | 6.3 |
| 54 | 2 | 1.8 | 합계 | 111 | 100 |

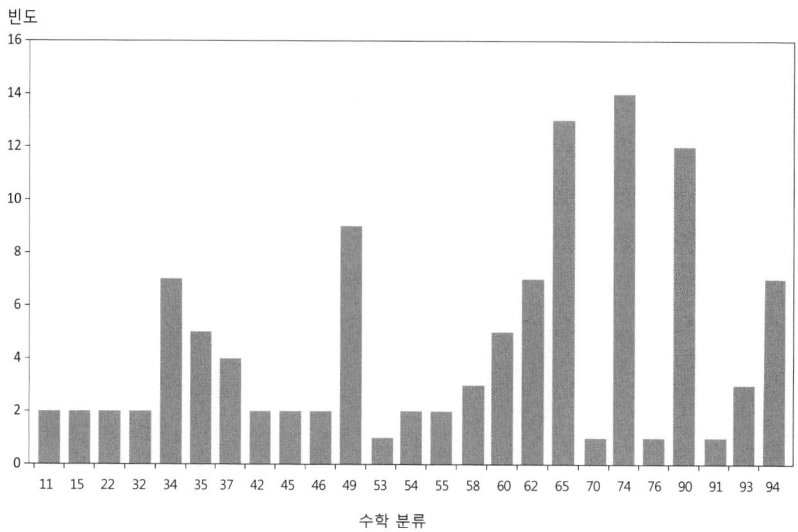

2010년

| 수학 분류 | 빈도 | 퍼센트 | 수학 분류 | 빈도 | 퍼센트 |
|---|---|---|---|---|---|
| 05 | 2 | 1.7 | 53 | 5 | 4.3 |
| 11 | 2 | 1.7 | 54 | 3 | 2.6 |
| 15 | 2 | 1.7 | 55 | 2 | 1.7 |
| 28 | 1 | .9 | 58 | 1 | .9 |
| 30 | 1 | .9 | 60 | 2 | 1.7 |
| 31 | 1 | .9 | 62 | 3 | 2.6 |
| 34 | 3 | 2.6 | 65 | 9 | 7.8 |
| 35 | 8 | 6.9 | 68 | 2 | 1.7 |
| 37 | 10 | 8.6 | 74 | 3 | 2.6 |
| 39 | 1 | .9 | 76 | 1 | .9 |
| 42 | 4 | 3.4 | 90 | 19 | 16.4 |
| 45 | 2 | 1.7 | 91 | 8 | 6.9 |
| 46 | 4 | 3.4 | 93 | 2 | 1.7 |
| 47 | 1 | .9 | 94 | 3 | 2.6 |
| 49 | 11 | 9.5 | 합계 | 116 | 100 |

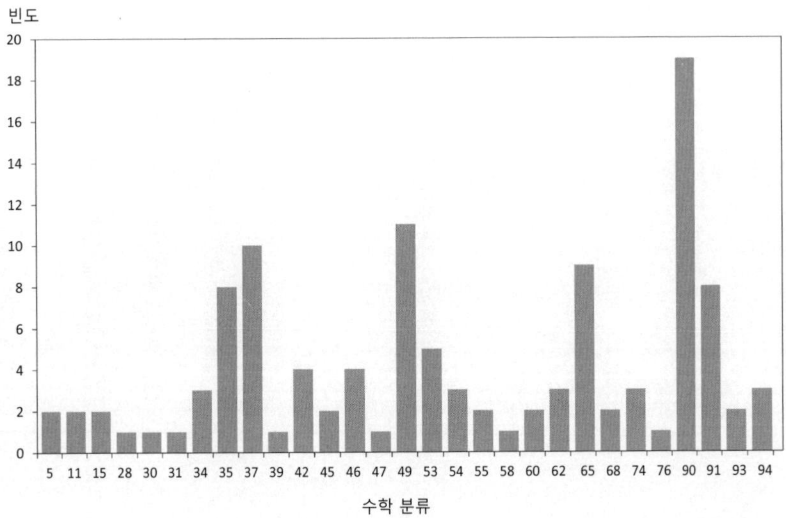

## (2)『과학원통보』: MSC 2010 분류에 의한 연도별 분포(2001~2010년)

2001년

| 수학 분류 | 빈도 | 퍼센트 | 수학 분류 | 빈도 | 퍼센트 |
|---|---|---|---|---|---|
| 03 | 1 | 1.9 | 53 | 2 | 3.8 |
| 05 | 1 | 1.9 | 54 | 1 | 1.9 |
| 15 | 1 | 1.9 | 57 | 1 | 1.9 |
| 17 | 1 | 1.9 | 60 | 3 | 5.8 |
| 32 | 1 | 1.9 | 62 | 1 | 1.9 |
| 34 | 1 | 1.9 | 65 | 4 | 7.7 |
| 35 | 2 | 3.8 | 74 | 2 | 3.8 |
| 37 | 2 | 3.8 | 80 | 2 | 3.8 |
| 46 | 2 | 3.8 | 90 | 10 | 19.2 |
| 47 | 2 | 3.8 | 93 | 5 | 9.6 |
| 49 | 3 | 5.8 | 94 | 1 | 1.9 |
| 51 | 3 | 5.8 | 합계 | 52 | 100 |

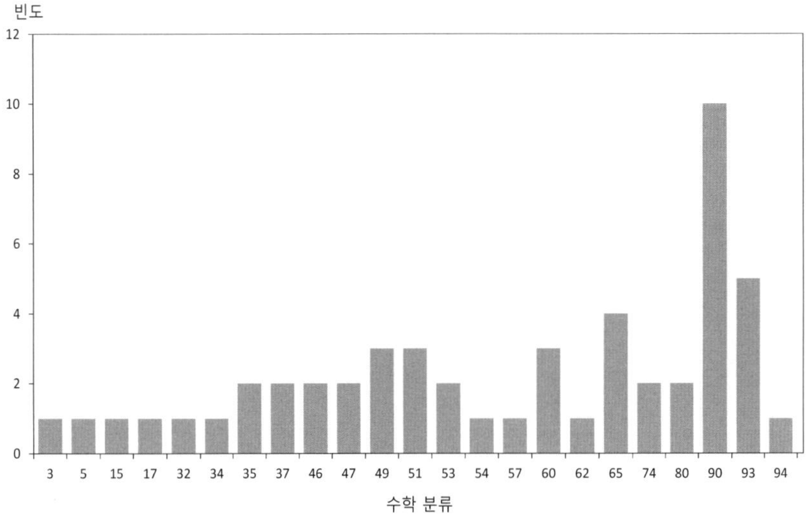

2002년

| 수학 분류 | 빈도 | 퍼센트 | 수학 분류 | 빈도 | 퍼센트 |
|---|---|---|---|---|---|
| 05 | 2 | 4.4 | 60 | 2 | 4.4 |
| 35 | 3 | 6.7 | 62 | 3 | 6.7 |
| 37 | 1 | 2.2 | 65 | 1 | 2.2 |
| 42 | 1 | 2.2 | 90 | 18 | 40.0 |
| 46 | 1 | 2.2 | 91 | 1 | 2.2 |
| 49 | 4 | 8.9 | 93 | 2 | 4.4 |
| 53 | 2 | 4.4 | 94 | 1 | 2.2 |
| 54 | 2 | 4.4 | 합계 | 45 | 100 |
| 55 | 1 | 2.2 | | | |

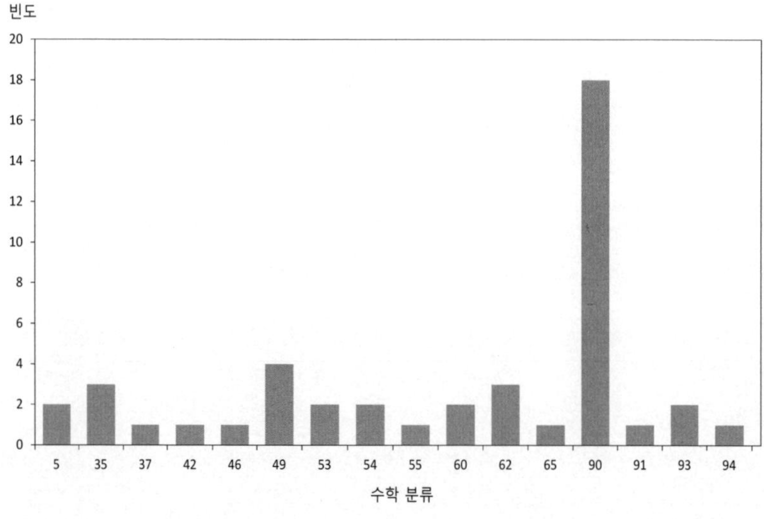

2003년

| 수학 분류 | 빈도 | 퍼센트 | 수학 분류 | 빈도 | 퍼센트 |
|---|---|---|---|---|---|
| 03 | 1 | 1.8 | 55 | 1 | 1.8 |
| 05 | 1 | 1.8 | 60 | 5 | 8.9 |
| 32 | 1 | 1.8 | 62 | 3 | 5.4 |
| 35 | 4 | 7.1 | 65 | 5 | 8.9 |
| 37 | 2 | 3.6 | 68 | 4 | 7.1 |
| 47 | 1 | 1.8 | 90 | 14 | 25.0 |
| 49 | 2 | 3.6 | 93 | 2 | 3.6 |
| 51 | 1 | 1.8 | 94 | 6 | 10.7 |
| 53 | 3 | 5.4 | 합계 | 56 | 100 |

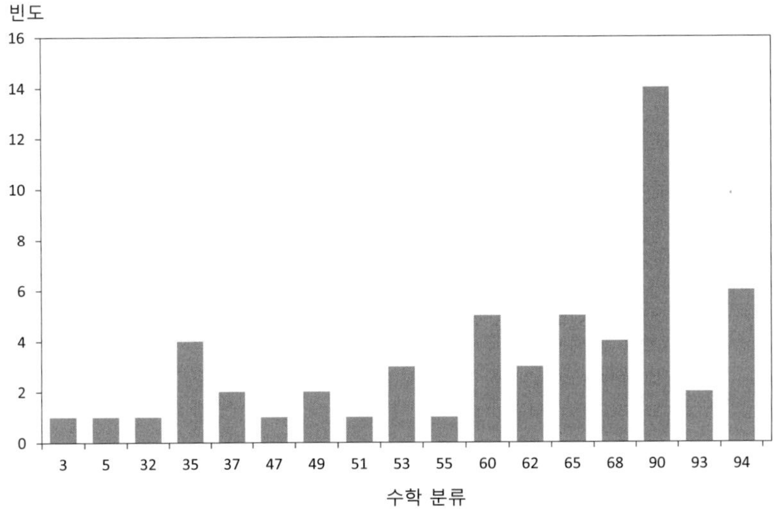

2004년

| 수학 분류 | 빈도 | 퍼센트 | 수학 분류 | 빈도 | 퍼센트 |
|---|---|---|---|---|---|
| 05 | 2 | 5.4 | 53 | 1 | 2.7 |
| 20 | 2 | 5.4 | 60 | 2 | 5.4 |
| 28 | 1 | 2.7 | 62 | 2 | 5.4 |
| 35 | 1 | 2.7 | 65 | 2 | 5.4 |
| 45 | 2 | 5.4 | 76 | 1 | 2.7 |
| 46 | 1 | 2.7 | 82 | 1 | 2.7 |
| 49 | 1 | 2.7 | 90 | 17 | 45.9 |
| 51 | 1 | 2.7 | 합계 | 37 | 100 |

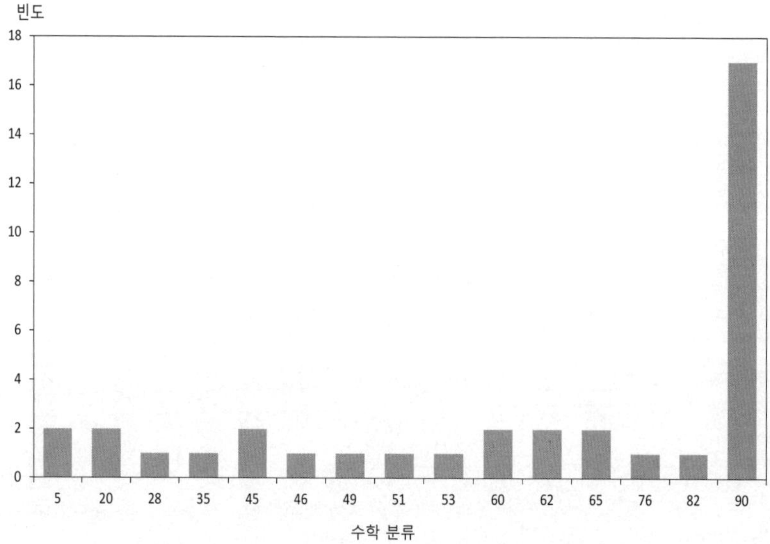

2005년

| 수학 분류 | 빈도 | 퍼센트 | 수학 분류 | 빈도 | 퍼센트 |
|---|---|---|---|---|---|
| 06 | 1 | 3.1 | 62 | 2 | 6.3 |
| 42 | 1 | 3.1 | 65 | 2 | 6.3 |
| 45 | 1 | 3.1 | 90 | 4 | 12.5 |
| 46 | 1 | 3.1 | 91 | 1 | 3.1 |
| 49 | 1 | 3.1 | 93 | 3 | 9.4 |
| 53 | 1 | 3.1 | 94 | 10 | 31.3 |
| 60 | 4 | 12.5 | 합계 | 32 | 100 |

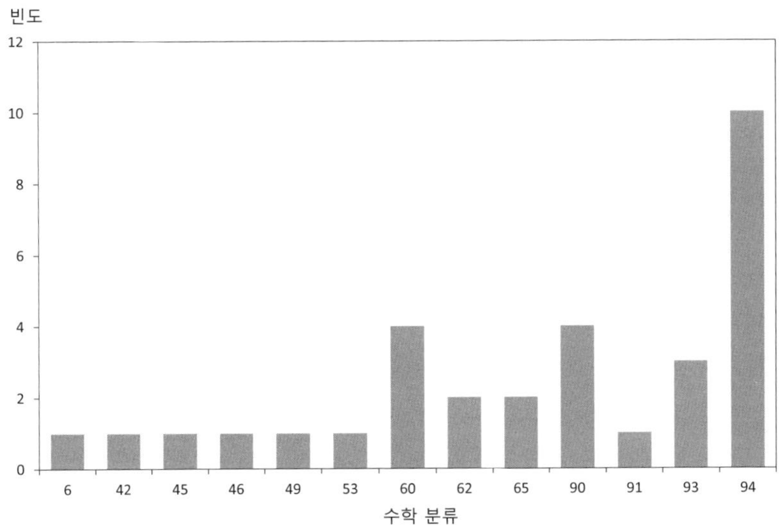

2006년

| 수학 분류 | 빈도 | 퍼센트 | 수학 분류 | 빈도 | 퍼센트 |
|---|---|---|---|---|---|
| 05 | 2 | 6.1 | 68 | 1 | 3.0 |
| 26 | 1 | 3.0 | 90 | 9 | 27.3 |
| 35 | 2 | 6.1 | 91 | 1 | 3.0 |
| 37 | 2 | 6.1 | 93 | 1 | 3.0 |
| 49 | 3 | 9.1 | 94 | 5 | 15.2 |
| 55 | 2 | 6.1 | 합계 | 33 | 100 |
| 65 | 4 | 12.1 | | | |

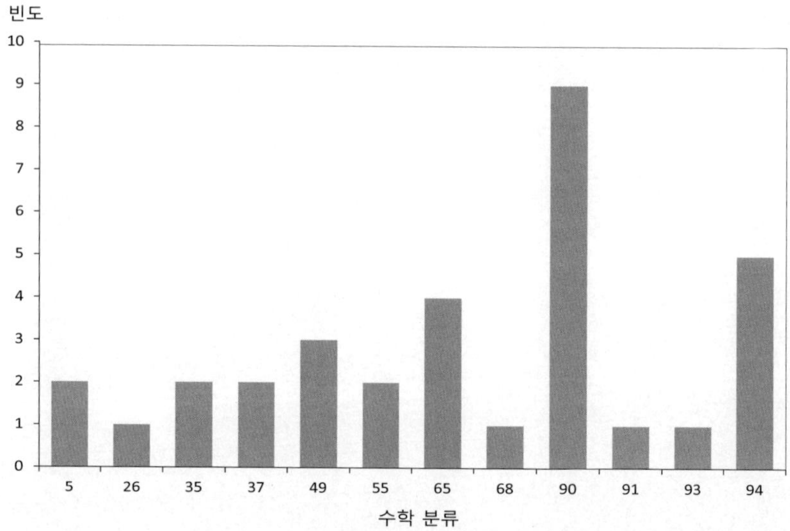

2007년

| 수학 분류 | 빈도 | 퍼센트 | 수학 분류 | 빈도 | 퍼센트 |
|---|---|---|---|---|---|
| 05 | 3 | 8.8 | 65 | 5 | 14.7 |
| 35 | 1 | 2.9 | 68 | 1 | 2.9 |
| 37 | 2 | 5.9 | 90 | 4 | 11.8 |
| 42 | 1 | 2.9 | 91 | 1 | 2.9 |
| 53 | 2 | 5.9 | 94 | 8 | 23.5 |
| 60 | 1 | 2.9 | 합계 | 34 | 100 |
| 62 | 5 | 14.7 | | | |

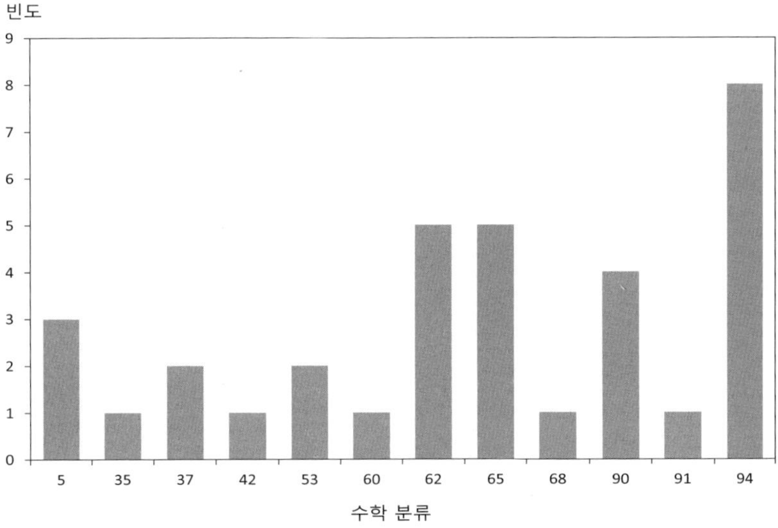

2008년

| 수학 분류 | 빈도 | 퍼센트 | 수학 분류 | 빈도 | 퍼센트 |
|---|---|---|---|---|---|
| 05 | 1 | 1.8 | 62 | 3 | 5.3 |
| 34 | 1 | 1.8 | 65 | 11 | 19.3 |
| 37 | 4 | 7.0 | 68 | 1 | 1.8 |
| 41 | 1 | 1.8 | 80 | 1 | 1.8 |
| 42 | 2 | 3.5 | 90 | 7 | 12.3 |
| 45 | 1 | 1.8 | 91 | 1 | 1.8 |
| 49 | 5 | 8.8 | 93 | 2 | 3.5 |
| 53 | 2 | 3.5 | 94 | 10 | 17.5 |
| 55 | 2 | 3.5 | 합계 | 57 | 100 |
| 58 | 2 | 3.5 | | | |

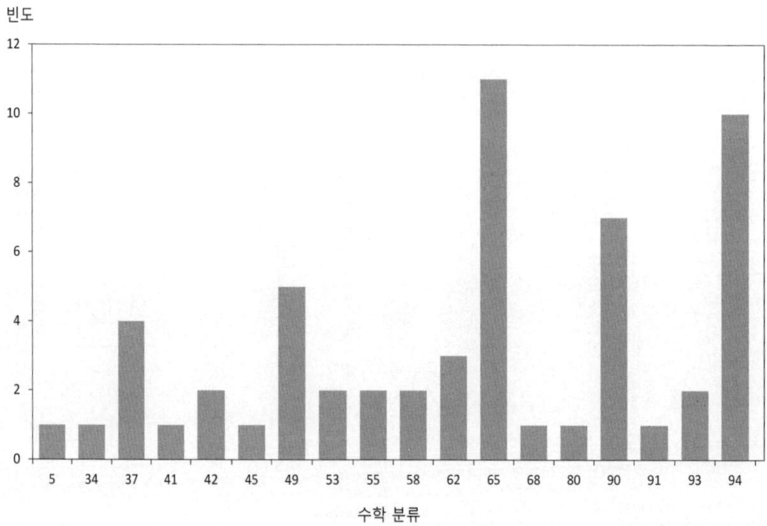

2009년

| 수학 분류 | 빈도 | 퍼센트 | 수학 분류 | 빈도 | 퍼센트 |
|---|---|---|---|---|---|
| 05 | 1 | 1.5 | 60 | 1 | 1.5 |
| 28 | 1 | 1.5 | 62 | 3 | 4.5 |
| 34 | 2 | 3.0 | 65 | 5 | 7.6 |
| 35 | 4 | 6.1 | 68 | 1 | 1.5 |
| 37 | 3 | 4.5 | 74 | 2 | 3.0 |
| 42 | 4 | 6.1 | 76 | 1 | 1.5 |
| 46 | 2 | 3.0 | 90 | 19 | 28.8 |
| 49 | 1 | 1.5 | 91 | 1 | 1.5 |
| 53 | 2 | 3.0 | 94 | 10 | 15.2 |
| 55 | 2 | 3.0 | 합계 | 66 | 100 |
| 58 | 1 | 1.5 | | | |

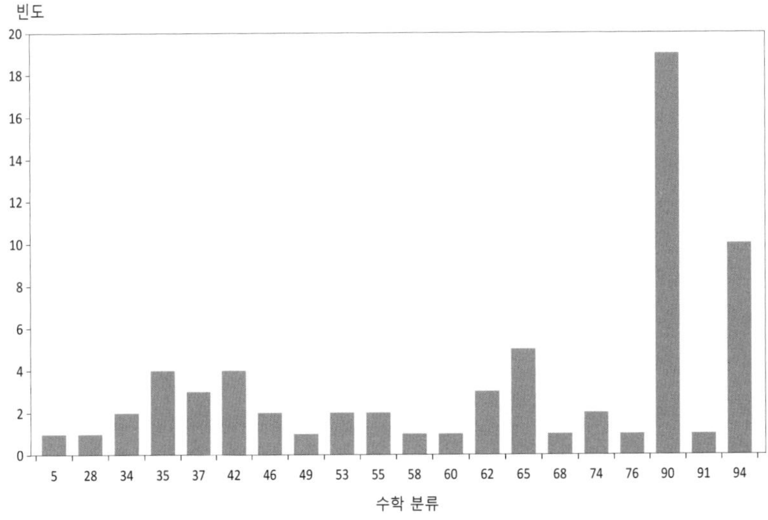

2010년

| 수학 분류 | 빈도 | 퍼센트 | 수학 분류 | 빈도 | 퍼센트 |
|---|---|---|---|---|---|
| 30 | 1 | 1.7 | 62 | 3 | 5.0 |
| 35 | 3 | 5.0 | 65 | 4 | 6.7 |
| 37 | 1 | 1.7 | 68 | 3 | 5.0 |
| 42 | 2 | 3.3 | 74 | 1 | 1.7 |
| 46 | 1 | 1.7 | 76 | 1 | 1.7 |
| 47 | 2 | 3.3 | 90 | 13 | 21.7 |
| 49 | 4 | 6.7 | 91 | 1 | 1.7 |
| 52 | 1 | 1.7 | 93 | 1 | 1.7 |
| 53 | 5 | 8.3 | 94 | 12 | 20.0 |
| 54 | 1 | 1.7 | 합계 | 60 | 100 |

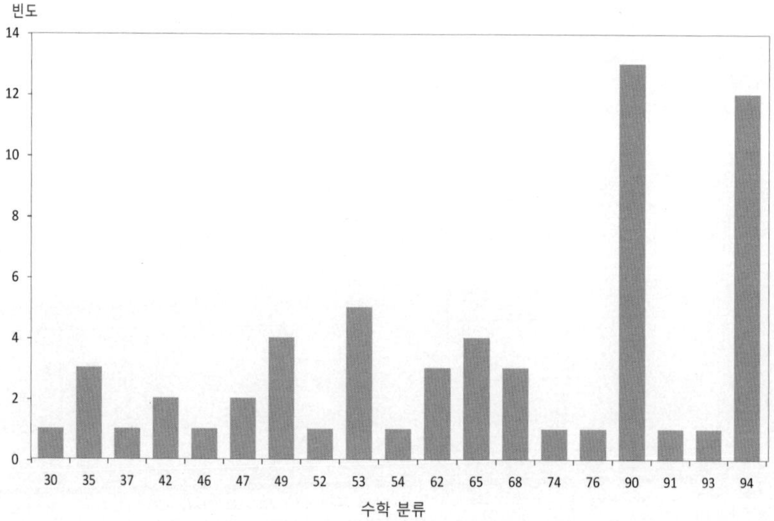

### 3) 북한 수학자의 논문 수 일람

#### (1) 수학

『수학』에 발표한 저자별 논문 현황(가나다순)

| 번호 | 저자명 | 논문 수 | 번호 | 저자명 | 논문 수 |
|---|---|---|---|---|---|
| 1 | 강금식 Kang Kum Sik | 1 | 31 | 김강진 Kim Kang Jin | 2 |
| 2 | 강리섭 Kang Ri Sop | 5 | 32 | 김강훈 Kim Kang Hun | 1 |
| 3 | 강명채 Kang Myong Chae | 1 | 33 | 김걸 Kim Kol | 4 |
| 4 | 강성희 Kang Song Hui | 1 | 34 | 김경순 Kim Kyong Sun | 2 |
| 5 | 강영숙 Kang Yong Suk | 4 | 35 | 김경일 Kim Kyong Il | 2 |
| 6 | 강영순 Kang Yong Sun | 1 | 36 | 김경철 Kim Kyong Chol | 8 |
| 7 | 강준영 Kang Jun Yong | 1 | 37 | 김경호 Kim Kyong Ho | 1 |
| 8 | 강철룡 Kang Chol Ryong | 2 | 38 | 김경희 Kim Kyong Hui | 6 |
| 9 | 강태산 Kang Thae San | 2 | 39 | 김관일 Kim Kwan Il | 1 |
| 10 | 계옥현 Kye Ok Hyon | 2 | 40 | 김광남 Kim Kwang Nam | 1 |
| 11 | 고광철 Ko Kwang Chol | 1 | 41 | 김광연 Kim Gwang Yon | 1 |
| 12 | 고덕삼 Ko Tok Sam | 2 | 42 | 김광일 Kim Kwang Il | 6 |
| 13 | 고수하 Ko Su Ha | 3 | 43 | 김광철 Kim Kwang Chol | 2 |
| 14 | 고영희 Ko Yong Hui | 1 | 44 | 김광호 Kim Kwang Ho | 1 |
| 15 | 고철명 Ko Chol Myong | 1 | 45 | 김광훈 Kim Kwang Hun | 2 |
| 16 | 고형수 Ko Hyong Su | 1 | 46 | 김교창 Kim Kyo Chang | 1 |
| 17 | 공련숙 Kong Ryon Suk | 1 | 47 | 김국철 Kim Kuk Chol | 2 |
| 18 | 공진황 Kong Jin Hwang | 2 | 48 | 김국환 Kim Kuk Hwan | 1 |
| 19 | 공혜옥 Kong Hye Ok | 2 | 49 | 김권일 Kim Kwon Il | 1 |
| 20 | 곽성남 Kwak Song Nam | 2 | 50 | 김귀순 Kim Kwi Sun | 1 |
| 21 | 곽진호 Kwak Jin Ho | 1 | 51 | 김남웅 Kim Nam Ung | 1 |
| 22 | 곽창만 Kwak Chang Man | 2 | 52 | 김남혁 Kim Nam Hyok | 2 |
| 23 | 곽창혁 Kwak Chang Hyok | 1 | 53 | 김대성 Kim Tae Song | 1 |
| 24 | 구금성 Ku Kum Song | 4 | 54 | 김동길 Kim Tong Gil | 1 |
| 25 | 권리경 Kwon Ri Gyong | 1 | 55 | 김동천 Kim Tong Chon | 2 |
| 26 | 권정희 Kwon Jong Hui | 2 | 56 | 김동호 Kim Tong Ho | 1 |
| 27 | 권혁준 Kwon Hyok Jun | 2 | 57 | 김두진 Kim Tu Jin | 8 |
| 28 | 권혁창 Kwon Hyok Chang | 1 | 58 | 김두학 Kim Tu Hak | 1 |
| 29 | 길광혁 Kil Kwang Hyok | 1 | 59 | 김룡철 Kim Ryong Chol | 1 |
| 30 | 김강일 Kim Kang Il | 2 | 60 | 김률 Kim Ryul | 3 |

| 번호 | 저자명 | 논문 수 | 번호 | 저자명 | 논문 수 |
|---|---|---|---|---|---|
| 61 | 김명범 Kim Myong Bom | 3 | 95 | 김순복 Kim Sun Bok | 2 |
| 62 | 김명성 Kim Myong Song | 1 | 96 | 김순실 Kim Sun Sil | 2 |
| 63 | 김명일 Kim Myong Il | 4 | 97 | 김순철 Kim Sun Chol | 1 |
| 64 | 김명준 Kim Myong Jun | 2 | 98 | 김순호 Kim Sun Ho | 2 |
| 65 | 김명진 Kim Myong Jin | 4 | 99 | 김승규 Kim Sung Gyu | 2 |
| 66 | 김명찬 Kim Myong Chan | 2 | 100 | 김승원 Kim Sung Won | 2 |
| 67 | 김명하 Kim Myong Ha | 5 | 101 | 김승일 Kim Sung Il | 2 |
| 68 | 김명화 Kim Myong Hwa | 1 | 102 | 김영 Kim Yong | 7 |
| 69 | 김명환 Kim Myong Hwan | 1 | 103 | 김영삼 Kim Yong Sam | 2 |
| 70 | 김명희 Kim Myong Hui | 1 | 104 | 김영성 Kim Yong Song | 1 |
| 71 | 김모란 Kim Mo Ran | 1 | 105 | 김영수 Kim Yong Su | 1 |
| 72 | 김무영 Kim Mu Yong | 1 | 106 | 김영주 Kim Yong Ju | 1 |
| 73 | 김문철 Kim Mun Chol | 1 | 107 | 김영진 Kim Yong Jin | 1 |
| 74 | 김미순 Kim Mi Sun | 1 | 108 | 김영철 Kim Yong Chol | 1 |
| 75 | 김병배 Kim Pyong Bae | 11 | 109 | 김영호 Kim Yong Ho | 7 |
| 76 | 김사영 Kim Sa Yong | 2 | 110 | 김영훈 Kim Yong Hun | 2 |
| 77 | 김상문 Kim Sang Mun | 2 | 111 | 김옥 Kim Ok | 1 |
| 78 | 김상애 Kim Sang Ae | 3 | 112 | 김옥성 Kim Ok Song | 1 |
| 79 | 김상철 Kim Sang Chol | 2 | 113 | 김용진 Kim Yong Jin | 1 |
| 80 | 김서인 Kim So In | 2 | 114 | 김웅 Kim Ung | 1 |
| 81 | 김석진 Kim Sok Jin | 1 | 115 | 김유성 Kim Yu Song | 1 |
| 82 | 김석찬 Kim Sok Chan | 1 | 116 | 김유일 Kim Yu Il | 2 |
| 83 | 김선미 Kim Son Mi | 2 | 117 | 김윤길 Kim Yun Gil | 10 |
| 84 | 김선웅 Kim Son Ung | 1 | 118 | 김윤미 Kim Yun Mi | 1 |
| 85 | 김설희 Kim Sol Hui | 2 | 119 | 김윤철 Kim Yun Chol | 3 |
| 86 | 김성광 Kim Song Gwang | 2 | 120 | 김은경 Kim Un Gyong | 2 |
| 87 | 김성봉 Kim Song Bong | 1 | 121 | 김은심 Kim Un Sim | 1 |
| 88 | 김성윤 Kim Song Yun | 2 | 122 | 김은철 Kim Un Chol | 4 |
| 89 | 김성일 Kim Song Il | 1 | 123 | 김은혁 Kim Un Hyok | 1 |
| 90 | 김성철 Kim Song Chol | 3 | 124 | 김인봉 Kim In Bong | 2 |
| 91 | 김성화 Kim Song Hwa | 1 | 125 | 김인철 Kim In Chol | 2 |
| 92 | 김성훈 Kim Song Hun | 3 | 126 | 김일국 Kim Il Guk | 2 |
| 93 | 김성희 Kim Song Hui | 1 | 127 | 김재금 Kim Jae Gum | 2 |
| 94 | 김세근 Kim Se Gun | 4 | 128 | 김재문 Kim Jae Mun | 2 |

| 번호 | 저자명 | 논문 수 | 번호 | 저자명 | 논문 수 |
|---|---|---|---|---|---|
| 129 | 김정길 Kim Jong Gil | 2 | 163 | 김학선 Kim Hak Son | 1 |
| 130 | 김정진 Kim Jong Jin | 1 | 164 | 김학필 Kim Hak Phil | 1 |
| 131 | 김정철 Kim Jong Chol | 1 | 165 | 김해광 Kim Hae Gwang | 1 |
| 132 | 김정혁 Kim Jong Hyok | 4 | 166 | 김혁철 Kim Hyok Chol | 1 |
| 133 | 김정회 Kim Jong Hoi | 1 | 167 | 김현국 Kim Hyon Guk | 1 |
| 134 | 김종성 Kim Jong Song | 4 | 168 | 김현수 Kim Hyon Su | 1 |
| 135 | 김종윤 Kim Jong Yun | 5 | 169 | 김현철 Kim Hyon Chol | 3 |
| 136 | 김종철 Kim Jong Chol | 2 | 170 | 김혜순 Kim Hye Sun | 2 |
| 137 | 김주경 Kim Ju Gyong | 6 | 171 | 김호석 Kim Ho Sok | 2 |
| 138 | 김준용 Kim Jun Yong | 3 | 172 | 김호철 Kim Ho Chol | 3 |
| 139 | 김준철 Kim Jun Chol | 1 | 173 | 김홍규 Kim Hung Gyu | 2 |
| 140 | 김준혁 Kim Jun Hyok | 1 | 174 | 김홍도 Kim Hong Do | 2 |
| 141 | 김진경 Kim Jin Gyong | 1 | 175 | 김홍룡 Kim Hong Ryong | 1 |
| 142 | 김진명 Kim Jin Myong | 3 | 176 | 김홍성 Kim Hong Song | 1 |
| 143 | 김진철 Kim Jin Chol | 2 | 177 | 김흥규 Kim Hung Gyu | 5 |
| 144 | 김창민 Kim Chang Min | 1 | 178 | 김흥룡 Kim Hong Ryong | 1 |
| 145 | 김창선 Kim Chang Son | 4 | 179 | 도정철 To Jong Chol | 3 |
| 146 | 김창일 Kim Chang Il | 3 | 180 | 독고혜영 Tokgo Hye Yon | 1 |
| 147 | 김창진 Kim Chang Jin | 1 | 181 | 동영희 Tong Yong Hui | 2 |
| 148 | 김천을 Kim Chon Ul | 4 | 182 | 라동선 Ra Tong Son | 1 |
| 149 | 김천일 Kim Chon Il | 1 | 183 | 라성민 Ra Song Min | 1 |
| 150 | 김철 Kim Chol | 2 | 184 | 라영남 Ra Yong Nam | 3 |
| 151 | 김철국 Kim Chol Guk | 1 | 185 | 라현길 Ra Hyon Gil | 1 |
| 152 | 김철남 Kim Chol Nam | 1 | 186 | 량승현 Ryang Sung Hyon | 1 |
| 153 | 김철룡 Kim Chol Ryong | 1 | 187 | 량지성 Ryang Ji Song | 1 |
| 154 | 김철수 Kim Chol Su | 4 | 188 | 량해옥 Ryang Hae Ok | 1 |
| 155 | 김철준 Kim Chol Jun | 2 | 189 | 량희웅 Ryang Hui Ung | 3 |
| 156 | 김철학 Kim Chol Hak | 1 | 190 | 렴광국 Ryom Kwang Guk | 2 |
| 157 | 김철혁 Kim Chol Hyok | 2 | 191 | 렴성복 Ryom Song Bok | 1 |
| 158 | 김철호 Kim Chol Ho | 1 | 192 | 로봉현 Ro Pong Hyon | 3 |
| 159 | 김철환 Kim Chol Hwan | 1 | 193 | 로상철 Ro Sang Chol | 1 |
| 160 | 김추길 Kim Chu Gil | 2 | 194 | 로영화 Ro Yong Hwa | 1 |
| 161 | 김치명 Kim Chi Myong | 1 | 195 | 로웅길 Ro Ung Gil | 1 |
| 162 | 김택종 Kim Thaek Jong | 1 | 196 | 류경식 Ryu Kyong Sik | 1 |

| 번호 | 저자명 | 논문 수 | 번호 | 저자명 | 논문 수 |
|---|---|---|---|---|---|
| 197 | 류성근 Ryu Song Gun | 1 | 231 | 리문일 Ri Mun Il | 1 |
| 198 | 류영철 Ryu Yong Chol | 2 | 232 | 리문철 Ri Mun Chol | 1 |
| 199 | 류옥남 Ryu Ok Nam | 1 | 233 | 리문혁 Ri Mun Hyok | 1 |
| 200 | 류은성 Ryu Un Song | 1 | 234 | 리미려 Ri Mi Ryo | 2 |
| 201 | 류춘옥 Ryu Chun Ok | 1 | 235 | 리병억 Ri Pyong Ok | 1 |
| 202 | 류태원 Ryu Thae Won | 6 | 236 | 리병학 Ri Pyong Hak | 1 |
| 203 | 류해춘 Ryu Hae Chun | 1 | 237 | 리상철 Ri Sang Chol | 2 |
| 204 | 리강일 Ri Kang Il | 1 | 238 | 리생용 Ri Saeng Yong | 1 |
| 205 | 리경룡 Ri Kyong Ryong | 2 | 239 | 리성수 Ri Song Su | 1 |
| 206 | 리경식 Ri Kyong Sik | 3 | 240 | 리성실 Ri Song Sil | 1 |
| 207 | 리광령 Ri Kwang Ryong | 1 | 241 | 리성일 Ri Song Il | 2 |
| 208 | 리광석 Ri Kwang Sok | 1 | 242 | 리성호 Ri Song Ho | 4 |
| 209 | 리광선 Ri Kwang Son | 1 | 243 | 리성훈 Ri Song Hun | 1 |
| 210 | 리광식 Ri Kwang Sik | 1 | 244 | 리숙영 Ri Suk Yong | 1 |
| 211 | 리광원 Ri Kwang Won | 2 | 245 | 리순경 Ri Sun Gyong | 1 |
| 212 | 리광일 Ri Kwang Il | 2 | 246 | 리순복 Ri Sun Bok | 1 |
| 213 | 리광주 Ri Kwang Ju | 1 | 247 | 리승현 Ri Sung Hyon | 3 |
| 214 | 리근배 Ri Kun Bae | 1 | 248 | 리신림 Ri Sin Rim | 1 |
| 215 | 리근철 Ri Kun Chol | 1 | 249 | 리영건 Ri Yong Gon | 4 |
| 216 | 리금별 Ri Kum Byol | 2 | 250 | 리영실 Ri Yong Sil | 1 |
| 217 | 리금산 Ri Kum San | 2 | 251 | 리영호 Ri Yong Ho | 1 |
| 218 | 리금환 Ri Kum Hwan | 1 | 252 | 리영훈 Ri Yong Hun | 1 |
| 219 | 리금희 Ri Kum Hui | 1 | 253 | 리옥실 Ri Ok Sil | 2 |
| 220 | 리기원 Ri Ki Won | 1 | 254 | 리운석 Ri Un Sok | 1 |
| 221 | 리남수 Ri Nam Su | 1 | 255 | 리웅걸 Ri Ung Gol | 1 |
| 222 | 리대경 Ri Tae Gyong | 1 | 256 | 리원준 Ri Won Jun | 1 |
| 223 | 리덕남 Ri Tok Nam | 10 | 257 | 리원학 Ri Won Hak | 2 |
| 224 | 리덕만 Ri Tok Man | 8 | 258 | 리원호 Ri Won Ho | 1 |
| 225 | 리동섭 Ri Tong Sop | 1 | 259 | 리윤호 Ri Yun Ho | 1 |
| 226 | 리동훈 Ri Tong Hun | 1 | 260 | 리은성 Ri Un Song | 2 |
| 227 | 리명옥 Ri Myong Ok | 1 | 261 | 리은하 Ri Un Ha | 1 |
| 228 | 리명철 Ri Myong Chol | 1 | 262 | 리응훈 Ri Ung Hun | 2 |
| 229 | 리명환 Ri Myong Hwan | 1 | 263 | 리인철 Ri In Chol | 2 |
| 230 | 리명훈 Ri Myong Hun | 1 | 264 | 리일용 Ri Il Yong | 1 |

| 번호 | 저자명 | 논문 수 | 번호 | 저자명 | 논문 수 |
|---|---|---|---|---|---|
| 265 | 리일철 Ri Il Chol | 1 | 299 | 리현수 Ri Hyon Su | 3 |
| 266 | 리일혁 Ri Il Hyok | 1 | 300 | 리현술 Ri Hyon Sul | 1 |
| 267 | 리장성 Ri Jang Song | 2 | 301 | 리현옥 Ri Hyon Ok | 1 |
| 268 | 리정길 Ri Jong Gil | 2 | 302 | 리형우 Ri Hyong U | 2 |
| 269 | 리정렬 Ri Jong Yol | 1 | 303 | 리혜성 Ri Hye Song | 1 |
| 270 | 리정림 Ri Jong Rim | 1 | 304 | 리호림 Ri Ho Rim | 2 |
| 271 | 리정수 Ri Jong Su | 2 | 305 | 리홍일 Ri Hong Il | 1 |
| 272 | 리정혁 Ri Jong Hyok | 1 | 306 | 리희균 Ri Hui Gyun | 5 |
| 273 | 리정호 Ri Jong Ho | 2 | 307 | 림광락 Rim Kwang Rak | 1 |
| 274 | 리조양 Ri Jo Yang | 6 | 308 | 림광서 Rim Kwang So | 2 |
| 275 | 리종욱 Ri Jong Uk | 4 | 309 | 림길호 Rim Kil Ho | 1 |
| 276 | 리종혁 Ri Jong Hyok | 1 | 310 | 림명길 Rim Myong Gil | 3 |
| 277 | 리준혁 Ri Jun Hyok | 2 | 311 | 림연옥 Rim Yon Ok | 1 |
| 278 | 리진명 Ri Jin Myong | 4 | 312 | 림용금 Rim Yong Gum | 2 |
| 279 | 리창민 Ri Chang Min | 2 | 313 | 림인복 Rim In Bok | 1 |
| 280 | 리창복 Ri Chang Bok | 5 | 314 | 림정남 Lim Jong Nam | 1 |
| 281 | 리철 Ri Chol | 3 | 315 | 림창일 Rim Chang Il | 4 |
| 282 | 리철균 Ri Chol Gyun | 1 | 316 | 림창호 Rim Chang Ho | 2 |
| 283 | 리철민 Ri Chol Min | 3 | 317 | 림향화 Rim Hyang Hwa | 1 |
| 284 | 리철용 Ri Chol Yong | 2 | 318 | 림호 Rim Ho | 1 |
| 285 | 리철진 Ri Chol Jin | 1 | 319 | 명금철 Myong Kum Chol | 4 |
| 286 | 리철해 Ri Chol Hae | 1 | 320 | 명찬길 Myong Chan Gil | 1 |
| 287 | 리춘란 Ri Chun Ran | 1 | 321 | 문경미 Mun Kyong Mi | 2 |
| 288 | 리춘언 Ri Chun On | 1 | 322 | 문경민 Mun Kyong Min | 2 |
| 289 | 리충록 Ri Chung Rok | 1 | 323 | 문광진 Mun Kwang Jin | 1 |
| 290 | 리치원 Ri Chi Won | 4 | 324 | 문광철 Mun Kwang Chol | 1 |
| 291 | 리태성 Ri Thae Song | 1 | 325 | 문창일 Mun Chang Il | 1 |
| 292 | 리태웅 Ri Thae Ung | 2 | 326 | 문철 Mun Chol | 2 |
| 293 | 리태진 Ri Thae Jin | 1 | 327 | 문현수 Mun Hyon Su | 1 |
| 294 | 리필주 Ri Phil Ju | 1 | 328 | 문희남 Mun Hui Nam | 2 |
| 295 | 리학렬 Ri Hak Ryol | 1 | 329 | 민성기 Min Song Gi | 1 |
| 296 | 리한철 Ri Han Chol | 2 | 330 | 박경철 Pak Kyong Chol | 2 |
| 297 | 리해엽 Ri Hae Yop | 5 | 331 | 박광일 Pak Kwang Il | 3 |
| 298 | 리현덕 Ri Hyon Dok | 1 | 332 | 박길성 Pak Kil Song | 1 |

| 번호 | 저자명 | 논문 수 | 번호 | 저자명 | 논문 수 |
|---|---|---|---|---|---|
| 333 | 박대성 Pak Tae Song | 1 | 367 | 박태문 Pak Thae Mun | 1 |
| 334 | 박대영 Pak Tae Yong | 1 | 368 | 박태제 Pak Thae Je | 1 |
| 335 | 박명철 Pak Myong Chol | 2 | 369 | 박혁철 Pak Hyok Chol | 2 |
| 336 | 박병성 Pak Pyong Song | 1 | 370 | 박현철 Pak Hyon Chol | 1 |
| 337 | 박삼혁 Pak Sam Hyok | 2 | 371 | 박현희 Pak Hyon Hui | 2 |
| 338 | 박설순 Pak Sol Sun | 2 | 372 | 박화성 Pak Hwa Song | 1 |
| 339 | 박성룡 Pak Song Ryong | 1 | 373 | 박희철 Pak Hui Chol | 1 |
| 340 | 박성복 Pak Song Bok | 1 | 374 | 방윤철 Pang Yun Chol | 1 |
| 341 | 박성일 Pak Song Il | 2 | 375 | 방은실 Pang Un Sil | 1 |
| 342 | 박성철 Pak Song Chol | 1 | 376 | 방지순 Pang Ji Sun | 1 |
| 343 | 박송욱 Pak Song Uk | 2 | 377 | 방혁철 Pang Hyok Chol | 2 |
| 344 | 박순일 Pak Sun Il | 1 | 378 | 배남철 Pae Nam Chol | 1 |
| 345 | 박연희 Pak Yon Hui | 3 | 379 | 배청남 Pae Chong Nam | 2 |
| 346 | 박영일 Pak Yong Il | 1 | 380 | 배현애 Pae Hyon Ae | 1 |
| 347 | 박영철 Pak Yong Chol | 2 | 381 | 백윤철 Paek Yun Chol | 1 |
| 348 | 박용준 Pak Yong Jun | 2 | 382 | 백정숙 Paek Jong Suk | 1 |
| 349 | 박원국 Pak Won Guk | 1 | 383 | 백흠찬 Paek Hum Chan | 1 |
| 350 | 박유석 Pak Yu Sok | 1 | 384 | 변경훈 Pyon Kyong Nun | 1 |
| 351 | 박윤강 Pak Yun Gang | 1 | 385 | 서경애 So Kyong Ae | 2 |
| 352 | 박윤복 Pak Yun Bok | 2 | 386 | 서기영 So Ki Yong | 1 |
| 353 | 박윤호 Pak Yun Ho | 2 | 387 | 서봉학 So Pong Hak | 2 |
| 354 | 박일남 Pak Il Nam | 1 | 388 | 서영구 So Yong Gu | 1 |
| 355 | 박일영 Pak Il Yong | 2 | 389 | 서영남 So Yong Nam | 2 |
| 356 | 박일철 Pak Il Chol | 1 | 390 | 서영옥 So Yong Ok | 3 |
| 357 | 박정옥 Pak Jong Ok | 1 | 391 | 서준석 So Jun Sok | 2 |
| 358 | 박정철 Pak Jong Chol | 1 | 392 | 석영심 Sok Yong Sim | 2 |
| 359 | 박진성 Pak Jin Song | 1 | 393 | 석철수 Sok Chol Su | 1 |
| 360 | 박찬빈 Pak Chan Bin | 1 | 394 | 성동규 Song Thong Gyu | 1 |
| 361 | 박철림 Pak Chol Rim | 1 | 395 | 손금철 Son Kum Chol | 2 |
| 362 | 박철만 Pak Chol Man | 1 | 396 | 손남진 Son Nam Jin | 1 |
| 363 | 박철우 Pak Chol U | 1 | 397 | 손영철 Son Yong Chol | 10 |
| 364 | 박철혁 Pak Chol Hyok | 1 | 398 | 손용국 Son Yong Guk | 1 |
| 365 | 박철홍 Pak Chol Hong | 9 | 399 | 송선옥 Song Son Ok | 1 |
| 366 | 박춘일 Pak Chun Il | 1 | 400 | 송성남 Song Song Nam | 1 |

| 번호 | 저자명 | 논문 수 | 번호 | 저자명 | 논문 수 |
|---|---|---|---|---|---|
| 401 | 송억현 Song Ok Hyon | 1 | 435 | 엄형수 Om Hyong Su | 2 |
| 402 | 송영남 Song Yong Nam | 1 | 436 | 여영호 Yo Yong Ho | 2 |
| 403 | 송창호 Song Chang Ho | 20 | 437 | 연철 Yun Chol | 1 |
| 404 | 송철수 Song Chol Su | 2 | 438 | 오경일 O Kyong Il | 1 |
| 405 | 송혜영 Song Hye Yong | 1 | 439 | 오경철 O Kyong Chol | 1 |
| 406 | 신경남 Sin Kyong Nam | 1 | 440 | 오관일 O Kwan Il | 1 |
| 407 | 신동열 Sin Tong Yol | 1 | 441 | 오광남 O Kwang Nam | 1 |
| 408 | 신상복 Sin Sang Bok | 2 | 442 | 오금석 O Kum Sok | 1 |
| 409 | 신세흥 Sin Se Hung | 1 | 443 | 오성중 O Song Jung | 3 |
| 410 | 신영기 Sin Yong Gi | 2 | 444 | 오영만 O Yong Man | 1 |
| 411 | 신용설 Sin Yong Sol | 1 | 445 | 오영재 O Yong Jae | 1 |
| 412 | 신웅일 Sin Ung Il | 4 | 446 | 오유성 O Yu Song | 6 |
| 413 | 신창현 Sin Chang Hyon | 3 | 447 | 오은숙 O Un Suk | 1 |
| 414 | 신철민 Sin Chol Min | 2 | 448 | 오정현 O Jong Hyon | 1 |
| 415 | 신철순 Sin Chol Sun | 2 | 449 | 오진철 O Jin Chol | 1 |
| 416 | 신철호 Sin Chol Ho | 1 | 450 | 오철규 O Chol Gyu | 2 |
| 417 | 심선숙 Sim Son Suk | 11 | 451 | 오철준 O Chol Jun | 1 |
| 418 | 심성호 Sim Song Ho | 2 | 452 | 오철진 O Chol Jin | 1 |
| 419 | 심영진 Sim Yong Jin | 2 | 453 | 오한승 O Han Sung | 1 |
| 420 | 심원진 Sim Won Jin | 1 | 454 | 오현일 O Hyon Il | 3 |
| 421 | 심철 Sim Chol | 1 | 455 | 오형철 O Hyong Chol | 4 |
| 422 | 심향미 Sim Hyang Mi | 1 | 456 | 오화성 O Hwa Song | 1 |
| 423 | 안순영 An Sun Yong | 1 | 457 | 원철성 Won Chol Song | 1 |
| 424 | 안윤식 An Yun Sik | 2 | 458 | 위광현 Wi Kwang Hyon | 2 |
| 425 | 안인철 An In Chol | 1 | 459 | 유만철 Yu Man Chol | 1 |
| 426 | 안재현 An Jae Hyon | 3 | 460 | 유봉학 Yu Bong Hak | 1 |
| 427 | 안창권 An Chang Gwon | 1 | 461 | 유정희 Yu Song Hui | 1 |
| 428 | 안철호 An Chol Ho | 2 | 462 | 유진희 Yu Jin Hui | 4 |
| 429 | 안철훈 An Chol Hun | 1 | 463 | 유철훈 Yu Chol Hun | 2 |
| 430 | 안혜영 An Hye Yong | 1 | 464 | 윤광 Yun Kwang | 4 |
| 431 | 양윤길 Yang Yun Gil | 2 | 465 | 윤광룡 Yun Kwang Ryong | 2 |
| 432 | 양철수 Yang Chol Su | 2 | 466 | 윤광명 Yun Kwang Myong | 1 |
| 433 | 엄정철 Om Jong Chol | 1 | 467 | 윤금순 Yun Kum Sun | 2 |
| 434 | 엄철진 Om Chol Jin | 1 | 468 | 윤금철 Yun Kum Chol | 1 |

| 번호 | 저자명 | 논문 수 | 번호 | 저자명 | 논문 수 |
|---|---|---|---|---|---|
| 469 | 윤길호 Yun Kil Ho | 2 | 503 | 전금별 Jon Kum Byol | 1 |
| 470 | 윤남 Yun Nam | 1 | 504 | 전덕민 Jon Tok Min | 1 |
| 471 | 윤선종 Yun Son Jong | 1 | 505 | 전명철 Jon Myong Chol | 2 |
| 472 | 윤성준 Yun Song Jun | 4 | 506 | 전봉호 Jon Pong Ho | 1 |
| 473 | 윤용훈 Yun Yong Hun | 1 | 507 | 전성혁 Jon Song Hyok | 1 |
| 474 | 윤은진 Yun Un Jin | 2 | 508 | 전수익 Jon Su Ik | 1 |
| 475 | 윤정옥 Yun Jong Ok | 2 | 509 | 전승일 Jon Sung Il | 1 |
| 476 | 윤정현 Yun Jong Hyon | 4 | 510 | 전억훈 Jon Ok Hun | 1 |
| 477 | 윤창진 Yun Chang Jin | 1 | 511 | 전용철 Jon Yong Chol | 2 |
| 478 | 윤철희 Yun Chol Hui | 3 | 512 | 전철 Jon Chol | 1 |
| 479 | 윤현일 Yun Hyon Il | 2 | 513 | 전호준 Jon Ho Jun | 1 |
| 480 | 윤홍운 Yun Hong Un | 1 | 514 | 정광현 Jong Kwang Hyon | 7 |
| 481 | 임설홍 Im Sol Hong | 1 | 515 | 정광호 Jong Kwang Ho | 1 |
| 482 | 임영민 Im Yong Min | 1 | 516 | 정련희 Jong Ryon Hui | 1 |
| 483 | 임화 Im Hwa | 1 | 517 | 정만흥 Jong Man Hung | 2 |
| 484 | 임희근 Im Hui Gun | 1 | 518 | 정명국 Jong Myong Guk | 1 |
| 485 | 장경애 Jang Kyong Ae | 1 | 519 | 정성혁 Jong Song Hyok | 1 |
| 486 | 장경철 Jang Kyong Chol | 1 | 520 | 정성호 Jong Song Ho | 1 |
| 487 | 장광철 Jang Kwang Chol | 1 | 521 | 정송철 Jong Song Chol | 1 |
| 488 | 장기풍 Jang Ki Phung | 1 | 522 | 정순영 Jong Sun Yong | 1 |
| 489 | 장순남 Jang Sun Nam | 1 | 523 | 정영세 Jong Yong Se | 1 |
| 490 | 장영철 Jang Yong Chol | 1 | 524 | 정윤철 Jong Yun Chol | 7 |
| 491 | 장정혁 Jang Jong Hyok | 1 | 525 | 정은경 Jong Un Gyong | 1 |
| 492 | 장창범 Jang Chang Bom | 1 | 526 | 정은설 Jong Un Sol | 1 |
| 493 | 장창수 Jang Chang Su | 1 | 527 | 정은혜 Jong Un Hye | 2 |
| 494 | 장철 Jang Chol | 1 | 528 | 정재부 Jong Jae Bu | 1 |
| 495 | 장철우 Chang Chol U | 1 | 529 | 정재영 Jong Jae Yong | 3 |
| 496 | 장철준 Jang Chol Jun | 1 | 530 | 정향옥 Jong Hyang Ok | 1 |
| 497 | 장혁 Jang Hyok | 5 | 531 | 정혁 Jong Hyok | 2 |
| 498 | 장혁철 Jang Hyok Chol | 2 | 532 | 정현빈 Jong Hyon Bin | 7 |
| 499 | 장혜경 Jang Hye Gyong | 8 | 533 | 정홍준 Jong Hong Jun | 2 |
| 500 | 전경선 Jon Kyong Son | 1 | 534 | 조금순 Jo Kum Sun | 1 |
| 501 | 전광혁 Jon Kwang Hyok | 2 | 535 | 조동섭 Jo Tong Sop | 20 |
| 502 | 전국원 Jon Kuk Won | 4 | 536 | 조만일 Jo Man Il | 3 |

| 번호 | 저자명 | 논문 수 | 번호 | 저자명 | 논문 수 |
|---|---|---|---|---|---|
| 537 | 조만희 Jo Man Hui | 1 | 571 | 천영옥 Chon Yong Ok | 1 |
| 538 | 조명진 Jo Myong Jin | 1 | 572 | 천정철 Chon Jong Chol | 1 |
| 539 | 조병일 Jo Pyong Il | 1 | 573 | 최강일 Choe Kang Il | 2 |
| 540 | 조설향 Jo Sol Hyang | 1 | 574 | 최광영 Choe Kwang Yong | 1 |
| 541 | 조성두 Jo Song Du | 2 | 575 | 최광철 Choe Kwang Chol | 2 |
| 542 | 조성철 Jo Song Chol | 5 | 576 | 최광호 Choe Kwang Ho | 1 |
| 543 | 조숙정 Jo Suk Jong | 3 | 577 | 최기복 Choe Ki Bok | 7 |
| 544 | 조영선 Jo Yong Son | 1 | 578 | 최남혁 Choe Nam Hyok | 1 |
| 545 | 조영수 Jo Yong Su | 1 | 579 | 최동종 Choe Tong Jong | 3 |
| 546 | 조영진 Jo Yong Jin | 1 | 580 | 최동호 Choe Tong Ho | 1 |
| 547 | 조용수 Jo Yong Su | 1 | 581 | 최룡길 Choe Ryong Gil | 5 |
| 548 | 조인철 Jo In Chol | 1 | 582 | 최만길 Choe Man Gil | 1 |
| 549 | 조정원 Jo Jong Won | 1 | 583 | 최명국 Choe Myong Guk | 1 |
| 550 | 조주경 Jo Ju Gyong | 2 | 584 | 최명활 Choe Myong Hwal | 1 |
| 551 | 조철림 Jo Chol Rim | 1 | 585 | 최명희 Choe Myong Hui | 1 |
| 552 | 조해성 Jo Hae Song | 1 | 586 | 최미향 Choe Mi Hyang | 1 |
| 553 | 조희철 Jo Hui Chol | 1 | 587 | 최병선 Choe Pyong Son | 2 |
| 554 | 주광선 Ju Kwang Son | 1 | 588 | 최성국 Choe Song Guk | 1 |
| 555 | 주광준 Ju Kwang Jun | 1 | 589 | 최성일 Choe Song Il | 2 |
| 556 | 주창일 Ju Chang Il | 2 | 590 | 최성호 Choe Song Ho | 1 |
| 557 | 주현희 Ju Hyon Hui | 3 | 591 | 최순봉 Choe Sun Bong | 5 |
| 558 | 지관규 Ji Kwan Gyu | 1 | 592 | 최승철 Choe Sung Chol | 1 |
| 559 | 지광명 Ji Kwang Myong | 1 | 593 | 최억성 Choe Ok Song | 1 |
| 560 | 지상호 Chi Sang Ho | 1 | 594 | 최영국 Choe Yong Guk | 2 |
| 561 | 지철남 Ji Chol Nam | 1 | 595 | 최영금 Choe Yong Gum | 1 |
| 562 | 진경희 Jin Kyong Hui | 1 | 596 | 최영화 Choe Yong Hwa | 1 |
| 563 | 차금룡 Cha Kum Ryong | 1 | 597 | 최용진 Choe Yong Jin | 2 |
| 564 | 차금희 Cha Kum Hui | 1 | 598 | 최원철 Choe Won Chol | 1 |
| 565 | 차성철 Cha Song Chol | 1 | 599 | 최재우 Choe Jae U | 6 |
| 566 | 차철기 Cha Chol Gi | 1 | 600 | 최정학 Choe Jong Hak | 1 |
| 567 | 채강철 Chae Kang Chol | 1 | 601 | 최정혁 Choe Jong Hyok | 1 |
| 568 | 채규성 Chae Kyu Song | 2 | 602 | 최종혁 Choe Jong Hyok | 1 |
| 569 | 채명일 Chae Myong Il | 1 | 603 | 최주원 Choe Ju Won | 5 |
| 570 | 채주명 Chae Ju Myong | 2 | 604 | 최창일 Choe Chang Il | 2 |

| 번호 | 저자명 | 논문 수 | 번호 | 저자명 | 논문 수 |
|---|---|---|---|---|---|
| 605 | 최창혁 Choe Chang Hyok | 1 | 641 | 함영철 Ham Yong Chol | 3 |
| 606 | 최철수 Choe Chol Su | 1 | 642 | 허경일 Ho Kyong Il | 1 |
| 607 | 최철웅 Choe Chol Ung | 5 | 643 | 허동수 Ho Dong Su | 3 |
| 608 | 최철준 Choe Chol Jum | 1 | 644 | 허명송 Ho Myong Song | 3 |
| 609 | 최철훈 Choe Chol Hun | 1 | 645 | 허명호 Ho Myong Ho | 3 |
| 610 | 최청일 Choe Chong Il | 2 | 646 | 허설송 Ho Sol Song | 1 |
| 611 | 최학룡 Choe Hak Ryong | 2 | 647 | 허영 Ho Yong | 2 |
| 612 | 최학천 Choe Hak Chon | 1 | 648 | 허영미 Ho Yong Mi | 1 |
| 613 | 최한철 Choe Han Chol | 1 | 649 | 허윤성 Ho Yun Song | 1 |
| 614 | 최현아 Choe Hyon A | 1 | 650 | 허철웅 Ho Chol Ung | 1 |
| 615 | 최현일 Choe Hyon Il | 21 | 651 | 허홍순 Ho Hong Sun | 1 |
| 616 | 최희성 Choe Hui Song | 2 | 652 | 현명일 Hyon Myong Il | 1 |
| 617 | 최희철 Choe Hui Chol | 3 | 653 | 현영춘 Hyon Yong Chun | 4 |
| 618 | 탁은경 Thak Un Gyong | 1 | 654 | 홍기명 Hong Ki Myong | 3 |
| 619 | 태성 Thae Song | 1 | 655 | 홍순권 Hong Sun Gwon | 6 |
| 620 | 피충일 Phi Chung Il | 2 | 656 | 홍영일 Hong Yong Il | 1 |
| 621 | 한경훈 Han Kyong Hun | 2 | 657 | 홍원 Hong Won | 1 |
| 622 | 한광룡 Han Kwang Ryong | 2 | 658 | 홍은혁 Hong Un Hyok | 2 |
| 623 | 한금옥 Han Kum Ok | 1 | 659 | 홍창길 Hong Chang Gil | 8 |
| 624 | 한령섭 Han Ryong Sop | 2 | 660 | 홍평일 Hong Pyong Il | 1 |
| 625 | 한룡우 Han Ryong U | 3 | 661 | 홍학호 Hong Hak Ho | 9 |
| 626 | 한명옥 Han Myong Ok | 1 | 662 | 홍현동 Hong Hyon Dong | 2 |
| 627 | 한서규 Han So Gyu | 1 | 663 | 홍현식 Hong Hyon Sik | 6 |
| 628 | 한성호 Han Song Ho | 1 | 664 | 황경남 Hwang Kyong Nam | 1 |
| 629 | 한수일 Han Su Il | 2 | 665 | 황광욱 Hwang Kwang Uk | 3 |
| 630 | 한영덕 Han Yong Dok | 3 | 666 | 황명근 Hwang Myong Gun | 1 |
| 631 | 한예경 Han Ye Gyong | 1 | 667 | 황보철혁 Hwangbo Chol | 1 |
| 632 | 한일남 Han Il Nam | 2 | 668 | 황성진 Hwang Song Jin | 1 |
| 633 | 한정혁 Han Jong Hyok | 1 | 669 | 황옥화 Hwang Ok Hwa | 1 |
| 634 | 한준혁 Han Jun Hyok | 1 | 670 | 황원철 Hwang Won Chol | 2 |
| 635 | 한치준 Han Chi Jun | 1 | 671 | 황정심 Hwang Jong Sim | 1 |
| 636 | 한태욱 Han Thae Uk | 3 | 672 | 황철주 Hwang Chol Ju | 1 |
| 637 | 한학철 Han Hak Chol | 2 | 673 | 황철준 Hwang Chol Jun | 6 |
| 638 | 한홍팔 Han Hong Pal | 1 | 674 | 황혜란 Hwang Hye Ran | 1 |
| 639 | 함성일 Ham Song Il | 2 | 합계 |  | 1,306 |
| 640 | 함수옥 Ham Su Ok | 1 |  |  |  |

『수학』에 발표한 저자별 논문 현황(논문 수순)

| 번호 | 저자명 | 논문 수 | 퍼센트 | 번호 | 저자명 | 논문 수 | 퍼센트 |
|---|---|---|---|---|---|---|---|
| 1 | 최현일 Choe Hyon Il | 21 | 1.6 | 35 | 김흥규 Kim Hung Gyu | 5 | 0.4 |
| 2 | 송창호 Song Chang Ho | 20 | 1.5 | 36 | 리창복 Ri Chang Bok | 5 | 0.4 |
| 3 | 조동섭 Jo Tong Sop | 20 | 1.5 | 37 | 리해엽 Ri Hae Yop | 5 | 0.4 |
| 4 | 김병배 Kim Pyong Bae | 11 | 0.8 | 38 | 리희균 Ri Hui Gyun | 5 | 0.4 |
| 5 | 심선숙 Sim Son Suk | 11 | 0.8 | 39 | 장혁 Jang Hyok | 5 | 0.4 |
| 6 | 김윤길 Kim Yun Gil | 10 | 0.8 | 40 | 조성철 Jo Song Chol | 5 | 0.4 |
| 7 | 리덕남 Ri Tok Nam | 10 | 0.8 | 41 | 최룡길 Choe Ryong Gil | 5 | 0.4 |
| 8 | 손영철 Son Yong Chol | 10 | 0.8 | 42 | 최순봉 Choe Sun Bong | 5 | 0.4 |
| 9 | 박철홍 Pak Chol Hong | 9 | 0.7 | 43 | 최주원 Choe Ju Won | 5 | 0.4 |
| 10 | 홍학호 Hong Hak Ho | 9 | 0.7 | 44 | 최철웅 Choe Chol Ung | 5 | 0.4 |
| 11 | 김경철 Kim Kyong Chol | 8 | 0.6 | 45 | 강영숙 Kang Yong Suk | 4 | 0.3 |
| 12 | 김두진 Kim Tu Jin | 8 | 0.6 | 46 | 구금성 Ku Kum Song | 4 | 0.3 |
| 13 | 리덕만 Ri Tok Man | 8 | 0.6 | 47 | 김걸 Kim Kol | 4 | 0.3 |
| 14 | 장혜경 Jang Hye Gyong | 8 | 0.6 | 48 | 김명일 Kim Myong Il | 4 | 0.3 |
| 15 | 홍창길 Hong Chang Gil | 8 | 0.6 | 49 | 김명진 Kim Myong Jin | 4 | 0.3 |
| 16 | 김영 Kim Yong | 7 | 0.5 | 50 | 김세근 Kim Se Gun | 4 | 0.3 |
| 17 | 김영호 Kim Yong Ho | 7 | 0.5 | 51 | 김은철 Kim Un Chol | 4 | 0.3 |
| 18 | 정광현Jong Kwang Hyon | 7 | 0.5 | 52 | 김정혁 Kim Jong Hyok | 4 | 0.3 |
| 19 | 정윤철 Jong Yun Chol | 7 | 0.5 | 53 | 김종성 Kim Jong Song | 4 | 0.3 |
| 20 | 정현빈 Jong Hyon Bin | 7 | 0.5 | 54 | 김창선 Kim Chang Son | 4 | 0.3 |
| 21 | 최기복 Choe Ki Bok | 7 | 0.5 | 55 | 김천을 Kim Chon Ul | 4 | 0.3 |
| 22 | 김경희 Kim Kyong Hui | 6 | 0.5 | 56 | 김철수 Kim Chol Su | 4 | 0.3 |
| 23 | 김광일 Kim Kwang Il | 6 | 0.5 | 57 | 리성호 Ri Song Ho | 4 | 0.3 |
| 24 | 김주경 Kim Ju Gyong | 6 | 0.5 | 58 | 리영건 Ri Yong Gon | 4 | 0.3 |
| 25 | 류태원 Ryu Thae Won | 6 | 0.5 | 59 | 리종욱 Ri Jong Uk | 4 | 0.3 |
| 26 | 리조양 Ri Jo Yang | 6 | 0.5 | 60 | 리진명 Ri Jin Myong | 4 | 0.3 |
| 27 | 오유성 O Yu Song | 6 | 0.5 | 61 | 리치원 Ri Chi Won | 4 | 0.3 |
| 28 | 최재우 Choe Jae U | 6 | 0.5 | 62 | 림창일 Rim Chang Il | 4 | 0.3 |
| 29 | 홍순권 Hong Sun Gwon | 6 | 0.5 | 63 | 명금철 Myong Kum Chol | 4 | 0.3 |
| 30 | 홍현식 Hong Hyon Sik | 6 | 0.5 | 64 | 신웅일 Sin Ung Il | 4 | 0.3 |
| 31 | 황철준 Hwang Chol Jun | 6 | 0.5 | 65 | 오형철 O Hyong Chol | 4 | 0.3 |
| 32 | 강리섭 Kang Ri Sop | 5 | 0.4 | 66 | 유진희 Yu Jin Hui | 4 | 0.3 |
| 33 | 김명하 Kim Myong Ha | 5 | 0.4 | 67 | 윤광 Yun Kwang | 4 | 0.3 |
| 34 | 김종윤 Kim Jong Yun | 5 | 0.4 | 68 | 윤성준 Yun Song Jun | 4 | 0.3 |

| 번호 | 저자명 | 논문 수 | 퍼센트 | 번호 | 저자명 | 논문 수 | 퍼센트 |
|---|---|---|---|---|---|---|---|
| 69 | 윤정현 Yun Jong Hyon | 4 | 0.3 | 105 | 주현희 Ju Hyon Hui | 3 | 0.2 |
| 70 | 전국원 Jon Kuk Won | 4 | 0.3 | 106 | 최동종 Choe Tong Jong | 3 | 0.2 |
| 71 | 현영춘 Hyon Yong Chun | 4 | 0.3 | 107 | 최희철 Choe Hui Chol | 3 | 0.2 |
| 72 | 고수하 Ko Su Ha | 3 | 0.2 | 108 | 한룡우 Han Ryong U | 3 | 0.2 |
| 73 | 김률 Kim Ryul | 3 | 0.2 | 109 | 한영덕 Han Yong Dok | 3 | 0.2 |
| 74 | 김명범 Kim Myong Bom | 3 | 0.2 | 110 | 한태욱 Han Thae Uk | 3 | 0.2 |
| 75 | 김상애 Kim Sang Ae | 3 | 0.2 | 111 | 함영철 Ham Yong Chol | 3 | 0.2 |
| 76 | 김성철 Kim Song Chol | 3 | 0.2 | 112 | 허동수 Ho Dong Su | 3 | 0.2 |
| 77 | 김성훈 Kim Song Hun | 3 | 0.2 | 113 | 허명송 Ho Myong Song | 3 | 0.2 |
| 78 | 김윤철 Kim Yun Chol | 3 | 0.2 | 114 | 허명호 Ho Myong Ho | 3 | 0.2 |
| 79 | 김준용 Kim Jun Yong | 3 | 0.2 | 115 | 홍기명 Hong Ki Myong | 3 | 0.2 |
| 80 | 김진명 Kim Jin Myong | 3 | 0.2 | 116 | 황광욱 Hwang Kwang Uk | 3 | 0.2 |
| 81 | 김창일 Kim Chang Il | 3 | 0.2 | 117 | 강철룡 Kang Chol Ryong | 2 | 0.2 |
| 82 | 김현철 Kim Hyon Chol | 3 | 0.2 | 118 | 강태산 Kang Thae San | 2 | 0.2 |
| 83 | 김호철 Kim Ho Chol | 3 | 0.2 | 119 | 계옥현 Kye Ok Hyon | 2 | 0.2 |
| 84 | 도정철 To Jong Chol | 3 | 0.2 | 120 | 고덕삼 Ko Tok Sam | 2 | 0.2 |
| 85 | 라영남 Ra Yong Nam | 3 | 0.2 | 121 | 공진황 Kong Jin Hwang | 2 | 0.2 |
| 86 | 량희웅 Ryang Hui Ung | 3 | 0.2 | 122 | 공혜옥 Kong Hye Ok | 2 | 0.2 |
| 87 | 로봉현 Ro Pong Hyon | 3 | 0.2 | 123 | 곽성남 Kwak Song Nam | 2 | 0.2 |
| 88 | 리경식 Ri Kyong Sik | 3 | 0.2 | 124 | 곽창만 Kwak Chang Man | 2 | 0.2 |
| 89 | 리승현 Ri Sung Hyon | 3 | 0.2 | 125 | 권정희 Kwon Jong Hui | 2 | 0.2 |
| 90 | 리철 Ri Chol | 3 | 0.2 | 126 | 권혁준 Kwon Hyok Jun | 2 | 0.2 |
| 91 | 리철민 Ri Chol Min | 3 | 0.2 | 127 | 김강일 Kim Kang Il | 2 | 0.2 |
| 92 | 리현수 Ri Hyon Su | 3 | 0.2 | 128 | 김강진 Kim Kang Jin | 2 | 0.2 |
| 93 | 림명길 Rim Myong Gil | 3 | 0.2 | 129 | 김경순 Kim Kyong Sun | 2 | 0.2 |
| 94 | 박광일 Pak Kwang Il | 3 | 0.2 | 130 | 김경일 Kim Kyong Il | 2 | 0.2 |
| 95 | 박연희 Pak Yon Hui | 3 | 0.2 | 131 | 김광철 Kim Kwang Chol | 2 | 0.2 |
| 96 | 서영옥 So Yong Ok | 3 | 0.2 | 132 | 김광훈 Kim Kwang Hun | 2 | 0.2 |
| 97 | 신창현 Sin Chang Hyon | 3 | 0.2 | 133 | 김국철 Kim Kuk Chol | 2 | 0.2 |
| 98 | 안재현 An Jae Hyon | 3 | 0.2 | 134 | 김남혁 Kim Nam Hyok | 2 | 0.2 |
| 99 | 오성중 O Song Jung | 3 | 0.2 | 135 | 김동천 Kim Tong Chon | 2 | 0.2 |
| 100 | 오현일 O Hyon Il | 3 | 0.2 | 136 | 김명준 Kim Myong Jun | 2 | 0.2 |
| 101 | 윤철희 Yun Chol Hui | 3 | 0.2 | 137 | 김명찬 Kim Myong Chan | 2 | 0.2 |
| 102 | 정재영 Jong Jae Yong | 3 | 0.2 | 138 | 김사영 Kim Sa Yong | 2 | 0.2 |
| 103 | 조만일 Jo Man Il | 3 | 0.2 | 139 | 김상문 Kim Sang Mun | 2 | 0.2 |
| 104 | 조숙정 Jo Suk Jong | 3 | 0.2 | 140 | 김상철 Kim Sang Chol | 2 | 0.2 |

| 번호 | 저자명 | 논문 수 | 퍼센트 | 번호 | 저자명 | 논문 수 | 퍼센트 |
|---|---|---|---|---|---|---|---|
| 141 | 김서인 Kim So In | 2 | 0.2 | 177 | 리광일 Ri Kwang Il | 2 | 0.2 |
| 142 | 김선미 Kim Son Mi | 2 | 0.2 | 178 | 리금별 Ri Kum Byol | 2 | 0.2 |
| 143 | 김설희 Kim Sol Hui | 2 | 0.2 | 179 | 리금산 Ri Kum San | 2 | 0.2 |
| 144 | 김성광 Kim Song Gwang | 2 | 0.2 | 180 | 리미려 Ri Mi Ryo | 2 | 0.2 |
| 145 | 김성윤 Kim Song Yun | 2 | 0.2 | 181 | 리상철 Ri Sang Chol | 2 | 0.2 |
| 146 | 김순복 Kim Sun Bok | 2 | 0.2 | 182 | 리성일 Ri Song Il | 2 | 0.2 |
| 147 | 김순실 Kim Sun Sil | 2 | 0.2 | 183 | 리옥실 Ri Ok Sil | 2 | 0.2 |
| 148 | 김순호 Kim Sun Ho | 2 | 0.2 | 184 | 리원학 Ri Won Hak | 2 | 0.2 |
| 149 | 김승규 Kim Sung Gyu | 2 | 0.2 | 185 | 리은성 Ri Un Song | 2 | 0.2 |
| 150 | 김승원 Kim Sung Won | 2 | 0.2 | 186 | 리응훈 Ri Ung Hun | 2 | 0.2 |
| 151 | 김승일 Kim Sung Il | 2 | 0.2 | 187 | 리인철 Ri In Chol | 2 | 0.2 |
| 152 | 김영삼 Kim Yong Sam | 2 | 0.2 | 188 | 리장성 Ri Jang Song | 2 | 0.2 |
| 153 | 김영훈 Kim Yong Hun | 2 | 0.2 | 189 | 리정길 Ri Jong Gil | 2 | 0.2 |
| 154 | 김유일 Kim Yu Il | 2 | 0.2 | 190 | 리정수 Ri Jong Su | 2 | 0.2 |
| 155 | 김은경 Kim Un Gyong | 2 | 0.2 | 191 | 리정호 Ri Jong Ho | 2 | 0.2 |
| 156 | 김인봉 Kim In Bong | 2 | 0.2 | 192 | 리준혁 Ri Jun Hyok | 2 | 0.2 |
| 157 | 김인철 Kim In Chol | 2 | 0.2 | 193 | 리창민 Ri Chang Min | 2 | 0.2 |
| 158 | 김일국 Kim Il Guk | 2 | 0.2 | 194 | 리철용 Ri Chol Yong | 2 | 0.2 |
| 159 | 김재금 Kim Jae Gum | 2 | 0.2 | 195 | 리태웅 Ri Thae Ung | 2 | 0.2 |
| 160 | 김재문 Kim Jae Mun | 2 | 0.2 | 196 | 리한철 Ri Han Chol | 2 | 0.2 |
| 161 | 김정길 Kim Jong Gil | 2 | 0.2 | 197 | 리형우 Ri Hyong U | 2 | 0.2 |
| 162 | 김종철 Kim Jong Chol | 2 | 0.2 | 198 | 리호림 Ri Ho Rim | 2 | 0.2 |
| 163 | 김진철 Kim Jin Chol | 2 | 0.2 | 199 | 림광서 Rim Kwang So | 2 | 0.2 |
| 164 | 김철 Kim Chol | 2 | 0.2 | 200 | 림용금 Rim Yong Gum | 2 | 0.2 |
| 165 | 김철준 Kim Chol Jun | 2 | 0.2 | 201 | 림창호 Rim Chang Ho | 2 | 0.2 |
| 166 | 김철혁 Kim Chol Hyok | 2 | 0.2 | 202 | 문경미 Mun Kyong Mi | 2 | 0.2 |
| 167 | 김추길 Kim Chu Gil | 2 | 0.2 | 203 | 문경민 Mun Kyong Min | 2 | 0.2 |
| 168 | 김혜순 Kim Hye Sun | 2 | 0.2 | 204 | 문철 Mun Chol | 2 | 0.2 |
| 169 | 김호석 Kim Ho Sok | 2 | 0.2 | 205 | 문희남 Mun Hui Nam | 2 | 0.2 |
| 170 | 김홍규 Kim Hung Gyu | 2 | 0.2 | 206 | 박경철 Pak Kyong Chol | 2 | 0.2 |
| 171 | 김홍도 Kim Hong Do | 2 | 0.2 | 207 | 박명철 Pak Myong Chol | 2 | 0.2 |
| 172 | 동영희 Tong Yong Hui | 2 | 0.2 | 208 | 박삼혁 Pak Sam Hyok | 2 | 0.2 |
| 173 | 렴광국 Ryom Kwang Guk | 2 | 0.2 | 209 | 박설순 Pak Sol Sun | 2 | 0.2 |
| 174 | 류영철 Ryu Yong Chol | 2 | 0.2 | 210 | 박성일 Pak Song Il | 2 | 0.2 |
| 175 | 리경룡 Ri Kyong Ryong | 2 | 0.2 | 211 | 박송욱 Pak Song Uk | 2 | 0.2 |
| 176 | 리광원 Ri Kwang Won | 2 | 0.2 | 212 | 박영철 Pak Yong Chol | 2 | 0.2 |

| 번호 | 저자명 | 논문 수 | 퍼센트 | 번호 | 저자명 | 논문 수 | 퍼센트 |
|---|---|---|---|---|---|---|---|
| 213 | 박용준 Pak Yong Jun | 2 | 0.2 | 249 | 장혁철 Jang Hyok Chol | 2 | 0.2 |
| 214 | 박윤복 Pak Yun Bok | 2 | 0.2 | 250 | 전광혁 Jon Kwang Hyok | 2 | 0.2 |
| 215 | 박윤호 Pak Yun Ho | 2 | 0.2 | 251 | 전명철 Jon Myong Chol | 2 | 0.2 |
| 216 | 박일영 Pak Il Yong | 2 | 0.2 | 252 | 전용철 Jon Yong Chol | 2 | 0.2 |
| 217 | 박혁철 Pak Hyok Chol | 2 | 0.2 | 253 | 정만홍 Jong Man Hung | 2 | 0.2 |
| 218 | 박현희 Pak Hyon Hui | 2 | 0.2 | 254 | 정은혜 Jong Un Hye | 2 | 0.2 |
| 219 | 방혁철 Pang Hyok Chol | 2 | 0.2 | 255 | 정혁 Jong Hyok | 2 | 0.2 |
| 220 | 배청남 Pae Chong Nam | 2 | 0.2 | 256 | 정홍준 Jong Hong Jun | 2 | 0.2 |
| 221 | 서경애 So Kyong Ae | 2 | 0.2 | 257 | 조성두 Jo Song Du | 2 | 0.2 |
| 222 | 서봉학 So Pong Hak | 2 | 0.2 | 258 | 조주경 Jo Ju Gyong | 2 | 0.2 |
| 223 | 서영남 So Yong Nam | 2 | 0.2 | 259 | 주창일 Ju Chang Il | 2 | 0.2 |
| 224 | 서준석 So Jun Sok | 2 | 0.2 | 260 | 채규성 Chae Kyu Song | 2 | 0.2 |
| 225 | 석영심 Sok Yong Sim | 2 | 0.2 | 261 | 채주명 Chae Ju Myong | 2 | 0.2 |
| 226 | 손금철 Son Kum Chol | 2 | 0.2 | 262 | 최강일 Choe Kang Il | 2 | 0.2 |
| 227 | 송철수 Song Chol Su | 2 | 0.2 | 263 | 최광철 Choe Kwang Chol | 2 | 0.2 |
| 228 | 신상복 Sin Sang Bok | 2 | 0.2 | 264 | 최병선 Choe Pyong Son | 2 | 0.2 |
| 229 | 신영기 Sin Yong Gi | 2 | 0.2 | 265 | 최성일 Choe Song Il | 2 | 0.2 |
| 230 | 신철민 Sin Chol Min | 2 | 0.2 | 266 | 최영국 Choe Yong Guk | 2 | 0.2 |
| 231 | 신철순 Sin Chol Sun | 2 | 0.2 | 267 | 최용진 Choe Yong Jin | 2 | 0.2 |
| 232 | 심성호 Sim Song Ho | 2 | 0.2 | 268 | 최창일 Choe Chang Il | 2 | 0.2 |
| 233 | 심영진 Sim Yong Jin | 2 | 0.2 | 269 | 최청일 Choe Chong Il | 2 | 0.2 |
| 234 | 안윤식 An Yun Sik | 2 | 0.2 | 270 | 최학룡 Choe Hak Ryong | 2 | 0.2 |
| 235 | 안철호 An Chol Ho | 2 | 0.2 | 271 | 최희성 Choe Hui Song | 2 | 0.2 |
| 236 | 양윤길 Yang Yun Gil | 2 | 0.2 | 272 | 피충일 Phi Chung Il | 2 | 0.2 |
| 237 | 양철수 Yang Chol Su | 2 | 0.2 | 273 | 한경훈 Han Kyong Hun | 2 | 0.2 |
| 238 | 엄형수 Om Hyong Su | 2 | 0.2 | 274 | 한광룡 Han Kwang Ryong | 2 | 0.2 |
| 239 | 여영호 Yo Yong Ho | 2 | 0.2 | 275 | 한령섭 Han Ryong Sop | 2 | 0.2 |
| 240 | 오철규 O Chol Gyu | 2 | 0.2 | 276 | 한수일 Han Su Il | 2 | 0.2 |
| 241 | 위광현 Wi Kwang Hyon | 2 | 0.2 | 277 | 한일남 Han Il Nam | 2 | 0.2 |
| 242 | 유철훈 Yu Chol Hun | 2 | 0.2 | 278 | 한학철 Han Hak Chol | 2 | 0.2 |
| 243 | 윤광룡 Yun Kwang Ryong | 2 | 0.2 | 279 | 함성일 Ham Song Il | 2 | 0.2 |
| 244 | 윤금순 Yun Kum Sun | 2 | 0.2 | 280 | 허영 Ho Yong | 2 | 0.2 |
| 245 | 윤길호 Yun Kil Ho | 2 | 0.2 | 281 | 홍은혁 Hong Un Hyok | 2 | 0.2 |
| 246 | 윤은진 Yun Un Jin | 2 | 0.2 | 282 | 홍현동 Hong Hyon Dong | 2 | 0.2 |
| 247 | 윤정옥 Yun Jong Ok | 2 | 0.2 | 283 | 황원철 Hwang Won Chol | 2 | 0.2 |
| 248 | 윤현일 Yun Hyon Il | 2 | 0.2 | | | | |

## (2) 『과학원통보』

『과학원통보』에 발표한 저자별 논문 현황(가나다순)

| 번호 | 저자명 | 논문 수 | 번호 | 저자명 | 논문 수 |
|---|---|---|---|---|---|
| 1 | 강리섭 Kang Ri Sop | 2 | 32 | 김광남 Kim Kwang Nam | 1 |
| 2 | 강명철 Kang Myong Ch | 2 | 33 | 김광선 Kim Kwang Son | 1 |
| 3 | 강성범 Kang Song Bom | 1 | 34 | 김광성 Kim Kwang Son | 1 |
| 4 | 강숭일 Kang Sung Il | 1 | 35 | 김광일 Kim Kwang Il | 3 |
| 5 | 강애란 Kang Ae Ran | 1 | 36 | 김광철 Kim Kwang Cho | 1 |
| 6 | 강인복 Kang In Bok | 1 | 37 | 김광학 Kim Kwang Hak | 1 |
| 7 | 강정수 Kang Jong Su | 1 | 38 | 김광호 Kim Kwang Ho | 9 |
| 8 | 강주황 Kang Ju Hwang | 1 | 39 | 김권일 Kim Kwon Il | 1 |
| 9 | 강진혁 Kang Jin Hyok | 3 | 40 | 김금철 Kim Kum Chol | 1 |
| 10 | 강철룡 Kang Chol Ryo | 3 | 41 | 김금혁 Kim Kum Hyok | 1 |
| 11 | 강철원 Kang Chol Won | 1 | 42 | 김기렬 Kim Ki Ryol | 1 |
| 12 | 강혁 Kang Hyok | 1 | 43 | 김기준 Kim Ki Jun | 1 |
| 13 | 강현실 Kang Hyon Sil | 1 | 44 | 김남철 Kim Nam Chol | 1 |
| 14 | 계옥현 Kye Ok Hyon | 1 | 45 | 김동광 Kim Tong Gwan | 1 |
| 15 | 계진경 Kye Jin Gyong | 1 | 46 | 김동일 Kim Tong Il | 1 |
| 16 | 고룡남 Ko Ryong Nam | 1 | 47 | 김동혁 Kim Tong Hyok | 1 |
| 17 | 고명환 Ko Myong Hwan | 2 | 48 | 김두진 Kim Tu Jin | 6 |
| 18 | 고윤희 Ko Yun Hui | 2 | 49 | 김룡국 Kim Ryong Guk | 1 |
| 19 | 고철복 Ko Chol Bok | 4 | 50 | 김룡진 Kim Ryong Jin | 3 |
| 20 | 곽성남 Kwak Song Nam | 1 | 51 | 김률 Kim Ryul | 3 |
| 21 | 곽창만 Kwak Chang M | 1 | 52 | 김만부 Kim Man Bu | 1 |
| 22 | 구정란 Ku Jong Ran | 1 | 53 | 김만수 Kim Man Su | 1 |
| 23 | 국영만 Kuk Yong Man | 1 | 54 | 김명광 Kim Myong Gwa | 2 |
| 24 | 길원철 Kil Won Chol | 1 | 55 | 김명균 Kim Myong Gyu | 1 |
| 25 | 김걸 Kim Kol | 3 | 56 | 김명선 Kim Myong Son | 2 |
| 26 | 김경섭 Kim Kyong Sop | 1 | 57 | 김명성 Kim Myong Son | 1 |
| 27 | 김경수 Kim Kyong Su | 1 | 58 | 김명준 Kim Myong Jun | 2 |
| 28 | 김경일 Kim Kyong Il | 1 | 59 | 김명하 Kim Myong Ha | 1 |
| 29 | 김경철 Kim Kyong Cho | 1 | 60 | 김명호 Kim Myong Ho | 1 |
| 30 | 김경희 Kim Kyong Hui | 2 | 61 | 김명환 Kim Myong Hwa | 1 |
| 31 | 김관무 Kim Kwan Mu | 1 | 62 | 김명희 Kim Myong Hui | 1 |

| 번호 | 저자명 | 논문 수 | 번호 | 저자명 | 논문 수 |
|---|---|---|---|---|---|
| 63 | 김모란 Kim Mo Ran | 1 | 99 | 김옥향 Kim Ok Hyang | 2 |
| 64 | 김문철 Kim Mun Chol | 3 | 100 | 김옥희 Kim Ok Hui | 2 |
| 65 | 김병수 Kim Pyong Su | 1 | 101 | 김용식 Kim Yong Sik | 1 |
| 66 | 김상림 Kim Sang Rim | 2 | 102 | 김용진 Kim Yong Jin | 4 |
| 67 | 김상문 Kim Sang Mun | 1 | 103 | 김원제 Kim Won Je | 1 |
| 68 | 김상애 Kim Sang Ae | 2 | 104 | 김윤길 Kim Yun Gil | 10 |
| 69 | 김서인 Kim So In | 4 | 105 | 김윤미 Kim Yun Mi | 5 |
| 70 | 김석철 Kim Sok Chol | 2 | 106 | 김윤철 Kim Yun Chol | 6 |
| 71 | 김선주 Kim Son Ju | 1 | 107 | 김은경 Kim Un Gyong | 1 |
| 72 | 김성광 Kim Song Gwan | 1 | 108 | 김은래 Kim Un Rae | 1 |
| 73 | 김성남 Kim Song Nam | 2 | 109 | 김은실 Kim Un Sil | 1 |
| 74 | 김성덕 Kim Song Dok | 1 | 110 | 김은철 Kim Un Chol | 1 |
| 75 | 김성룡 Kim Song Ryon | 1 | 111 | 김은표 Kim Un Phyo | 1 |
| 76 | 김성열 Kim Song Yol | 1 | 112 | 김은하 Kim Un Ha | 1 |
| 77 | 김성윤 Kim Song Yun | 1 | 113 | 김을현 Kim Ul Hyon | 1 |
| 78 | 김성진 Kim Song Jin | 3 | 114 | 김익권 Kim Ik Gwon | 1 |
| 79 | 김성학 Kim Song Hak | 1 | 115 | 김익선 Kim Ik Son | 4 |
| 80 | 김성혁 Kim Song Hyok | 1 | 116 | 김일창 Kim Il Chang | 2 |
| 81 | 김성화 Kim Song Hwa | 1 | 117 | 김장영 Kim Jang Yong | 1 |
| 82 | 김세근 Kim Se Gun | 1 | 118 | 김재원 Kim Jae Won | 1 |
| 83 | 김송일 Kim Song Il | 1 | 119 | 김정만 Kim Jong Man | 2 |
| 84 | 김순철 Kim Sun Chol | 1 | 120 | 김일화 Kim Il Hwa | 1 |
| 85 | 김순호 Kim Sun Ho | 4 | 121 | 김장영 Kim Jang Yong | 1 |
| 86 | 김순희 Kim Sun Hui | 2 | 122 | 김재원 Kim Jae Won | 1 |
| 87 | 김신길 Kim Sin Gil | 2 | 123 | 김정만 Kim Jong Man | 2 |
| 88 | 김영 Kim Yong | 2 | 124 | 김정실 Kim Jong Sil | 2 |
| 89 | 김영금 Kim Yong Gum | 2 | 125 | 김정회 Kim Jong Hoi | 1 |
| 90 | 김영남 Kim Yong Nam | 1 | 126 | 김정희 Kim Jong Hui | 1 |
| 91 | 김영수 Kim Yong Su | 1 | 127 | 김종성 Kim Jong Song | 1 |
| 92 | 김영재 Kim Yong Jae | 1 | 128 | 김준남 Kim Jun Nam | 1 |
| 93 | 김영철 Kim Yong Chol | 1 | 129 | 김진수 Kim Jin Su | 1 |
| 94 | 김영춘 Kim Yong Chun | 1 | 130 | 김진숙 Kim Jin Suk | 2 |
| 95 | 김영호 Kim Yong Ho | 2 | 131 | 김창민 Kim Chang Min | 3 |
| 96 | 김영훈 Kim Yong Hun | 1 | 132 | 김창선 Kim Chang Son | 1 |
| 97 | 김영희 Kim Yong Hui | 1 | 133 | 김천을 Kim Chon Ul | 1 |
| 98 | 김옥순 Kim Ok Sun | 2 | 134 | 김철 Kim Chol | 2 |

| 번호 | 저자명 | 논문 수 | 번호 | 저자명 | 논문 수 |
|---|---|---|---|---|---|
| 135 | 김철국 Kim Chol Guk | 1 | 171 | 류일형 Ryu Il Hyong | 1 |
| 136 | 김철남 Kim Chol Nam | 2 | 172 | 류재관 Ryu Jae Gwan | 6 |
| 137 | 김철룡 Kim Chol Ryong | 2 | 173 | 류춘옥 Ryu Chun Ok | 1 |
| 138 | 김철림 Kim Chol Rim | 1 | 174 | 류태원 Ryu Thae Won | 1 |
| 139 | 김철수 Kim Chol Su | 1 | 175 | 류해동 Ryu Hae Dong | 4 |
| 140 | 김철식 Kim Chol Sik | 1 | 176 | 리강혁 Ri Kang Hyok | 10 |
| 141 | 김철종 Kim Chol Jong | 2 | 177 | 리경룡 Ri Kyong Ryon | 1 |
| 142 | 김철호 Kim Chol Ho | 2 | 178 | 리경식 Ri Kyong Sik | 1 |
| 143 | 김철환 Kim Chol Hwan | 1 | 179 | 리관성 Ri Kwang Song | 1 |
| 144 | 김철훈 Kim Chol Hun | 2 | 180 | 리관호 Ri Kwan Ho | 1 |
| 145 | 김춘길 Kim Chun Gil | 1 | 181 | 리광 Ri Kwang | 1 |
| 146 | 김택종 Kim Thaek Jong | 3 | 182 | 리광룡 Ri Kwang Ryon | 2 |
| 147 | 김평남 Kim Pyong Nam | 1 | 183 | 리광일 Ri Kwang Il | 1 |
| 148 | 김평일 Kim Phyong Il | 1 | 184 | 리광주 Ri Kwang Ju | 1 |
| 149 | 김학성 Kim Hak Song | 1 | 185 | 리광진 Ri Kwang Jin | 1 |
| 150 | 김학철 Kim Hak Chol | 1 | 186 | 리광철 Ri Kwang Chol | 2 |
| 151 | 김해광 Kim Hae Gwang | 1 | 187 | 리근배 Ri Kun Bae | 1 |
| 152 | 김호철 Kim Ho Chol | 1 | 188 | 리근영 Ri Kun Yong | 1 |
| 153 | 김화숙 Kim Hwa Suk | 1 | 189 | 리근철 Ri Kun Chol | 1 |
| 154 | 김흥규 Kim Hung Gyu | 1 | 190 | 리남수 Ri Nam Su | 1 |
| 155 | 김희숙 Kim Hui Suk | 2 | 191 | 리대경 Ri Tae Gyong | 1 |
| 156 | 남궁균 Nam Kung Gyun | 1 | 192 | 리덕남 Ri Tok Nam | 3 |
| 157 | 남궁진 Nam Kung Jin | 1 | 193 | 리덕만 Ri Tok Man | 2 |
| 158 | 남선희 Nam Son Hui | 1 | 194 | 리동섭 Ri Tong Sop | 1 |
| 159 | 남영철 Nam Yong Chol | 1 | 195 | 리동철 Ri Tong Chol | 1 |
| 160 | 동남일 Tong Nam Il | 2 | 196 | 리만득 Ri Man Duk | 1 |
| 161 | 라광철 Ra Gwang Chol | 1 | 197 | 리명순 Ri Myong Sun | 1 |
| 162 | 량서연 Ryang So Yon | 1 | 198 | 리명옥 Ri Myong Ok | 1 |
| 163 | 량지성 Ryang Ji Song | 4 | 199 | 리미경 Ri Mi Gyong | 2 |
| 164 | 로영화 Ro Yong Hwa | 1 | 200 | 리병학 Ri Pyong Hak | 1 |
| 165 | 로원명 Ro Won Myong | 1 | 201 | 리봉철 Ri Pong Chol | 1 |
| 166 | 로철연 Ro Chol Yon | 2 | 202 | 리생용 Ri Saeng Yong | 2 |
| 167 | 류경수 Ryu Kyong Su | 1 | 203 | 리선희 Ri Son Hui | 2 |
| 168 | 류동근 Ryu Tong Gun | 1 | 204 | 리성민 Ri Song Min | 1 |
| 169 | 류만철 Ryu Man Chol | 1 | 205 | 리성식 Ri Song Sik | 1 |
| 170 | 류영철 Ryu Yong Chol | 2 | 206 | 리성실 Ri Song Sil | 2 |

| 번호 | 저자명 | 논문 수 | 번호 | 저자명 | 논문 수 |
|---|---|---|---|---|---|
| 207 | 리성일 Ri Song Il | 2 | 243 | 리춘란 Ri Chun Ran | 2 |
| 208 | 리성훈 Ri Song Hun | 1 | 244 | 리춘성 Ri Chun Song | 1 |
| 209 | 리수복 Ri Su Bok | 1 | 245 | 리충성 Ri Chung Song | 2 |
| 210 | 리순경 Li Sun Gyong | 1 | 246 | 리치원 Ri Chi Won | 4 |
| 211 | 리순경 Ri Sun Gyong | 1 | 247 | 리태진 Ri Thae Jin | 3 |
| 212 | 리순경 Ri Sung Gyong | 1 | 248 | 리헌수 Ri Hon Su | 1 |
| 213 | 리승현 Ri Sung Hyon | 5 | 249 | 리현수 Ri Hyon Su | 1 |
| 214 | 리연숙 Ri Yon Suk | 1 | 250 | 리현철 Ri Hyon Chol | 1 |
| 215 | 리연화 Ri Yon Hwa | 1 | 251 | 림경진 Rim Kyong Jin | 1 |
| 216 | 리영건 Ri Yong Gon | 1 | 252 | 림광락 Rim Kwang Rak | 1 |
| 217 | 리영옥 Ri Yong Ok | 2 | 253 | 림광서 Rim Kwang So | 1 |
| 218 | 리영훈 Ri Yong Hun | 1 | 254 | 림길호 Rim Kil Ho | 1 |
| 219 | 리오희 Ri O Hui | 1 | 255 | 림명길 Rim Myong Gil | 2 |
| 220 | 리옥실 Ri Ok Sil | 1 | 256 | 림시렬 Rim Si Ryol | 1 |
| 221 | 리원학 Ri Won Hak | 1 | 257 | 림영성 Rim Yong Song | 1 |
| 222 | 리윤호 Ri Yun Ho | 1 | 258 | 림윤철 Rim Yun Chol | 1 |
| 223 | 리응훈 Ri Ung Hun | 1 | 259 | 림은순 Rim Un Sun | 1 |
| 224 | 리인성 Ri In Song | 1 | 260 | 림인복 Rim In Bok | 1 |
| 225 | 리인철 Ri In Chol | 1 | 261 | 림창호 Rim Chang Ho | 1 |
| 226 | 리일철 Ri Il Chol | 1 | 262 | 림학성 Rim Hak Song | 1 |
| 227 | 리일혁 Ri Il Hyok | 1 | 263 | 림호 Rim Ho | 1 |
| 228 | 리종욱 Ri Jong Uk | 8 | 264 | 명성남 Myong Song Na | 1 |
| 229 | 리종일 Ri Jong Il | 1 | 265 | 명찬길 Myong Chan Gi | 1 |
| 230 | 리종혁 Ri Jong Hyok | 1 | 266 | 문경호 Mun Kyong Ho | 2 |
| 231 | 리진명 Ri Jin Myong | 1 | 267 | 문광진 Mun Kwang Jin | 1 |
| 232 | 리진우 Ri Jin U | 1 | 268 | 문창일 Mun Chang Il | 1 |
| 233 | 리창균 Ri Chang Gyun | 1 | 269 | 문현배 Mun Hyon Bae | 1 |
| 234 | 리창민 Ri Chang Min | 1 | 270 | 문희철 Mun Hui Chol | 1 |
| 235 | 리창복 Ri Chang Bok | 2 | 271 | 민철림 Min Chol Rim | 3 |
| 236 | 리창애 Ri Chang Ae | 1 | 272 | 민홍기 Min Hong Ki | 1 |
| 237 | 리철 Ri Chol | 1 | 273 | 박경수 Pak Kyong Su | 1 |
| 238 | 리철만 Ri Chol Man | 2 | 274 | 박광일 Pak Kwang Il | 1 |
| 239 | 리철옥 Ri Chol Ok | 1 | 275 | 박금성 Pak Kum Song | 2 |
| 240 | 리철준 Ri Chol Jun | 1 | 276 | 박남령 Pak Nam Ryong | 1 |
| 241 | 리철호 Ri Chol Ho | 1 | 277 | 박남혁 Pak Nam Hyok | 1 |
| 242 | 리청일 Ri Chong Il | 2 | 278 | 박대성 Pak Tae Song | 1 |

| 번호 | 저자명 | 논문 수 | 번호 | 저자명 | 논문 수 |
|---|---|---|---|---|---|
| 279 | 박두호 Pak Tu Ho | 1 | 315 | 변광룡 Pyon Kwang yo | 2 |
| 280 | 박룡철 Pak Ryong Cho | 3 | 316 | 서강호 So Kang Ho | 1 |
| 281 | 박명일 Pak Myong Il | 1 | 317 | 서봉학 So Pong Hak | 4 |
| 282 | 박명학 Pak Myong Hak | 1 | 318 | 서영남 So Yong Nam | 1 |
| 283 | 박봉철 Pak Pong Chol | 1 | 319 | 서옥련 So Ok Ryon | 2 |
| 284 | 박성룡 Pak Song Ryon | 1 | 320 | 서정식 So Jong Sik | 1 |
| 285 | 박성일 Pak Song Il | 1 | 321 | 서준석 So Jun Sok | 2 |
| 286 | 박성재 Pak Song Jae | 1 | 322 | 서창수 So Chang Su | 1 |
| 287 | 박성학 Pak Song Hak | 1 | 323 | 서혁만 So Hyok Man | 1 |
| 288 | 박승삼 Pak Sung Sam | 1 | 324 | 소홍철 So Hong Chol | 1 |
| 289 | 박영미 Pak Yong Mi | 2 | 325 | 손광 Son Gwang | 1 |
| 290 | 박영실 Pak Yong Sil | 1 | 326 | 손룡철 Son Ryong Cho | 1 |
| 291 | 박영진 Pak Yong Jin | 2 | 327 | 손영철 Son Yong Chol | 2 |
| 292 | 박영철 Pak Yong Chol | 1 | 328 | 송남철 Song Nam Chol | 1 |
| 293 | 박유석 Pak Yu Sok | 1 | 329 | 송선옥 Song Son Ok | 2 |
| 294 | 박은숙 Pak Un Suk | 3 | 330 | 송억현 Song Ok Hyon | 2 |
| 295 | 박은순 Pak Un Sun | 1 | 331 | 송인철 Song In Chol | 1 |
| 296 | 박일룡 Pak Il Ryong | 1 | 332 | 송창신 Song Chang Si | 2 |
| 297 | 박정원 Pak Jong Won | 2 | 333 | 송창호 Song Chang Ho | 7 |
| 298 | 박찬빈 Pak Chan Bin | 1 | 334 | 송현준 Song Hyon Jun | 1 |
| 299 | 박철홍 Pak Chol Hong | 8 | 335 | 승금란 Sung Kum Ran | 1 |
| 300 | 박태제 Pak Thae Je | 4 | 336 | 승철 Sung Chol | 2 |
| 301 | 박현희 Pak Hyon Hui | 1 | 337 | 신경남 Sim Kyong Nam | 1 |
| 302 | 박호남 Pak Ho Nam | 1 | 338 | 신기남 Sin Ki Nam | 1 |
| 303 | 박호익 Pak Ho Ik | 1 | 339 | 신동열 Sin Tong Yol | 1 |
| 304 | 반정철 Pan Jong Chol | 1 | 340 | 신란희 Sin Ran Hui | 1 |
| 305 | 방승선 Pang Sung Son | 6 | 341 | 신명국 Sin Myong Guk | 3 |
| 306 | 방주현 Pang Ju Hyon | 1 | 342 | 신문철 Sin Mun Chol | 3 |
| 307 | 방지순 Pang Ji Sun | 1 | 343 | 신선진 Sin Son Jin | 1 |
| 308 | 배성한 Pae Song Han | 1 | 344 | 신설송 Sin Sol Song | 1 |
| 309 | 배현숙 Pae Hyon Suk | 1 | 345 | 신성길 Sin Song Gil | 2 |
| 310 | 백기찬 Paek Ki Chan | 1 | 346 | 신영히 Sin Yong Hi | 1 |
| 311 | 백승륭 Paek Sung Ryu | 2 | 347 | 신창현 Sin Chang Hyo | 1 |
| 312 | 백영민 Paek Yong Min | 1 | 348 | 신철순 Sin Chol Sun | 1 |
| 313 | 백원욱 Paek Won Uk | 2 | 349 | 신철호 Sin Chol Ho | 3 |
| 314 | 백찬영 Paek Chan Yon | 3 | 350 | 심선숙 Sim Son Suk | 2 |

| 번호 | 저자명 | 논문 수 | 번호 | 저자명 | 논문 수 |
|---|---|---|---|---|---|
| 351 | 심용진 Sim Yong Jin | 2 | 387 | 원철성 Won Chol Song | 1 |
| 352 | 심철 Sim Chol | 1 | 388 | 위광현 Wi Kwang Hyon | 1 |
| 353 | 안광수 An Kwang Su | 1 | 389 | 유경일 Yu Kyong Il | 1 |
| 354 | 안동철 An Tong Chol | 1 | 390 | 유만철 Yu Man Chol | 2 |
| 355 | 안예성 An Ye Song | 1 | 391 | 유인봉 Yu In Bong | 1 |
| 356 | 안윤호 An Yun Ho | 1 | 392 | 유준하 Yu Jun Ha | 1 |
| 357 | 안재철 An Jae Chol | 1 | 393 | 유학철 Yu Hak Chol | 2 |
| 358 | 안재현 An Jae Hyon | 4 | 394 | 윤광 Yun Kwang | 1 |
| 359 | 안철호 An Chol Ho | 1 | 395 | 윤광룡 Yun Kwang Ryo | 1 |
| 360 | 양선녀 Yang Son Nyo | 2 | 396 | 윤광명 Yun Kwang Myo | 1 |
| 361 | 양원철 Yang Won Chol | 1 | 397 | 윤광묵 Yun Kwang Muk | 1 |
| 362 | 양윤길 Yang Yun Gil | 1 | 398 | 윤남진 Yun Nam Jin | 2 |
| 363 | 양충일 Yang Chung Il | 1 | 399 | 윤명남 Yun Myong Nam | 2 |
| 364 | 엄일권 Om Il Gwon | 1 | 400 | 윤명환 Yun Myong Hwa | 2 |
| 365 | 엄창국 Om Chang Guk | 1 | 401 | 윤성준 Yun Song Jun | 1 |
| 366 | 엄철진 Om Chol Jin | 1 | 402 | 윤은철 Yun un Chol | 1 |
| 367 | 오경일 O Kyong Il | 1 | 403 | 윤정현 Yun Jong Hyon | 2 |
| 368 | 오금숙 O Kum Suk | 1 | 404 | 윤진성 Yun Jin Song | 1 |
| 369 | 오상렬 O Sang Ryol | 1 | 405 | 윤진혁 Yun Jin Hyok | 1 |
| 370 | 오성국 O Song Guk | 1 | 406 | 윤창혁 Yun Chang Hyo | 1 |
| 371 | 오세일 O Se Il | 1 | 407 | 윤철준 Yun Chol Jun | 1 |
| 372 | 오영만 O Yong Man | 1 | 408 | 임명재 Im Myong Jae | 1 |
| 373 | 오용범 O Yong Bom | 1 | 409 | 임성철 Im Song Chol | 1 |
| 374 | 오용욱 O Yong Uk | 1 | 410 | 임영민 Im Yong Min | 2 |
| 375 | 오유성 O Yu Song | 3 | 411 | 장경철 Jang Kyong Ch | 1 |
| 376 | 오태근 O Thae Gun | 1 | 412 | 장금수 Jang Kum Su | 1 |
| 377 | 오필훈 O Phil Hun | 1 | 413 | 장두환 Jang Tu Hwan | 1 |
| 378 | 오형철 O Hyong Chol | 2 | 414 | 장룡섭 Jang Ryong So | 2 |
| 379 | 옥진성 Ok Jin Song | 2 | 415 | 장승진 Jang Sung Jin | 2 |
| 380 | 우강철 U Kang Chol | 1 | 416 | 장승철 Jang Sung Cho | 2 |
| 381 | 우승식 U Sung Sik | 4 | 417 | 장영일 Jang Yong Il | 1 |
| 382 | 우영섭 U Yong Sop | 2 | 418 | 장영희 Jang Yong Hui | 1 |
| 383 | 우원 U Won | 2 | 419 | 장옥란 Jang Ok Ran | 4 |
| 384 | 원리연 Won Ri Yon | 2 | 420 | 장원철 Jang Won Chol | 3 |
| 385 | 원영섭 Won Yong Sop | 1 | 421 | 장은주 Jang Un Ju | 1 |
| 386 | 원정하 Won Jong Ha | 1 | 422 | 장창수 Jang Chang Su | 1 |

| 번호 | 저자명 | 논문 수 | 번호 | 저자명 | 논문 수 |
|---|---|---|---|---|---|
| 423 | 장철민 Jang Chol Man | 2 | 459 | 정화산 Jong Hwa San | 2 |
| 424 | 장철진 Jang Chol Jin | 1 | 460 | 정효진 Jong Hyo Jin | 1 |
| 425 | 장철호 Jang Chol Ho | 1 | 461 | 조능식 Jo Nung Sik | 1 |
| 426 | 장학철 Jang Hak Chol | 2 | 462 | 조동섭 Jo Tong Sop | 10 |
| 427 | 장혁 Jang Hyok | 5 | 463 | 조두진 Jo Tu Jin | 1 |
| 428 | 장혜경 Jang Hye Gyon | 1 | 464 | 조명희 Jo Myong Hui | 1 |
| 429 | 전금별 Jon Kum Byol | 1 | 465 | 조성두 Jo Song Du | 1 |
| 430 | 전금성 Jon Kum Song | 1 | 466 | 조성철 Jo Song Chol | 2 |
| 431 | 전명철 Jon Myong Cho | 2 | 467 | 조수철 Jo Su Chol | 1 |
| 432 | 전승일 Jon Sung Il | 2 | 468 | 조숙정 Jo Suk Jong | 1 |
| 433 | 전용철 Jon Yong Chol | 3 | 469 | 조영기 Jo Yong Gi | 1 |
| 434 | 전원혁 Jon Won Hyok | 1 | 470 | 조정철 Jo Jong Chol | 2 |
| 435 | 전유강 Jon Yu Gang | 1 | 471 | 조주경 Jo Ju Gyong | 2 |
| 436 | 전윤재 Jon Yun Jae | 1 | 472 | 조철민 Jo Chol Min | 1 |
| 437 | 전철 Jon Chol | 1 | 473 | 조혜성 Jo Hye Song | 1 |
| 438 | 정경복 Jong Kyong Bo | 2 | 474 | 좌현일 Choe Hyon Il | 1 |
| 439 | 정광철 Jong Kwang Ch | 1 | 475 | 주광준 Ju Kwang Jun | 1 |
| 440 | 정경복 Jong Kyong Bo | 2 | 476 | 주영철 Ju Yong Chol | 2 |
| 441 | 정광철 Jong Kwang Ch | 1 | 477 | 주정철 Ju Jong Chol | 1 |
| 442 | 정광현 Jong Kwang Hy | 2 | 478 | 주춘옥 Ju Chun Ok | 2 |
| 443 | 정광호 Jong Kwang Ho | 2 | 479 | 지철남 Ji Chol Nam | 2 |
| 444 | 정기연 Jong Ki Yon | 2 | 480 | 차광혁 Cha Kwang Hyo | 1 |
| 445 | 정만흥 Jong Man Hung | 1 | 481 | 차금희 Cha Kum Hui | 1 |
| 446 | 정복남 Jong Bok Nam | 3 | 482 | 차성진 Cha Song Jin | 1 |
| 447 | 정봉남 Jong Pong Nam | 1 | 483 | 차현 Cha Hyon | 1 |
| 448 | 정영세 Jong Yong Se | 1 | 484 | 채금성 Chae Kum Song | 1 |
| 449 | 정영찬 Jong Yong Cha | 2 | 485 | 천명철 Chon Myong Ch | 1 |
| 450 | 정윤철 Jong Yun Chol | 6 | 486 | 천정철 Chon Jong Cho | 1 |
| 451 | 정은설 Jong Un Sol | 3 | 487 | 최경일 Choe Kyong Il | 1 |
| 452 | 정준영 Jong Jun Yong | 1 | 488 | 최기복 Choe Ki Bok | 1 |
| 453 | 정창일 Jong Chang Il | 1 | 489 | 최남혁 Choe Nam Hyok | 1 |
| 454 | 정철범 Jong Chol Bom | 1 | 490 | 최동석 Choe Tong Sok | 2 |
| 455 | 정철진 Jong Chol Jin | 1 | 491 | 최동종 Choe Tong Jon | 1 |
| 456 | 정철혁 Jong Chol Hyo | 1 | 492 | 최동호 Choe Tong Ho | 1 |
| 457 | 정충국 Jong Chung Gu | 1 | 493 | 최룡길 Choe Ryong Gi | 2 |
| 458 | 정현빈 Jong Hyon Bin | 1 | 494 | 최명헌 Choe Myong Hon | 1 |

| 번호 | 저자명 | 논문 수 | 번호 | 저자명 | 논문 수 |
|---|---|---|---|---|---|
| 495 | 최성 Choe Song | 1 | 525 | 한영환 Han Yong Hwan | 1 |
| 496 | 최성국 Choe Song Guk | 1 | 526 | 한윤필 Han Yun Phil | 1 |
| 497 | 최성준 Choe Song Jun | 1 | 527 | 한은정 Han Un Jong | 1 |
| 498 | 최영수 Choe Yong Su | 1 | 528 | 한일룡 Han Il Ryong | 1 |
| 499 | 최원옥 Choe Won Ok | 2 | 529 | 한철룡 Han Chol Ryon | 1 |
| 500 | 최재우 Choe Jae U | 5 | 530 | 한훈 Han Hun | 1 |
| 501 | 최정철 Choe Jong Chol | 1 | 531 | 허영 Ho Yong | 1 |
| 502 | 최철 Choe Chol | 1 | 532 | 허원빈 Ho Won Bin | 1 |
| 503 | 최철국 Choe Chol Guk | 1 | 533 | 허홍순 Ho Hong Sun | 1 |
| 504 | 최철민 Choe Chol Min | 1 | 534 | 현명일 Hyon Myong Il | 2 |
| 505 | 최철웅 Choe Chol Ung | 6 | 535 | 현봉철 Hyong Poing C | 1 |
| 506 | 최철훈 Choe Chol Hun | 1 | 536 | 현영춘 Hyon Yong Chu | 1 |
| 507 | 최향화 Choe Hyang Hw | 1 | 537 | 현준복 Hyon Chun Bok | 1 |
| 508 | 최현일 Choe Hyon Il | 7 | 538 | 현철 Hyon Chol | 2 |
| 509 | 최희성 Choe Hui Song | 1 | 539 | 홍광월 Hong Kwang Wo | 1 |
| 510 | 최희철 Choe Hui Chol | 1 | 540 | 홍성구 Hong Song Gu | 1 |
| 511 | 한경화 Han Kyong Hwa | 1 | 541 | 홍성남 Hong Song Nam | 2 |
| 512 | 한광국 Han Kwang Guk | 1 | 542 | 홍순권 Hong Sun Gwon | 1 |
| 513 | 한광룡 Han Kwang Ryo | 1 | 543 | 홍영일 Hong Yong Il | 1 |
| 514 | 한금성 Han Kum Song | 1 | 544 | 홍표 Hong Pyo | 1 |
| 515 | 허달윤 Ho Tal Yun | 2 | 545 | 홍형기 Hong Hyong Gi | 1 |
| 516 | 허명송 Ho Myong Song | 2 | 546 | 황명근 Hwang Myong G | 2 |
| 517 | 한명옥 Han Myong Ok | 1 | 547 | 황성일 Hwang Song Il | 2 |
| 518 | 허명호 Ho Myong Ho | 1 | 548 | 황철준 Hwang Chol Ju | 3 |
| 519 | 한범 Han Pom | 1 | 549 | 황명근 Hwang Myong Gun | 2 |
| 520 | 한성철 Han Song Chol | 1 | 550 | 황성일 Hwang Song Il | 2 |
| 521 | 한성호 Han Song Ho | 1 | 551 | 황철준 Hwang Chol Jun | 3 |
| 522 | 한수일 Han Su Il | 1 | 552 | 황혜란 Hwang Hye Ran | 1 |
| 523 | 한승철 Han Sung Chol | 1 | 합계 | | 860 |
| 524 | 한영란 Han Yong Ran | 1 | | | |

『과학원통보』에 발표한 저자별 논문 현황(논문 수순)

| 번호 | 저자명 | 논문 수 | 퍼센트 | 번호 | 저자명 | 논문 수 | 퍼센트 |
|---|---|---|---|---|---|---|---|
| 1 | 김윤길 Kim Yun Gil | 10 | 1.2 | 30 | 서봉학 So Pong Hak | 4 | 0.5 |
| 2 | 류해동 Ryu Hae Dong | 10 | 1.2 | 31 | 안재현 An Jae Hyon | 4 | 0.5 |
| 3 | 조동섭 Jo Tong Sop | 10 | 1.2 | 32 | 우승식 U Sung Sik | 4 | 0.5 |
| 4 | 김광호 Kim Kwang Ho | 9 | 1 | 33 | 장옥란 Jang Ok Ran | 4 | 0.5 |
| 5 | 리종욱 Ri Jong Uk | 8 | 0.9 | 34 | 강진혁 Kang Jin Hyok | 3 | 0.3 |
| 6 | 박철홍 Pak Chol Hong | 8 | 0.9 | 35 | 강철룡 Kang Chol Ryo | 3 | 0.3 |
| 7 | 송창호 Song Chang Ho | 7 | 0.8 | 36 | 김걸 Kim Kol | 3 | 0.3 |
| 8 | 최현일 Choe Hyon Il | 7 | 0.8 | 37 | 김광일 Kim Kwang Il | 3 | 0.3 |
| 9 | 김두진 Kim Tu Jin | 6 | 0.7 | 38 | 김룡진 Kim Ryong Jin | 3 | 0.3 |
| 10 | 김윤철 Kim Yun Chol | 6 | 0.7 | 39 | 김률 Kim Ryul | 3 | 0.3 |
| 11 | 류일형 Ryu Il Hyong | 6 | 0.7 | 40 | 김문철 Kim Mun Chol | 3 | 0.3 |
| 12 | 방승선 Pang Sung Son | 6 | 0.7 | 41 | 김성진 Kim Song Jin | 3 | 0.3 |
| 13 | 정윤철 Jong Yun Chol | 6 | 0.7 | 42 | 김창민 Kim Chang Min | 3 | 0.3 |
| 14 | 최철웅 Choe Chol Ung | 6 | 0.7 | 43 | 김택종 Kim Thaek Jon | 3 | 0.3 |
| 15 | 김윤미 Kim Yun Mi | 5 | 0.6 | 44 | 리광일 Ri Kwang Il | 3 | 0.3 |
| 16 | 리승현 Ri Sung Hyon | 5 | 0.6 | 45 | 리덕남 Ri Tok Nam | 3 | 0.3 |
| 17 | 장혁 Jang Hyok | 5 | 0.6 | 46 | 리태진 Ri Thae Jin | 3 | 0.3 |
| 18 | 최재우 Choe Jae U | 5 | 0.6 | 47 | 민철림 Min Chol Rim | 3 | 0.3 |
| 19 | 고철복 Ko Chol Bok | 4 | 0.5 | 48 | 박룡철 Pak Ryong Cho | 3 | 0.3 |
| 20 | 김서인 Kim So In | 4 | 0.5 | 49 | 박은숙 Pak Un Suk | 3 | 0.3 |
| 21 | 김순호 Kim Sun Ho | 4 | 0.5 | 50 | 백찬영 Paek Chan Yon | 3 | 0.3 |
| 22 | 김용진 Kim Yong Jin | 4 | 0.5 | 51 | 신명국 Sin Myong Guk | 3 | 0.3 |
| 23 | 김익선 Kim Ik Son | 4 | 0.5 | 52 | 신문철 Sin Mun Chol | 3 | 0.3 |
| 24 | 김정실 Kim Jong Sil | 4 | 0.5 | 53 | 신철호 Sin Chol Ho | 3 | 0.3 |
| 25 | 량서연 Ryang So Yon | 4 | 0.5 | 54 | 오유성 O Yu Song | 3 | 0.3 |
| 26 | 류태원 Ryu Thae Won | 4 | 0.5 | 55 | 장원철 Jang Won Chol | 3 | 0.3 |
| 27 | 장옥란 Jang Ok Ran | 4 | 0.5 | 56 | 전용철 Jon Yong Chol | 3 | 0.3 |
| 28 | 리치원 Ri Chi Won | 4 | 0.5 | 57 | 정복남 Jong Bok Nam | 3 | 0.3 |
| 29 | 박태제 Pak Thae Je | 4 | 0.5 | 58 | 정은설 Jong Un Sol | 3 | 0.3 |

| 번호 | 저자명 | 논문 수 | 퍼센트 | 번호 | 저자명 | 논문 수 | 퍼센트 |
|---|---|---|---|---|---|---|---|
| 59 | 황철준 Hwang Chol Ju | 3 | 0.3 | 90 | 김흥규 Kim Hung Gyu | 2 | 0.2 |
| 60 | 강리섭 Kang Ri Sop | 2 | 0.2 | 91 | 남영철 Nam Yong Chol | 2 | 0.2 |
| 61 | 강명철 Kang Myong Ch | 2 | 0.2 | 92 | 로원명 Ro Won Myong | 2 | 0.2 |
| 62 | 고명환 Ko Myong Hwan | 2 | 0.2 | 93 | 류만철 Ryu Man Chol | 2 | 0.2 |
| 63 | 고윤희 Ko Yun Hui | 2 | 0.2 | 94 | 리광 Ri Kwang | 2 | 0.2 |
| 64 | 김경희 Kim Kyong Hui | 2 | 0.2 | 95 | 리광철 Ri Kwang Chol | 2 | 0.2 |
| 65 | 김명광 Kim Myong Gwa | 2 | 0.2 | 96 | 리덕만 Ri Tok Man | 2 | 0.2 |
| 66 | 김명선 Kim Myong Son | 2 | 0.2 | 97 | 리미경 Ri Mi Gyong | 2 | 0.2 |
| 67 | 김명준 Kim Myong Jun | 2 | 0.2 | 98 | 리생용 Ri Saeng Yong | 2 | 0.2 |
| 68 | 김상림 Kim Sang Rim | 2 | 0.2 | 99 | 리선희 Ri Son Hui | 2 | 0.2 |
| 69 | 김상애 Kim Sang Ae | 2 | 0.2 | 100 | 리성실 Ri Song Sil | 2 | 0.2 |
| 70 | 김석철 Kim Sok Chol | 2 | 0.2 | 101 | 리성일 Ri Song Il | 2 | 0.2 |
| 71 | 김성남 Kim Song Nam | 2 | 0.2 | 102 | 리영옥 Ri Yong Ok | 2 | 0.2 |
| 72 | 김순희 Kim Sun Hui | 2 | 0.2 | 103 | 리창복 Ri Chang Bok | 2 | 0.2 |
| 73 | 김신길 Kim Sin Gil | 2 | 0.2 | 104 | 리철만 Ri Chol Man | 2 | 0.2 |
| 74 | 김영 Kim Yong | 2 | 0.2 | 105 | 리청일 Ri Chong Il | 2 | 0.2 |
| 75 | 김영금 Kim Yong Gum | 2 | 0.2 | 106 | 리춘란 Ri Chun Ran | 2 | 0.2 |
| 76 | 김영호 Kim Yong Ho | 2 | 0.2 | 107 | 리충성 Ri Chung Song | 2 | 0.2 |
| 77 | 김옥순 Kim Ok Sun | 2 | 0.2 | 108 | 림명길 Rim Myong Gil | 2 | 0.2 |
| 78 | 김옥향 Kim Ok Hyang | 2 | 0.2 | 109 | 문경호 Mun Kyong Ho | 2 | 0.2 |
| 79 | 김옥희 Kim Ok Hui | 2 | 0.2 | 110 | 박금성 Pak Kum Song | 2 | 0.2 |
| 80 | 김일창 Kim Il Chang | 2 | 0.2 | 111 | 박영미 Pak Yong Mi | 2 | 0.2 |
| 81 | 김정만 Kim Jong Man | 2 | 0.2 | 112 | 박영진 Pak Yong Jin | 2 | 0.2 |
| 82 | 김진숙 Kim Jin Suk | 2 | 0.2 | 113 | 박정원 Pak Jong Won | 2 | 0.2 |
| 83 | 김철 Kim Chol | 2 | 0.2 | 114 | 백승륭 Paek Sung Ryu | 2 | 0.2 |
| 84 | 김철남 Kim Chol Nam | 2 | 0.2 | 115 | 백원욱 Paek Won Uk | 2 | 0.2 |
| 85 | 김철룡 Kim Chol Ryon | 2 | 0.2 | 116 | 변광룡 Pyon Kwang yo | 2 | 0.2 |
| 86 | 김철종 Kim Chol Jong | 2 | 0.2 | 117 | 서옥련 So Ok Ryon | 2 | 0.2 |
| 87 | 김철호 Kim Chol Ho | 2 | 0.2 | 118 | 서준석 So Jun Sok | 2 | 0.2 |
| 88 | 김철훈 Kim Chol Hun | 2 | 0.2 | 119 | 손영철 Son Yong Chol | 2 | 0.2 |
| 89 | 김현정 Kim Hyon Jong | 2 | 0.2 | 120 | 송선옥 Song Son Ok | 2 | 0.2 |

| 번호 | 저자명 | 논문 수 | 퍼센트 | 번호 | 저자명 | 논문 수 | 퍼센트 |
|---|---|---|---|---|---|---|---|
| 121 | 송억현 Song Ok Hyon | 2 | 0.2 | 145 | 전명철 Jon Myong Cho | 2 | 0.2 |
| 122 | 송창신 Song Chang Si | 2 | 0.2 | 146 | 전승일 Jon Sung Il | 2 | 0.2 |
| 123 | 승철 Sung Chol | 2 | 0.2 | 147 | 정경복 Jong Kyong Bo | 2 | 0.2 |
| 124 | 신성길 Sin Song Gil | 2 | 0.2 | 148 | 정광현 Jong Kwang Hy | 2 | 0.2 |
| 125 | 심선숙 Sim Son Suk | 2 | 0.2 | 149 | 정광호 Jong Kwang Ho | 2 | 0.2 |
| 126 | 심용진 Sim Yong Jin | 2 | 0.2 | 150 | 정기연 Jong Ki Yon | 2 | 0.2 |
| 127 | 양선녀 Yang Son Nyo | 2 | 0.2 | 151 | 정영찬 Jong Yong Cha | 2 | 0.2 |
| 128 | 오형철 O Hyong Chol | 2 | 0.2 | 152 | 정화산 Jong Hwa San | 2 | 0.2 |
| 129 | 옥진성 Ok Jin Song | 2 | 0.2 | 153 | 조성철 Jo Song Chol | 2 | 0.2 |
| 130 | 우영섭 U Yong Sop | 2 | 0.2 | 154 | 조정철 Jo Jong Chol | 2 | 0.2 |
| 131 | 우원 U Won | 2 | 0.2 | 155 | 조주경 Jo Ju Gyong | 2 | 0.2 |
| 132 | 원리연 Won Ri Yon | 2 | 0.2 | 156 | 주영철 Ju Yong Chol | 2 | 0.2 |
| 133 | 유만철 Yu Man Chol | 2 | 0.2 | 157 | 주춘옥 Ju Chun Ok | 2 | 0.2 |
| 134 | 유학철 Yu Hak Chol | 2 | 0.2 | 158 | 지철남 Ji Chol Nam | 2 | 0.2 |
| 135 | 윤남진 Yun Nam Jin | 2 | 0.2 | 159 | 최동석 Choe Tong Sok | 2 | 0.2 |
| 136 | 윤명남 Yun Myong Nam | 2 | 0.2 | 160 | 최룡길 Choe Ryong Gi | 2 | 0.2 |
| 137 | 윤명환 Yun Myong Hwa | 2 | 0.2 | 161 | 최원옥 Choe Won Ok | 2 | 0.2 |
| 138 | 윤정현 Yun Jong Hyon | 2 | 0.2 | 162 | 허달윤 Ho Tal Yun | 2 | 0.2 |
| 139 | 임영민 Im Yong Min | 2 | 0.2 | 163 | 허명송 Ho Myong Song | 2 | 0.2 |
| 140 | 장룡섭 Jang Ryong So | 2 | 0.2 | 164 | 현명일 Hyon Myong Il | 2 | 0.2 |
| 141 | 장승진 Jang Sung Jin | 2 | 0.2 | 165 | 현철 Hyon Chol | 2 | 0.2 |
| 142 | 장승철 Jang Sung Cho | 2 | 0.2 | 166 | 홍성남 Hong Song Nam | 2 | 0.2 |
| 143 | 장철민 Jang Chol Man | 2 | 0.2 | 167 | 황명근 Hwang Myong G | 2 | 0.2 |
| 144 | 장학철 Jang Hak Chol | 2 | 0.2 | 168 | 황성일 Hwang Song Il | 2 | 0.2 |

### (3) 『통합』

『수학』과 『과학원통보』에 발표한 저자별 논문 현황(가나다순)

| 번호 | 저자명 | 논문 수 | 번호 | 저자명 | 논문 수 |
|---|---|---|---|---|---|
| 1 | 강금식 Kang Kum Sik | 1 | 32 | 고형수 Ko Hyong Su | 1 |
| 2 | 강리섭 Kang Ri Sop | 7 | 33 | 공련숙 Kong Ryon Suk | 1 |
| 3 | 강명채 Kang Myong Chae | 1 | 34 | 공진황 Kong Jin Hwang | 2 |
| 4 | 강명철 Kang Myong Chol | 2 | 35 | 공혜옥 Kong Hye Ok | 2 |
| 5 | 강성범 Kang Song Bom | 1 | 36 | 곽성남 Kwak Song Nam | 3 |
| 6 | 강성희 Kang Song Hui | 1 | 37 | 곽진호 Kwak Jin Ho | 1 |
| 7 | 강숭일 Kang Sung Il | 1 | 38 | 곽창만 Kwak Chang Man | 3 |
| 8 | 강애란 Kang Ae Ran | 1 | 39 | 곽창혁 Kwak Chang Hyok | 1 |
| 9 | 강영숙 Kang Yong Suk | 4 | 40 | 구금성 Ku Kum Song | 4 |
| 10 | 강영순 Kang Yong Sun | 1 | 41 | 구정란 Ku Jong Ran | 1 |
| 11 | 강인복 Kang In Bok | 1 | 42 | 국영만 Kuk Yong Man | 1 |
| 12 | 강정수 Kang Jong Su | 1 | 43 | 권리경 Kwon Ri Gyong | 1 |
| 13 | 강주황 Kang Ju Hwang | 1 | 44 | 권정희 Kwon Jong Hui | 2 |
| 14 | 강준영 Kang Jun Yong | 1 | 45 | 권혁준 Kwon Hyok Jun | 2 |
| 15 | 강진혁 Kang Jin Hyok | 3 | 46 | 권혁창 Kwon Hyok Chang | 1 |
| 16 | 강철룡 Kang Chol Ryong | 5 | 47 | 길광혁 Kil Kwang Hyok | 1 |
| 17 | 강철원 Kang Chol Won | 1 | 48 | 길원철 Kil Won Chol | 1 |
| 18 | 강태산 Kang Thae San | 2 | 49 | 김강일 Kim Kang Il | 2 |
| 19 | 강혁 Kang Hyok | 1 | 50 | 김강진 Kim Kang Jin | 2 |
| 20 | 강현실 Kang Hyon Sil | 1 | 51 | 김강훈 Kim Kang Hun | 1 |
| 21 | 계옥현 Kye Ok Hyon | 3 | 52 | 김걸 Kim Kol | 7 |
| 22 | 계진경 Kye Jin Gyong | 1 | 53 | 김경섭 Kim Kyong Sop | 1 |
| 23 | 고광철 Ko Kwang Chol | 1 | 54 | 김경수 Kim Kyong Su | 1 |
| 24 | 고덕삼 Ko Tok Sam | 2 | 55 | 김경순 Kim Kyong Sun | 2 |
| 25 | 고룡남 Ko Ryong Nam | 1 | 56 | 김경일 Kim Kyong Il | 3 |
| 26 | 고명환 Ko Myong Hwan | 2 | 57 | 김경철 Kim Kyong Chol | 9 |
| 27 | 고수하 Ko Su Ha | 3 | 58 | 김경호 Kim Kyong Ho | 1 |
| 28 | 고영희 Ko Yong Hui | 1 | 59 | 김경희 Kim Kyong Hui | 8 |
| 29 | 고윤희 Ko Yun Hui | 2 | 60 | 김관무 Kim Kwan Mu | 1 |
| 30 | 고철명 Ko Chol Myong | 1 | 61 | 김관일 Kim Kwan Il | 1 |
| 31 | 고철복 Ko Chol Bok | 4 | 62 | 김광남 Kim Kwang Nam | 2 |

| 번호 | 저자명 | 논문 수 | 번호 | 저자명 | 논문 수 |
|---|---|---|---|---|---|
| 63 | 김광선 Kim Kwang Son | 1 | 97 | 김만수 Kim Man Su | 1 |
| 64 | 김광성 Kim Kwang Song | 1 | 98 | 김명광 Kim Myong Gwang | 2 |
| 65 | 김광연 Kim Gwang Yon | 1 | 99 | 김명균 Kim Myong Gyun | 1 |
| 66 | 김광일 Kim Kwang Il | 9 | 100 | 김명범 Kim Myong Bom | 3 |
| 67 | 김광철 Kim Kwang Chol | 3 | 101 | 김명선 Kim Myong Son | 2 |
| 68 | 김광학 Kim Kwang Hak | 1 | 102 | 김명성 Kim Myong Song | 2 |
| 69 | 김광호 Kim Kwang Ho | 10 | 103 | 김명일 Kim Myong Il | 4 |
| 70 | 김광훈 Kim Kwang Hun | 2 | 104 | 김명준 Kim Myong Jun | 4 |
| 71 | 김교창 Kim Kyo Chang | 1 | 105 | 김명진 Kim Myong Jin | 4 |
| 72 | 김국철 Kim Kuk Chol | 2 | 106 | 김명찬 Kim Myong Chan | 2 |
| 73 | 김국환 Kim Kuk Hwan | 1 | 107 | 김명하 Kim Myong Ha | 6 |
| 74 | 김권일 Kim Kwon Il | 2 | 108 | 김명호 Kim Myong Ho | 1 |
| 75 | 김귀순 Kim Kwi Sun | 1 | 109 | 김명화 Kim Myong Hwa | 1 |
| 76 | 김금철 Kim Kum Chol | 1 | 110 | 김명환 Kim Myong Hwan | 2 |
| 77 | 김금혁 Kim Kum Hyok | 1 | 111 | 김명희 Kim Myong Hui | 2 |
| 78 | 김기렬 Kim Ki Ryol | 1 | 112 | 김모란 Kim Mo Ran | 2 |
| 79 | 김기준 Kim Ki Jun | 1 | 113 | 김무영 Kim Mu Yong | 1 |
| 80 | 김남웅 Kim Nam Ung | 1 | 114 | 김문철 Kim Mun Chol | 4 |
| 81 | 김남철 Kim Nam Chol | 1 | 115 | 김미순 Kim Mi Sun | 1 |
| 82 | 김남혁 Kim Nam Hyok | 2 | 116 | 김병배 Kim Pyong Bae | 11 |
| 83 | 김대성 Kim Tae Song | 1 | 117 | 김병수 Kim Pyong Su | 1 |
| 84 | 김동광 Kim Tong Gwang | 1 | 118 | 김사영 Kim Sa Yong | 2 |
| 85 | 김동길 Kim Tong Gil | 1 | 119 | 김상림 Kim Sang Rim | 2 |
| 86 | 김동일 Kim Tong Il | 1 | 120 | 김상문 Kim Sang Mun | 3 |
| 87 | 김동천 Kim Tong Chon | 2 | 121 | 김상애 Kim Sang Ae | 5 |
| 88 | 김동혁 Kim Tong Hyok | 1 | 122 | 김상철 Kim Sang Chol | 2 |
| 89 | 김동호 Kim Tong Ho | 1 | 123 | 김서인 Kim So In | 6 |
| 90 | 김두진 Kim Tu Jin | 14 | 124 | 김석진 Kim Sok Jin | 1 |
| 91 | 김두학 Kim Tu Hak | 1 | 125 | 김석찬 Kim Sok Chan | 1 |
| 92 | 김룡국 Kim Ryong Guk | 1 | 126 | 김석철 Kim Sok Chol | 2 |
| 93 | 김룡진 Kim Ryong Jin | 3 | 127 | 김선미 Kim Son Mi | 2 |
| 94 | 김룡철 Kim Ryong Chol | 1 | 128 | 김선웅 Kim Son Ung | 1 |
| 95 | 김률 Kim Ryul | 6 | 129 | 김선주 Kim Son Ju | 1 |
| 96 | 김만부 Kim Man Bu | 1 | 130 | 김설희 Kim Sol Hui | 2 |

| 번호 | 저자명 | 논문 수 | 번호 | 저자명 | 논문 수 |
|---|---|---|---|---|---|
| 131 | 김성광 Kim Song Gwang | 3 | 165 | 김영주 Kim Yong Ju | 1 |
| 132 | 김성남 Kim Song Nam | 2 | 166 | 김영진 Kim Yong Jin | 1 |
| 133 | 김성덕 Kim Song Dok | 1 | 167 | 김영철 Kim Yong Chol | 2 |
| 134 | 김성룡 Kim Song Ryong | 1 | 168 | 김영춘 Kim Yong Chun | 1 |
| 135 | 김성봉 Kim Song Bong | 1 | 169 | 김영호 Kim Yong Ho | 9 |
| 136 | 김성열 Kim Song Yol | 1 | 170 | 김영훈 Kim Yong Hun | 3 |
| 137 | 김성윤 Kim Song Yun | 3 | 171 | 김영희 Kim Yong Hui | 1 |
| 138 | 김성일 Kim Song Il | 1 | 172 | 김옥 Kim Ok | 1 |
| 139 | 김성진 Kim Song Jin | 3 | 173 | 김옥성 Kim Ok Song | 1 |
| 140 | 김성철 Kim Song Chol | 3 | 174 | 김옥순 Kim Ok Sun | 2 |
| 141 | 김성학 Kim Song Hak | 1 | 175 | 김옥향 Kim Ok Hyang | 2 |
| 142 | 김성혁 Kim Song Hyok | 1 | 176 | 김옥희 Kim Ok Hui | 2 |
| 143 | 김성화 Kim Song Hwa | 2 | 177 | 김용식 Kim Yong Sik | 1 |
| 144 | 김성훈 Kim Song Hun | 3 | 178 | 김용진 Kim Yong Jin | 5 |
| 145 | 김성희 Kim Song Hui | 1 | 179 | 김웅 Kim Ung | 1 |
| 146 | 김세근 Kim Se Gun | 5 | 180 | 김원제 Kim Won Je | 1 |
| 147 | 김송일 Kim Song Il | 1 | 181 | 김유성 Kim Yu Song | 1 |
| 148 | 김순복 Kim Sun Bok | 2 | 182 | 김유일 Kim Yu Il | 2 |
| 149 | 김순실 Kim Sun Sil | 2 | 183 | 김윤길 Kim Yun Gil | 20 |
| 150 | 김순철 Kim Sun Chol | 2 | 184 | 김윤미 Kim Yun Mi | 6 |
| 151 | 김순호 Kim Sun Ho | 6 | 185 | 김윤철 Kim Yun Chol | 9 |
| 152 | 김순희 Kim Sun Hui | 2 | 186 | 김은경 Kim Un Gyong | 3 |
| 153 | 김승규 Kim Sung Gyu | 2 | 187 | 김은래 Kim Un Rae | 1 |
| 154 | 김승원 Kim Sung Won | 2 | 188 | 김은실 Kim Un Sil | 1 |
| 155 | 김승일 Kim Sung Il | 2 | 189 | 김은심 Kim Un Sim | 1 |
| 156 | 김신길 Kim Sin Gil | 2 | 190 | 김은철 Kim Un Chol | 5 |
| 157 | 김영 Kim Yong | 9 | 191 | 김은표 Kim Un Phyo | 1 |
| 158 | 김영금 Kim Yong Gum | 2 | 192 | 김은하 Kim Un Ha | 1 |
| 159 | 김영남 Kim Yong Nam | 1 | 193 | 김은혁 Kim Un Hyok | 1 |
| 160 | 김영삼 Kim Yong Sam | 2 | 194 | 김을현 Kim Ul Hyon | 1 |
| 161 | 김영성 Kim Yong Song | 1 | 195 | 김익권 Kim Ik Gwon | 1 |
| 162 | 김영수 Kim Yong Su | 1 | 196 | 김익선 Kim Ik Son | 4 |
| 163 | 김영수 Kim Yong Su | 1 | 197 | 김인봉 Kim In Bong | 2 |
| 164 | 김영재 Kim Yong Jae | 1 | 198 | 김인철 Kim In Chol | 2 |

| 번호 | 저자명 | 논문 수 | 번호 | 저자명 | 논문 수 |
|---|---|---|---|---|---|
| 199 | 김일국 Kim Il Guk | 2 | 233 | 김철국 Kim Chol Guk | 2 |
| 200 | 김일창 Kim Il Chang | 2 | 234 | 김철남 Kim Chol Nam | 3 |
| 201 | 김장영 Kim Jang Yong | 1 | 235 | 김철룡 Kim Chol Ryong | 3 |
| 202 | 김재금 Kim Jae Gum | 2 | 236 | 김철림 Kim Chol Rim | 1 |
| 203 | 김재문 Kim Jae Mun | 2 | 237 | 김철수 Kim Chol Su | 5 |
| 204 | 김재원 Kim Jae Won | 1 | 238 | 김철식 Kim Chol Sik | 1 |
| 205 | 김정길 Kim Jong Gil | 2 | 239 | 김철종 Kim Chol Jong | 2 |
| 206 | 김정만 Kim Jong Man | 2 | 240 | 김철준 Kim Chol Jun | 2 |
| 207 | 김정실 Kim Jong Sil | 4 | 241 | 김철학 Kim Chol Hak | 1 |
| 208 | 김정진 Kim Jong Jin | 1 | 242 | 김철혁 Kim Chol Hyok | 2 |
| 209 | 김정철 Kim Jong Chol | 1 | 243 | 김철호 Kim Chol Ho | 3 |
| 210 | 김정혁 Kim Jong Hyok | 4 | 244 | 김철환 Kim Chol Hwan | 2 |
| 211 | 김정회 Kim Jong Hoi | 2 | 245 | 김철훈 Kim Chol Hun | 2 |
| 212 | 김정희 Kim Jong Hui | 1 | 246 | 김추길 Kim Chu Gil | 2 |
| 213 | 김종성 Kim Jong Song | 5 | 247 | 김치명 Kim Chi Myong | 1 |
| 214 | 김종윤 Kim Jong Yun | 5 | 248 | 김택종 Kim Thaek Jong | 4 |
| 215 | 김종철 Kim Jong Chol | 2 | 249 | 김평남 Kim Pyong Nam | 1 |
| 216 | 김주경 Kim Ju Gyong | 6 | 250 | 김평일 Kim Phyong Il | 1 |
| 217 | 김준남 Kim Jun Nam | 1 | 251 | 김학선 Kim Hak Son | 1 |
| 218 | 김준용 Kim Jun Yong | 3 | 252 | 김학성 Kim Hak Song | 1 |
| 219 | 김준철 Kim Jun Chol | 1 | 253 | 김학철 Kim Hak Chol | 1 |
| 220 | 김준혁 Kim Jun Hyok | 1 | 254 | 김학필 Kim Hak Phil | 1 |
| 221 | 김진경 Kim Jin Gyong | 1 | 255 | 김해광 Kim Hae Gwang | 2 |
| 222 | 김진명 Kim Jin Myong | 3 | 256 | 김혁철 Kim Hyok Chol | 2 |
| 223 | 김진수 Kim Jin Su | 1 | 257 | 김현국 Kim Hyon Guk | 1 |
| 224 | 김진숙 Kim Jin Suk | 2 | 258 | 김현수 Kim Hyon Su | 1 |
| 225 | 김진철 Kim Jin Chol | 2 | 259 | 김현일 Kim Hyon Il | 1 |
| 226 | 김창민 Kim Chang Min | 4 | 260 | 김현정 Kim Hyon Jong | 2 |
| 227 | 김창선 Kim Chang Son | 5 | 261 | 김현철 Kim Hyon Chol | 3 |
| 228 | 김창일 Kim Chang Il | 3 | 262 | 김현희 Kim Hyon Hui | 1 |
| 229 | 김창진 Kim Chang Jin | 1 | 263 | 김형필 Kim Hyong Pil | 1 |
| 230 | 김천을 Kim Chon Ul | 5 | 264 | 김혜순 Kim Hye Sun | 2 |
| 231 | 김천일 Kim Chon Il | 1 | 265 | 김호석 Kim Ho Sok | 2 |
| 232 | 김철 Kim Chol | 4 | 266 | 김호철 Kim Ho Chol | 4 |

| 번호 | 저자명 | 논문 수 | 번호 | 저자명 | 논문 수 |
|---|---|---|---|---|---|
| 267 | 김훙규 Kim Hung Gyu | 2 | 301 | 류경수 Ryu Kyong Su | 1 |
| 268 | 김홍도 Kim Hong Do | 2 | 302 | 류경식 Ryu Kyong Sik | 1 |
| 269 | 김홍룡 Kim Hong Ryong | 1 | 303 | 류동근 Ryu Tong Gun | 1 |
| 270 | 김홍성 Kim Hong Song | 1 | 304 | 류만철 Ryu Man Chol | 2 |
| 271 | 김화숙 Kim Hwa Suk | 1 | 305 | 류성근 Ryu Song Gun | 1 |
| 272 | 김흥규 Kim Hung Gyu | 7 | 306 | 류영철 Ryu Yong Chol | 3 |
| 273 | 김흥룡 Kim Hong Ryong | 1 | 307 | 류옥남 Ryu Ok Nam | 1 |
| 274 | 김희숙 Kim Hui Suk | 1 | 308 | 류은성 Ryu Un Song | 1 |
| 275 | 남궁균 Nam Kung Gyun | 1 | 309 | 류일형 Ryu Il Hyong | 6 |
| 276 | 남궁진 Nam Kung Jin | 1 | 310 | 류재관 Ryu Jae Gwan | 1 |
| 277 | 남선희 Nam Son Hui | 1 | 311 | 류춘옥 Ryu Chun Ok | 2 |
| 278 | 남영철 Nam Yong Chol | 2 | 312 | 류태원 Ryu Thae Won | 10 |
| 279 | 도정철 To Jong Chol | 3 | 313 | 류해동 Ryu Hae Dong | 10 |
| 280 | 독고혜영 Tokgo Hye Yon | 1 | 314 | 류해춘 Ryu Hae Chun | 1 |
| 281 | 동남일 Tong Nam Il | 1 | 315 | 리강일 Ri Kang Il | 1 |
| 282 | 동영희 Tong Yong Hui | 2 | 316 | 리강혁 Ri Kang Hyok | 1 |
| 283 | 라광철 Ra Gwang Chol | 1 | 317 | 리경룡 Ri Kyong Ryong | 3 |
| 284 | 라동선 Ra Tong Son | 1 | 318 | 리경식 Ri Kyong Sik | 4 |
| 285 | 라성민 Ra Song Min | 1 | 319 | 리관성 Ri Kwang Song | 1 |
| 286 | 라영남 Ra Yong Nam | 3 | 320 | 리관호 Ri Kwan Ho | 1 |
| 287 | 라현길 Ra Hyon Gil | 1 | 321 | 리광 Ri Kwang | 2 |
| 288 | 량서연 Ryang So Yon | 4 | 322 | 리광령 Ri Kwang Ryong | 1 |
| 289 | 량승현 Ryang Sung Hyon | 1 | 323 | 리광룡 Ri Kwang Ryong | 1 |
| 290 | 량지성 Ryang Ji Song | 2 | 324 | 리광석 Ri Kwang Sok | 1 |
| 291 | 량해옥 Ryang Hae Ok | 1 | 325 | 리광선 Ri Kwang Son | 1 |
| 292 | 량희웅 Ryang Hui Ung | 3 | 326 | 리광식 Ri Kwang Sik | 1 |
| 293 | 렴광국 Ryom Kwang Guk | 2 | 327 | 리광원 Ri Kwang Won | 2 |
| 294 | 렴성복 Ryom Song Bok | 1 | 328 | 리광일 Ri Kwang Il | 5 |
| 295 | 로봉현 Ro Pong Hyon | 3 | 329 | 리광주 Ri Kwang Ju | 2 |
| 296 | 로상철 Ro Sang Chol | 1 | 330 | 리광진 Ri Kwang Jin | 1 |
| 297 | 로영화 Ro Yong Hwa | 2 | 331 | 리광철 Ri Kwang Chol | 2 |
| 298 | 로웅길 Ro Ung Gil | 1 | 332 | 리근배 Ri Kun Bae | 2 |
| 299 | 로원명 Ro Won Myong | 2 | 333 | 리근영 Ri Kun Yong | 1 |
| 300 | 로철연 Ro Chol Yon | 1 | 334 | 리근철 Ri Kun Chol | 2 |

| 번호 | 저자명 | 논문 수 | 번호 | 저자명 | 논문 수 |
|---|---|---|---|---|---|
| 335 | 리금별 Ri Kum Byol | 2 | 369 | 리성호 Ri Song Ho | 4 |
| 336 | 리금산 Ri Kum San | 2 | 370 | 리성훈 Ri Song Hun | 2 |
| 337 | 리금환 Ri Kum Hwan | 1 | 371 | 리수복 Ri Su Bok | 1 |
| 338 | 리금희 Ri Kum Hui | 1 | 372 | 리숙영 Ri Suk Yong | 1 |
| 339 | 리기원 Ri Ki Won | 1 | 373 | 리순경 Li Sun Gyong | 1 |
| 340 | 리남수 Ri Nam Su | 2 | 374 | 리순경 Ri Sun Gyong | 2 |
| 341 | 리대경 Ri Tae Gyong | 2 | 375 | 리순경 Ri Sung Gyong | 1 |
| 342 | 리덕남 Ri Tok Nam | 13 | 376 | 리순복 Ri Sun Bok | 1 |
| 343 | 리덕만 Ri Tok Man | 10 | 377 | 리승현 Ri Sung Hyon | 8 |
| 344 | 리동섭 Ri Tong Sop | 2 | 378 | 리신림 Ri Sin Rim | 1 |
| 345 | 리동철 Ri Tong Chol | 1 | 379 | 리연숙 Ri Yon Suk | 1 |
| 346 | 리동훈 Ri Tong Hun | 1 | 380 | 리연화 Ri Yon Hwa | 1 |
| 347 | 리만득 Ri Man Duk | 1 | 381 | 리영건 Ri Yong Gon | 5 |
| 348 | 리명순 Ri Myong Sun | 1 | 382 | 리영실 Ri Yong Sil | 1 |
| 349 | 리명옥 Ri Myong Ok | 2 | 383 | 리영옥 Ri Yong Ok | 2 |
| 350 | 리명철 Ri Myong Chol | 1 | 384 | 리영호 Ri Yong Ho | 1 |
| 351 | 리명환 Ri Myong Hwan | 1 | 385 | 리영훈 Ri Yong Hun | 2 |
| 352 | 리명훈 Ri Myong Hun | 1 | 386 | 리오희 Ri O Hui | 1 |
| 353 | 리문일 Ri Mun Il | 1 | 387 | 리옥실 Ri Ok Sil | 3 |
| 354 | 리문철 Ri Mun Chol | 1 | 388 | 리운석 Ri Un Sok | 1 |
| 355 | 리문혁 Ri Mun Hyok | 1 | 389 | 리웅걸 Ri Ung Gol | 1 |
| 356 | 리미경 Ri Mi Gyong | 2 | 390 | 리원준 Ri Won Jun | 1 |
| 357 | 리미려 Ri Mi Ryo | 2 | 391 | 리원학 Ri Won Hak | 3 |
| 358 | 리병억 Ri Pyong Ok | 1 | 392 | 리원호 Ri Won Ho | 1 |
| 359 | 리병학 Ri Pyong Hak | 2 | 393 | 리윤호 Ri Yun Ho | 2 |
| 360 | 리봉철 Ri Pong Chol | 1 | 394 | 리은성 Ri Un Song | 2 |
| 361 | 리상철 Ri Sang Chol | 2 | 395 | 리은하 Ri Un Ha | 1 |
| 362 | 리생용 Ri Saeng Yong | 3 | 396 | 리응훈 Ri Ung Hun | 3 |
| 363 | 리선희 Ri Son Hui | 2 | 397 | 리인성 Ri In Song | 1 |
| 364 | 리성민 Ri Song Min | 1 | 398 | 리인철 Ri In Chol | 3 |
| 365 | 리성수 Ri Song Su | 1 | 399 | 리일용 Ri Il Yong | 1 |
| 366 | 리성식 Ri Song Sik | 1 | 400 | 리일철 Ri Il Chol | 2 |
| 367 | 리성실 Ri Song Sil | 3 | 401 | 리일혁 Ri Il Hyok | 2 |
| 368 | 리성일 Ri Song Il | 4 | 402 | 리장성 Ri Jang Song | 2 |

| 번호 | 저자명 | 논문 수 | 번호 | 저자명 | 논문 수 |
|---|---|---|---|---|---|
| 403 | 리정길 Ri Jong Gil | 2 | 437 | 리태성 Ri Thae Song | 1 |
| 404 | 리정렬 Ri Jong Yol | 1 | 438 | 리태웅 Ri Thae Ung | 2 |
| 405 | 리정림 Ri Jong Rim | 1 | 439 | 리태진 Ri Thae Jin | 4 |
| 406 | 리정수 Ri Jong Su | 2 | 440 | 리필주 Ri Phil Ju | 2 |
| 407 | 리정혁 Ri Jong Hyok | 1 | 441 | 리학렬 Ri Hak Ryol | 8 |
| 408 | 리정호 Ri Jong Ho | 2 | 442 | 리한철 Ri Han Chol | 1 |
| 409 | 리조양 Ri Jo Yang | 6 | 443 | 리해엽 Ri Hae Yop | 2 |
| 410 | 리종욱 Ri Jong Uk | 12 | 444 | 리헌수 Ri Hon Su | 4 |
| 411 | 리종일 Ri Jong Il | 1 | 445 | 리현덕 Ri Hyon Dok | 1 |
| 412 | 리종혁 Ri Jong Hyok | 2 | 446 | 리현수 Ri Hyon Su | 1 |
| 413 | 리준혁 Ri Jun Hyok | 2 | 447 | 리현술 Ri Hyon Sul | 2 |
| 414 | 리진명 Ri Jin Myong | 5 | 448 | 리현옥 Ri Hyon Ok | 5 |
| 415 | 리진우 Ri Jin U | 1 | 449 | 리현철 Ri Hyon Chol | 1 |
| 416 | 리창균 Ri Chang Gyun | 1 | 450 | 리형우 Ri Hyong U | 1 |
| 417 | 리창민 Ri Chang Min | 3 | 451 | 리혜성 Ri Hye Song | 4 |
| 418 | 리창복 Ri Chang Bok | 7 | 452 | 리호림 Ri Ho Rim | 1 |
| 419 | 리창애 Ri Chang Ae | 1 | 453 | 리홍일 Ri Hong Il | 1 |
| 420 | 리철 Ri Chol | 4 | 454 | 리희균 Ri Hui Gyun | 1 |
| 421 | 리철균 Ri Chol Gyun | 1 | 455 | 림경진 Rim Kyong Jin | 2 |
| 422 | 리철만 Ri Chol Man | 2 | 456 | 림광락 Rim Kwang Rak | 1 |
| 423 | 리철민 Ri Chol Min | 3 | 457 | 림광서 Rim Kwang So | 2 |
| 424 | 리철옥 Ri Chol Ok | 1 | 458 | 림길호 Rim Kil Ho | 1 |
| 425 | 리철용 Ri Chol Yong | 2 | 459 | 림명길 Rim Myong Gil | 5 |
| 426 | 리철준 Ri Chol Jun | 1 | 460 | 림시렬 Rim Si Ryol | 1 |
| 427 | 리철진 Ri Chol Jin | 1 | 461 | 림연옥 Rim Yon Ok | 2 |
| 428 | 리철해 Ri Chol Hae | 1 | 462 | 림영성 Rim Yong Song | 3 |
| 429 | 리철호 Ri Chol Ho | 1 | 463 | 림용금 Rim Yong Gum | 1 |
| 430 | 리청일 Ri Chong Il | 2 | 464 | 림윤철 Rim Yun Chol | 2 |
| 431 | 리춘란 Ri Chun Ran | 3 | 465 | 림은순 Rim Un Sun | 5 |
| 432 | 리춘성 Ri Chun Song | 1 | 466 | 림인복 Rim In Bok | 1 |
| 433 | 리춘언 Ri Chun On | 1 | 467 | 림정남 Lim Jong Nam | 1 |
| 434 | 리충록 Ri Chung Rok | 1 | 468 | 림창일 Rim Chang Il | 1 |
| 435 | 리충성 Ri Chung Song | 2 | 469 | 림창호 Rim Chang Ho | 2 |
| 436 | 리치원 Ri Chi Won | 8 | 470 | 림학성 Rim Hak Song | 1 |

| 번호 | 저자명 | 논문 수 | 번호 | 저자명 | 논문 수 |
|---|---|---|---|---|---|
| 471 | 림향화 Rim Hyang Hwa | 1 | 505 | 박봉철 Pak Pong Chol | 1 |
| 472 | 림호 Rim Ho | 2 | 506 | 박삼혁 Pak Sam Hyok | 2 |
| 473 | 명금철 Myong Kum Chol | 4 | 507 | 박설순 Pak Sol Sun | 2 |
| 474 | 명성남 Myong Song Nam | 1 | 508 | 박성룡 Pak Song Ryong | 2 |
| 475 | 명찬길 Myong Chan Gil | 2 | 509 | 박성복 Pak Song Bok | 1 |
| 476 | 문경미 Mun Kyong Mi | 2 | 510 | 박성일 Pak Song Il | 3 |
| 477 | 문경민 Mun Kyong Min | 2 | 511 | 박성재 Pak Song Jae | 1 |
| 478 | 문경호 Mun Kyong Ho | 2 | 512 | 박성철 Pak Song Chol | 1 |
| 479 | 문광진 Mun Kwang Jin | 2 | 513 | 박성학 Pak Song Hak | 1 |
| 480 | 문광철 Mun Kwang Chol | 1 | 514 | 박송욱 Pak Song Uk | 2 |
| 481 | 문창일 Mun Chang Il | 2 | 515 | 박순일 Pak Sun Il | 1 |
| 482 | 문철 Mun Chol | 2 | 516 | 박승삼 Pak Sung Sam | 1 |
| 483 | 문현배 Mun Hyon Bae | 1 | 517 | 박연희 Pak Yon Hui | 3 |
| 484 | 문현수 Mun Hyon Su | 1 | 518 | 박영미 Pak Yong Mi | 2 |
| 485 | 문희남 Mun Hui Nam | 2 | 519 | 박영실 Pak Yong Sil | 1 |
| 486 | 문희철 Mun Hui Chol | 1 | 520 | 박영일 Pak Yong Il | 1 |
| 487 | 민성기 Min Song Gi | 1 | 521 | 박영진 Pak Yong Jin | 2 |
| 488 | 민철림 Min Chol Rim | 3 | 522 | 박영철 Pak Yong Chol | 3 |
| 489 | 민홍기 Min Hong Ki | 1 | 523 | 박용준 Pak Yong Jun | 2 |
| 490 | 박경수 Pak Kyong Su | 1 | 524 | 박원국 Pak Won Guk | 1 |
| 491 | 박경철 Pak Kyong Chol | 2 | 525 | 박유석 Pak Yu Sok | 2 |
| 492 | 박광일 Pak Kwang Il | 4 | 526 | 박윤강 Pak Yun Gang | 1 |
| 493 | 박금성 Pak Kum Song | 2 | 527 | 박윤복 Pak Yun Bok | 2 |
| 494 | 박길성 Pak Kil Song | 1 | 528 | 박윤호 Pak Yun Ho | 2 |
| 495 | 박남령 Pak Nam Ryong | 1 | 529 | 박은숙 Pak Un Suk | 3 |
| 496 | 박남혁 Pak Nam Hyok | 1 | 530 | 박은순 Pak Un Sun | 1 |
| 497 | 박대성 Pak Tae Song | 2 | 531 | 박일남 Pak Il Nam | 1 |
| 498 | 박대영 Pak Tae Yong | 1 | 532 | 박일룡 Pak Il Ryong | 1 |
| 499 | 박두호 Pak Tu Ho | 1 | 533 | 박일영 Pak Il Yong | 2 |
| 500 | 박룡철 Pak Ryong Chol | 3 | 534 | 박일철 Pak Il Chol | 1 |
| 501 | 박명일 Pak Myong Il | 1 | 535 | 박정옥 Pak Jong Ok | 1 |
| 502 | 박명철 Pak Myong Chol | 2 | 536 | 박정원 Pak Jong Won | 2 |
| 503 | 박명학 Pak Myong Hak | 1 | 537 | 박정철 Pak Jong Chol | 1 |
| 504 | 박병성 Pak Pyong Song | 1 | 538 | 박진성 Pak Jin Song | 1 |

| 번호 | 저자명 | 논문 수 | 번호 | 저자명 | 논문 수 |
|---|---|---|---|---|---|
| 539 | 박찬빈 Pak Chan Bin | 2 | 573 | 백윤철 Paek Yun Chol | 1 |
| 540 | 박철림 Pak Chol Rim | 1 | 574 | 백정숙 Paek Jong Suk | 1 |
| 541 | 박철만 Pak Chol Man | 1 | 575 | 백찬영 Paek Chan Yong | 3 |
| 542 | 박철우 Pak Chol U | 1 | 576 | 백흠찬 Paek Hum Chan | 1 |
| 543 | 박철혁 Pak Chol Hyok | 1 | 577 | 변경훈 Pyon Kyong Nun | 1 |
| 544 | 박철홍 Pak Chol Hong | 17 | 578 | 변광룡 Pyon Kwang yong | 2 |
| 545 | 박춘일 Pak Chun Il | 1 | 579 | 서강호 So Kang Ho | 1 |
| 546 | 박태문 Pak Thae Mun | 1 | 580 | 서경애 So Kyong Ae | 2 |
| 547 | 박태제 Pak Thae Je | 5 | 581 | 서기영 So Ki Yong | 1 |
| 548 | 박혁철 Pak Hyok Chol | 2 | 582 | 서봉학 So Pong Hak | 6 |
| 549 | 박현철 Pak Hyon Chol | 1 | 583 | 서영구 So Yong Gu | 1 |
| 550 | 박현희 Pak Hyon Hui | 3 | 584 | 서영남 So Yong Nam | 3 |
| 551 | 박호남 Pak Ho Nam | 1 | 585 | 서영옥 So Yong Ok | 3 |
| 552 | 박호익 Pak Ho Ik | 1 | 586 | 서옥련 So Ok Ryon | 2 |
| 553 | 박화성 Pak Hwa Song | 1 | 587 | 서정식 So Jong Sik | 1 |
| 554 | 박희철 Pak Hui Chol | 1 | 588 | 서준석 So Jun Sok | 4 |
| 555 | 반정철 Pan Jong Chol | 1 | 589 | 서창수 So Chang Su | 1 |
| 556 | 방승선 Pang Sung Son | 6 | 590 | 서혁만 So Hyok Man | 1 |
| 557 | 방윤철 Pang Yun Chol | 1 | 591 | 석영심 Sok Yong Sim | 2 |
| 558 | 방은실 Pang Un Sil | 1 | 592 | 석철수 Sok Chol Su | 1 |
| 559 | 방주현 Pang Ju Hyon | 1 | 593 | 성동규 Song Thong Gyu | 1 |
| 560 | 방지순 Pang Ji Sun | 2 | 594 | 소홍철 So Hong Chol | 1 |
| 561 | 방혁철 Pang Hyok Chol | 2 | 595 | 손광 Son Gwang | 1 |
| 562 | 배남철 Pae Nam Chol | 1 | 596 | 손금철 Son Kum Chol | 2 |
| 563 | 배성한 Pae Song Han | 1 | 597 | 손남진 Son Nam Jin | 1 |
| 564 | 배청남 Pae Chong Nam | 2 | 598 | 손룡철 Son Ryong Chol | 1 |
| 565 | 배현숙 Pae Hyon Suk | 1 | 599 | 손영철 Son Yong Chol | 12 |
| 566 | 방주현 Pang Ju Hyon | 1 | 600 | 손용국 Son Yong Guk | 1 |
| 567 | 방지순 Pang Ji Sun | 2 | 601 | 송남철 Song Nam Chol | 1 |
| 568 | 배현애 Pae Hyon Ae | 1 | 602 | 송선옥 Song Son Ok | 3 |
| 569 | 백기찬 Paek Ki Chan | 1 | 603 | 송성남 Song Song Nam | 1 |
| 570 | 백승룡 Paek Sung Ryung | 2 | 604 | 송억현 Song Ok Hyon | 3 |
| 571 | 백영민 Paek Yong Min | 1 | 605 | 송영남 Song Yong Nam | 1 |
| 572 | 백원욱 Paek Won Uk | 2 | 606 | 송인철 Song In Chol | 1 |

| 번호 | 저자명 | 논문 수 | 번호 | 저자명 | 논문 수 |
|---|---|---|---|---|---|
| 607 | 송창신 Song Chang Sin | 2 | 641 | 안광수 An Kwang Su | 1 |
| 608 | 송창호 Song Chang Ho | 27 | 642 | 안동철 An Tong Chol | 1 |
| 609 | 송철수 Song Chol Su | 2 | 643 | 안순영 An Sun Yong | 1 |
| 610 | 송현준 Song Hyon Jun | 1 | 644 | 안예성 An Ye Song | 1 |
| 611 | 송혜영 Song Hye Yong | 1 | 645 | 안윤식 An Yun Sik | 2 |
| 612 | 승금란 Sung Kum Ran | 1 | 646 | 안윤호 An Yun Ho | 1 |
| 613 | 승철 Sung Chol | 2 | 647 | 안인철 An In Chol | 1 |
| 614 | 신경남 Sim Kyong Nam | 2 | 648 | 안재철 An Jae Chol | 1 |
| 615 | 신기남 Sin Ki Nam | 1 | 649 | 안재현 An Jae Hyon | 7 |
| 616 | 신동열 Sin Tong Yol | 2 | 650 | 안창권 An Chang Gwon | 1 |
| 617 | 신란희 Sin Ran Hui | 1 | 651 | 안철호 An Chol Ho | 3 |
| 618 | 신명국 Sin Myong Guk | 3 | 652 | 안철훈 An Chol Hun | 1 |
| 619 | 신문철 Sin Mun Chol | 3 | 653 | 안혜영 An Hye Yong | 1 |
| 620 | 신상복 Sin Sang Bok | 2 | 654 | 양선녀 Yang Son Nyo | 2 |
| 621 | 신선진 Sin Son Jin | 1 | 655 | 양원철 Yang Won Chol | 1 |
| 622 | 신설송 Sin Sol Song | 1 | 656 | 양윤길 Yang Yun Gil | 3 |
| 623 | 신성길 Sin Song Gil | 2 | 657 | 양철수 Yang Chol Su | 2 |
| 624 | 신세흥 Sin Se Hung | 1 | 658 | 양충일 Yang Chung Il | 1 |
| 625 | 신영기 Sin Yong Gi | 2 | 659 | 엄일권 Om Il Gwon | 1 |
| 626 | 신영히 Sin Yong Hi | 1 | 660 | 엄정철 Om Jong Chol | 1 |
| 627 | 신용설 Sin Yong Sol | 1 | 661 | 엄창국 Om Chang Guk | 1 |
| 628 | 신웅일 Sin Ung Il | 4 | 662 | 엄철진 Om Chol Jin | 2 |
| 629 | 신창현 Sin Chang Hyon | 4 | 663 | 엄형수 Om Hyong Su | 2 |
| 630 | 신철민 Sin Chol Min | 2 | 664 | 여영호 Yo Yong Ho | 2 |
| 631 | 신세흥 Sin Se Hung | 1 | 665 | 연철 Yun Chol | 1 |
| 632 | 신철순 Sin Chol Sun | 3 | 666 | 오경일 O Kyong Il | 2 |
| 633 | 신철호 Sin Chol Ho | 4 | 667 | 오경철 O Kyong Chol | 1 |
| 634 | 심선숙 Sim Son Suk | 13 | 668 | 오관일 O Kwan Il | 1 |
| 635 | 심성호 Sim Song Ho | 2 | 669 | 오광남 O Kwang Nam | 1 |
| 636 | 심영진 Sim Yong Jin | 2 | 670 | 오금석 O Kum Sok | 1 |
| 637 | 심용진 Sim Yong Jin | 2 | 671 | 오금숙 O Kum Suk | 1 |
| 638 | 심원진 Sim Won Jin | 1 | 672 | 오상렬 O Sang Ryol | 1 |
| 639 | 심철 Sim Chol | 2 | 673 | 오성국 O Song Guk | 1 |
| 640 | 심향미 Sim Hyang Mi | 1 | 674 | 오성중 O Song Jung | 3 |

| 번호 | 저자명 | 논문 수 | 번호 | 저자명 | 논문 수 |
|---|---|---|---|---|---|
| 675 | 오세일 O Se Il | 1 | 709 | 유진희 Yu Jin Hui | 4 |
| 676 | 오영만 O Yong Man | 2 | 710 | 유철훈 Yu Chol Hun | 2 |
| 677 | 오영재 O Yong Jae | 1 | 711 | 유학철 Yu Hak Chol | 2 |
| 678 | 오용범 O Yong Bom | 1 | 712 | 윤광 Yun Kwang | 5 |
| 679 | 오용욱 O Yong Uk | 1 | 713 | 윤광룡 Yun Kwang Ryong | 3 |
| 680 | 오유성 O Yu Song | 9 | 714 | 윤광명 Yun Kwang Myong | 2 |
| 681 | 오은숙 O Un Suk | 1 | 715 | 윤광묵 Yun Kwang Muk | 1 |
| 682 | 오정현 O Jong Hyon | 1 | 716 | 윤금순 Yun Kum Sun | 2 |
| 683 | 오진철 O Jin Chol | 1 | 717 | 윤금철 Yun Kum Chol | 1 |
| 684 | 오철규 O Chol Gyu | 2 | 718 | 윤길호 Yun Kil Ho | 2 |
| 685 | 오철준 O Chol Jun | 1 | 719 | 윤남 Yun Nam | 1 |
| 686 | 오철진 O Chol Jin | 1 | 720 | 윤남진 Yun Nam Jin | 2 |
| 687 | 오태근 O Thae Gun | 1 | 721 | 윤명남 Yun Myong Nam | 2 |
| 688 | 오필훈 O Phil Hun | 1 | 722 | 윤명환 Yun Myong Hwan | 2 |
| 689 | 오한승 O Han Sung | 1 | 723 | 윤선종 Yun Son Jong | 1 |
| 690 | 오현일 O Hyon Il | 3 | 724 | 윤성준 Yun Song Jun | 5 |
| 691 | 오형철 O Hyong Chol | 6 | 725 | 윤용훈 Yun Yong Hun | 1 |
| 692 | 오화성 O Hwa Song | 1 | 726 | 윤은진 Yun Un Jin | 2 |
| 693 | 옥진성 Ok Jin Song | 2 | 727 | 윤은철 Yun un Chol | 1 |
| 694 | 우강철 U Kang Chol | 1 | 728 | 윤정옥 Yun Jong Ok | 2 |
| 695 | 우승식 U Sung Sik | 4 | 729 | 윤정현 Yun Jong Hyon | 6 |
| 696 | 우영섭 U Yong Sop | 2 | 730 | 윤진성 Yun Jin Song | 1 |
| 697 | 우원 U Won | 2 | 731 | 윤진혁 Yun Jin Hyok | 1 |
| 698 | 원리연 Won Ri Yon | 2 | 732 | 윤창진 Yun Chang Jin | 1 |
| 699 | 원영섭 Won Yong Sop | 1 | 733 | 윤창혁 Yun Chang Hyok | 1 |
| 700 | 원정하 Won Jong Ha | 1 | 734 | 윤철준 Yun Chol Jun | 1 |
| 701 | 원철성 Won Chol Song | 2 | 735 | 윤철희 Yun Chol Hui | 3 |
| 702 | 위광현 Wi Kwang Hyon | 3 | 736 | 윤현일 Yun Hyon Il | 2 |
| 703 | 유경일 Yu Kyong Il | 1 | 737 | 윤홍운 Yun Hong Un | 1 |
| 704 | 유만철 Yu Man Chol | 3 | 738 | 임명재 Im Myong Jae | 1 |
| 705 | 유봉학 Yu Bong Hak | 1 | 739 | 임설홍 Im Sol Hong | 1 |
| 706 | 유인봉 Yu In Bong | 1 | 740 | 임성철 Im Song Chol | 1 |
| 707 | 유정희 Yu Song Hui | 1 | 741 | 임영민 Im Yong Min | 3 |
| 708 | 유준하 Yu Jun Ha | 1 | 742 | 임화 Im Hwa | 1 |

| 번호 | 저자명 | 논문 수 | 번호 | 저자명 | 논문 수 |
|---|---|---|---|---|---|
| 743 | 임희근 Im Hui Gun | 1 | 778 | 전덕민 Jon Tok Min | 1 |
| 744 | 장경애 Jang Kyong Ae | 1 | 779 | 전명철 Jon Myong Chol | 4 |
| 745 | 장경철 Jang Kyong Chol | 2 | 780 | 전봉호 Jon Pong Ho | 1 |
| 746 | 장광철 Jang Kwang Chol | 1 | 781 | 전성혁 Jon Song Hyok | 1 |
| 747 | 장금수 Jang Kum Su | 1 | 782 | 전수익 Jon Su Ik | 1 |
| 748 | 장기풍 Jang Ki Phung | 1 | 783 | 전승일 Jon Sung Il | 3 |
| 749 | 장두환 Jang Tu Hwan | 1 | 784 | 전억훈 Jon Ok Hun | 1 |
| 750 | 장룡섭 Jang Ryong Sop | 2 | 785 | 전용철 Jon Yong Chol | 5 |
| 751 | 장순남 Jang Sun Nam | 1 | 786 | 전원혁 Jon Won Hyok | 1 |
| 752 | 장승진 Jang Sung Jin | 2 | 787 | 전유강 Jon Yu Gang | 1 |
| 753 | 장승철 Jang Sung Chol | 2 | 788 | 전윤재 Jon Yun Jae | 1 |
| 754 | 장영일 Jang Yong Il | 1 | 789 | 전철 Jon Chol | 2 |
| 755 | 장영철 Jang Yong Chol | 1 | 790 | 전호준 Jon Ho Jun | 1 |
| 756 | 장영희 Jang Yong Hui | 1 | 791 | 정경복 Jong Kyong Bok | 2 |
| 757 | 장옥란 Jang Ok Ran | 4 | 792 | 정광철 Jong Kwang Chol | 1 |
| 758 | 장원철 Jang Won Chol | 3 | 793 | 정광현 Jong Kwang Hyon | 9 |
| 759 | 장은주 Jang Un Ju | 1 | 794 | 정광호 Jong Kwang Ho | 3 |
| 760 | 장정혁 Jang Jong Hyok | 1 | 795 | 정기연 Jong Ki Yon | 2 |
| 761 | 장창범 Jang Chang Bom | 1 | 796 | 정련희 Jong Ryon Hui | 1 |
| 762 | 장창수 Jang Chang Su | 2 | 797 | 정만홍 Jong Man Hung | 2 |
| 763 | 장철 Jang Chol | 1 | 798 | 정만흥 Jong Man Hung | 1 |
| 764 | 장철민 Jang Chol Man | 2 | 799 | 정명국 Jong Myong Guk | 1 |
| 765 | 장철우 Chang Chol U | 1 | 800 | 정복남 Jong Bok Nam | 3 |
| 766 | 장철준 Jang Chol Jun | 1 | 801 | 정봉남 Jong Pong Nam | 1 |
| 767 | 장철진 Jang Chol Jin | 1 | 802 | 정성혁 Jong Song Hyok | 1 |
| 768 | 장철호 Jang Chol Ho | 1 | 803 | 정성호 Jong Song Ho | 1 |
| 769 | 장학철 Jang Hak Chol | 2 | 804 | 정송철 Jong Song Chol | 1 |
| 770 | 장혁 Jang Hyok | 10 | 805 | 정순영 Jong Sun Yong | 1 |
| 771 | 장혁철 Jang Hyok Chol | 2 | 806 | 정영세 Jong Yong Se | 2 |
| 772 | 장혜경 Jang Hye Gyong | 9 | 807 | 정영찬 Jong Yong Chan | 2 |
| 773 | 전경선 Jon Kyong Son | 1 | 808 | 정윤철 Jong Yun Chol | 13 |
| 774 | 전광혁 Jon Kwang Hyok | 2 | 809 | 정은경 Jong Un Gyong | 1 |
| 775 | 전국원 Jon Kuk Won | 4 | 810 | 정은설 Jong Un Sol | 4 |
| 776 | 전금별 Jon Kum Byol | 2 | 811 | 정은혜 Jong Un Hye | 2 |
| 777 | 전금성 Jon Kum Song | 1 | 812 | 정재부 Jong Jae Bu | 1 |

| 번호 | 저자명 | 논문 수 | 번호 | 저자명 | 논문 수 |
|---|---|---|---|---|---|
| 813 | 정재영 Jong Jae Yong | 3 | 848 | 조주경 Jo Ju Gyong | 4 |
| 814 | 정준영 Jong Jun Yong | 1 | 849 | 조철림 Jo Chol Rim | 1 |
| 815 | 정창일 Jong Chang Il | 1 | 850 | 조철민 Jo Chol Min | 1 |
| 816 | 정철범 Jong Chol Bom | 1 | 851 | 조해성 Jo Hae Song | 1 |
| 817 | 정철진 Jong Chol Jin | 1 | 852 | 조혜성 Jo Hye Song | 1 |
| 818 | 정철혁 Jong Chol Hyok | 1 | 853 | 조희철 Jo Hui Chol | 1 |
| 819 | 정충국 Jong Chung Guk | 1 | 854 | 좌현일 Choe Hyon Il | 1 |
| 820 | 정향옥 Jong Hyang Ok | 1 | 855 | 주광선 Ju Kwang Son | 1 |
| 821 | 정혁 Jong Hyok | 2 | 856 | 주광준 Ju Kwang Jun | 2 |
| 822 | 정현빈 Jong Hyon Bin | 8 | 857 | 주영철 Ju Yong Chol | 2 |
| 823 | 정홍준 Jong Hong Jun | 2 | 858 | 주정철 Ju Jong Chol | 1 |
| 824 | 정화산 Jong Hwa San | 2 | 859 | 주창일 Ju Chang Il | 2 |
| 825 | 정효진 Jong Hyo Jin | 1 | 860 | 주춘옥 Ju Chun Ok | 2 |
| 826 | 조금순 Jo Kum Sun | 1 | 861 | 주현희 Ju Hyon Hui | 3 |
| 827 | 조능식 Jo Nung Sik | 1 | 862 | 지관규 Ji Kwan Gyu | 1 |
| 828 | 조동섭 Jo Tong Sop | 30 | 863 | 지광명 Ji Kwang Myong | 1 |
| 829 | 조두진 Jo Tu Jin | 1 | 864 | 지상호 Chi Sang Ho | 1 |
| 830 | 조만일 Jo Man Il | 3 | 865 | 지철남 Ji Chol Nam | 3 |
| 831 | 조만희 Jo Man Hui | 1 | 866 | 진경희 Jin Kyong Hui | 1 |
| 832 | 조명진 Jo Myong Jin | 1 | 867 | 차광혁 Cha Kwang Hyok | 1 |
| 833 | 조명희 Jo Myong Hui | 1 | 868 | 차금룡 Cha Kum Ryong | 1 |
| 834 | 조병일 Jo Pyong Il | 1 | 869 | 차금희 Cha Kum Hui | 2 |
| 835 | 조설향 Jo Sol Hyang | 1 | 870 | 차성진 Cha Song Jin | 1 |
| 836 | 조성두 Jo Song Du | 3 | 871 | 차성철 Cha Song Chol | 1 |
| 837 | 조성철 Jo Song Chol | 7 | 872 | 차철기 Cha Chol Gi | 1 |
| 838 | 조수철 Jo Su Chol | 1 | 873 | 차현 Cha Hyon | 1 |
| 839 | 조숙정 Jo Suk Jong | 4 | 874 | 채강철 Chae Kang Chol | 1 |
| 840 | 조영기 Jo Yong Gi | 1 | 875 | 채규성 Chae Kyu Song | 2 |
| 841 | 조영선 Jo Yong Son | 1 | 876 | 채금성 Chae Kum Song | 1 |
| 842 | 조영수 Jo Yong Su | 1 | 877 | 채명일 Chae Myong Il | 1 |
| 843 | 조영진 Jo Yong Jin | 1 | 878 | 채주명 Chae Ju Myong | 2 |
| 844 | 조용수 Jo Yong Su | 1 | 879 | 천명철 Chon Myong Chol | 1 |
| 845 | 조인철 Jo In Chol | 1 | 880 | 천영옥 Chon Yong Ok | 1 |
| 846 | 조정원 Jo Jong Won | 1 | 881 | 천정철 Chon Jong Chol | 2 |
| 847 | 조정철 Jo Jong Chol | 2 | 882 | 최강일 Choe Kang Il | 2 |

| 번호 | 저자명 | 논문 수 | 번호 | 저자명 | 논문 수 |
|---|---|---|---|---|---|
| 883 | 최경일 Choe Kyong Il | 1 | 918 | 최정혁 Choe Jong Hyok | 1 |
| 884 | 최광영 Choe Kwang Yong | 1 | 919 | 최종혁 Choe Jong Hyok | 1 |
| 885 | 최광철 Choe Kwang Chol | 2 | 920 | 최주원 Choe Ju Won | 5 |
| 886 | 최광호 Choe Kwang Ho | 1 | 921 | 최창일 Choe Chang Il | 2 |
| 887 | 최기복 Choe Ki Bok | 8 | 922 | 최창혁 Choe Chang Hyok | 1 |
| 888 | 최남혁 Choe Nam Hyok | 2 | 923 | 최철 Choe Chol | 1 |
| 889 | 최동석 Choe Tong Sok | 2 | 924 | 최철국 Choe Chol Guk | 1 |
| 890 | 최동종 Choe Tong Jong | 4 | 925 | 최철민 Choe Chol Min | 1 |
| 891 | 최동호 Choe Tong Ho | 2 | 926 | 최철수 Choe Chol Su | 1 |
| 892 | 최룡길 Choe Ryong Gil | 7 | 927 | 최철웅 Choe Chol Ung | 11 |
| 893 | 최만길 Choe Man Gil | 1 | 928 | 최철준 Choe Chol Jum | 1 |
| 894 | 최명국 Choe Myong Guk | 1 | 929 | 최철훈 Choe Chol Hun | 2 |
| 895 | 최명헌 Choe Myong Hon | 1 | 930 | 최청일 Choe Chong Il | 2 |
| 896 | 최명활 Choe Myong Hwal | 1 | 931 | 최학룡 Choe Hak Ryong | 2 |
| 897 | 최명희 Choe Myong Hui | 1 | 932 | 최학천 Choe Hak Chon | 1 |
| 898 | 최미향 Choe Mi Hyang | 1 | 933 | 최한철 Choe Han Chol | 1 |
| 899 | 최병선 Choe Pyong Son | 2 | 934 | 최향화 Choe Hyang Hwa | 1 |
| 900 | 최성 Choe Song | 1 | 935 | 최현아 Choe Hyon A | 1 |
| 901 | 최성국 Choe Song Guk | 2 | 936 | 최현일 Choe Hyon Il | 28 |
| 902 | 최성일 Choe Song Il | 2 | 937 | 최희성 Choe Hui Song | 3 |
| 903 | 최성준 Choe Song Jun | 1 | 938 | 최희철 Choe Hui Chol | 4 |
| 904 | 최성호 Choe Song Ho | 1 | 939 | 탁은경 Thak Un Gyong | 1 |
| 905 | 최순봉 Choe Sun Bong | 5 | 940 | 태성 Thae Song | 1 |
| 906 | 최승철 Choe Sung Chol | 1 | 941 | 피충일 Phi Chung Il | 2 |
| 907 | 최억성 Choe Ok Song | 1 | 942 | 한경화 Han Kyong Hwa | 1 |
| 908 | 최영국 Choe Yong Guk | 2 | 943 | 한경훈 Han Kyong Hun | 2 |
| 909 | 최영금 Choe Yong Gum | 1 | 944 | 한광국 Han Kwang Guk | 1 |
| 910 | 최영수 Choe Yong Su | 1 | 945 | 한광룡 Han Kwang Ryong | 3 |
| 911 | 최영화 Choe Yong Hwa | 1 | 946 | 한금성 Han Kum Song | 1 |
| 912 | 최용진 Choe Yong Jin | 2 | 947 | 한금옥 Han Kum Ok | 1 |
| 913 | 최원옥 Choe Won Ok | 2 | 948 | 한령섭 Han Ryong Sop | 2 |
| 914 | 최원철 Choe Won Chol | 1 | 949 | 한룡우 Han Ryong U | 3 |
| 915 | 최재우 Choe Jae U | 11 | 950 | 한명옥 Han Myong Ok | 2 |
| 916 | 최정철 Choe Jong Chol | 1 | 951 | 한범 Han Pom | 1 |
| 917 | 최정학 Choe Jong Hak | 1 | 952 | 한서규 Han So Gyu | 1 |

| 번호 | 저자명 | 논문 수 | 번호 | 저자명 | 논문 수 |
|---|---|---|---|---|---|
| 953 | 한성철 Han Song Chol | 1 | 988 | 허철웅 Ho Chol Ung | 1 |
| 954 | 한성호 Han Song Ho | 2 | 989 | 허홍순 Ho Hong Sun | 2 |
| 955 | 한수일 Han Su Il | 3 | 990 | 현명일 Hyon Myong Il | 3 |
| 956 | 한승철 Han Sung Chol | 1 | 991 | 현봉철 Hyong Poing Cho | 1 |
| 957 | 한영덕 Han Yong Dok | 3 | 992 | 현영춘 Hyon Yong Chun | 5 |
| 958 | 한영란 Han Yong Ran | 1 | 993 | 현준복 Hyon Chun Bok | 1 |
| 959 | 한영환 Han Yong Hwan | 1 | 994 | 현철 Hyon Chol | 2 |
| 960 | 한예경 Han Ye Gyong | 1 | 995 | 홍광월 Hong Kwang Wol | 1 |
| 961 | 한윤필 Han Yun Phil | 1 | 996 | 홍기명 Hong Ki Myong | 3 |
| 962 | 한은정 Han Un Jong | 1 | 997 | 홍성구 Hong Song Gu | 1 |
| 963 | 한일남 Han Il Nam | 2 | 998 | 홍성남 Hong Song Nam | 2 |
| 964 | 한일룡 Han Il Ryong | 1 | 999 | 홍순권 Hong Sun Gwon | 7 |
| 965 | 한정보 Han Jong Bo | 1 | 1000 | 홍영일 Hong Yong Il | 2 |
| 966 | 한정혁 Han Jong Hyok | 1 | 1001 | 홍원 Hong Won | 1 |
| 967 | 한준혁 Han Jun Hyok | 2 | 1002 | 홍은혁 Hong Un Hyok | 2 |
| 968 | 한창주 Han Chang Ju | 1 | 1003 | 홍창길 Hong Chang Gil | 8 |
| 969 | 한철룡 Han Chol Ryong | 1 | 1004 | 홍평일 Hong Pyong Il | 1 |
| 970 | 한치준 Han Chi Jun | 1 | 1005 | 홍표 Hong Pyo | 1 |
| 971 | 한태욱 Han Thae Uk | 3 | 1006 | 홍학호 Hong Hak Ho | 9 |
| 972 | 한학철 Han Hak Chol | 2 | 1007 | 홍현동 Hong Hyon Dong | 2 |
| 973 | 한홍팔 Han Hong Pal | 1 | 1008 | 홍현식 Hong Hyon Sik | 6 |
| 974 | 한훈 Han Hun | 1 | 1009 | 홍형기 Hong Hyong Gi | 1 |
| 975 | 함성일 Ham Song Il | 2 | 1010 | 황경남 Hwang Kyong Nam | 1 |
| 976 | 함수옥 Ham Su Ok | 1 | 1011 | 황광욱 Hwang Kwang Uk | 3 |
| 977 | 함영철 Ham Yong Chol | 3 | 1012 | 황명근 Hwang Myong Gun | 3 |
| 978 | 허경일 Ho Kyong Il | 1 | 1013 | 황보철혁 Hwangbo Chol | 1 |
| 979 | 허달윤 Ho Tal Yun | 2 | 1014 | 황성일 Hwang Song Il | 2 |
| 980 | 허동수 Ho Dong Su | 3 | 1015 | 황성진 Hwang Song Jin | 1 |
| 981 | 허명송 Ho Myong Song | 5 | 1016 | 황옥화 Hwang Ok Hwa | 1 |
| 982 | 허명호 Ho Myong Ho | 4 | 1017 | 황원철 Hwang Won Chol | 2 |
| 983 | 허설송 Ho Sol Song | 1 | 1018 | 황정심 Hwang Jong Sim | 1 |
| 984 | 허영 Ho Yong | 3 | 1019 | 황철주 Hwang Chol Ju | 1 |
| 985 | 허영미 Ho Yong Mi | 1 | 1020 | 황철준 Hwang Chol Jun | 9 |
| 986 | 허원빈 Ho Won Bin | 1 | 1021 | 황혜란 Hwang Hye Ran | 2 |
| 987 | 허윤성 Ho Yun Song | 1 | 합계 | | 2,166 |

『수학』+『과학원통보』에 발표한 저자별 논문 현황(논문 수순)

| 번호 | 저자명 | 논문 수 | 퍼센트 | 번호 | 저자명 | 논문 수 | 퍼센트 |
|---|---|---|---|---|---|---|---|
| 1 | 조동섭 Jo Tong Sop | 30 | 1.4 | 34 | 최기복 Choe Ki Bok | 8 | 0.4 |
| 2 | 최현일 Choe Hyon Il | 28 | 1.3 | 35 | 홍창길 Hong Chang Gil | 8 | 0.4 |
| 3 | 송창호 Song Chang Ho | 27 | 1.2 | 36 | 강리섭 Kang Ri Sop | 7 | 0.3 |
| 4 | 김윤길 Kim Yun Gil | 20 | 0.9 | 37 | 김걸 Kim Kol | 7 | 0.3 |
| 5 | 박철홍 Pak Chol Hong | 17 | 0.8 | 38 | 김흥규 Kim Hung Gyu | 7 | 0.3 |
| 6 | 김두진 Kim Tu Jin | 14 | 0.6 | 39 | 리창복 Ri Chang Bok | 7 | 0.3 |
| 7 | 리덕남 Ri Tok Nam | 13 | 0.6 | 40 | 안재현 An Jae Hyon | 7 | 0.3 |
| 8 | 심선숙 Sim Son Suk | 13 | 0.6 | 41 | 조성철 Jo Song Chol | 7 | 0.3 |
| 9 | 정윤철 Jong Yun Chol | 13 | 0.6 | 42 | 최룡길 Choe Ryong Gil | 7 | 0.3 |
| 10 | 리종욱 Ri Jong Uk | 12 | 0.6 | 43 | 홍순권 Hong Sun Gwon | 7 | 0.3 |
| 11 | 손영철 Son Yong Chol | 12 | 0.6 | 44 | 김률 Kim Ryul | 6 | 0.3 |
| 12 | 김병배 Kim Pyong Bae | 11 | 0.5 | 45 | 김명하 Kim Myong Ha | 6 | 0.3 |
| 13 | 최재우 Choe Jae U | 11 | 0.5 | 46 | 김서인 Kim So In | 6 | 0.3 |
| 14 | 최철웅 Choe Chol Ung | 11 | 0.5 | 47 | 김순호 Kim Sun Ho | 6 | 0.3 |
| 15 | 김광호 Kim Kwang Ho | 10 | 0.5 | 48 | 김윤미 Kim Yun Mi | 6 | 0.3 |
| 16 | 류태원 Ryu Thae Won | 10 | 0.5 | 49 | 김주경 Kim Ju Gyong | 6 | 0.3 |
| 17 | 류해동 Ryu Hae Dong | 10 | 0.5 | 50 | 류일형 Ryu Il Hyong | 6 | 0.3 |
| 18 | 리덕만 Ri Tok Man | 10 | 0.5 | 51 | 리조양 Ri Jo Yang | 6 | 0.3 |
| 19 | 장혁 Jang Hyok | 10 | 0.5 | 52 | 방승선 Pang Sung Son | 6 | 0.3 |
| 20 | 김경철 Kim Kyong Chol | 9 | 0.4 | 53 | 서봉학 So Pong Hak | 6 | 0.3 |
| 21 | 김광일 Kim Kwang Il | 9 | 0.4 | 54 | 오형철 O Hyong Chol | 6 | 0.3 |
| 22 | 김영 Kim Yong | 9 | 0.4 | 55 | 윤정현 Yun Jong Hyon | 6 | 0.3 |
| 23 | 김영호 Kim Yong Ho | 9 | 0.4 | 56 | 홍현식 Hong Hyon Sik | 6 | 0.3 |
| 24 | 김윤철 Kim Yun Chol | 9 | 0.4 | 57 | 강철룡 Kang Chol Ryong | 5 | 0.2 |
| 25 | 오유성 O Yu Song | 9 | 0.4 | 58 | 김상애 Kim Sang Ae | 5 | 0.2 |
| 26 | 장혜경 Jang Hye Gyong | 9 | 0.4 | 59 | 김세근 Kim Se Gun | 5 | 0.2 |
| 27 | 정광현 Jong Kwang Hyon | 9 | 0.4 | 60 | 김용진 Kim Yong Jin | 5 | 0.2 |
| 28 | 홍학호 Hong Hak Ho | 9 | 0.4 | 61 | 김은철 Kim Un Chol | 5 | 0.2 |
| 29 | 황철준 Hwang Chol Jun | 9 | 0.4 | 62 | 김종성 Kim Jong Song | 5 | 0.2 |
| 30 | 김경희 Kim Kyong Hui | 8 | 0.4 | 63 | 김종윤 Kim Jong Yun | 5 | 0.2 |
| 31 | 리승현 Ri Sung Hyon | 8 | 0.4 | 64 | 김창선 Kim Chang Son | 5 | 0.2 |
| 32 | 리치원 Ri Chi Won | 8 | 0.4 | 65 | 김천을 Kim Chon Ul | 5 | 0.2 |
| 33 | 정현빈 Jong Hyon Bin | 8 | 0.4 | 66 | 김철수 Kim Chol Su | 5 | 0.2 |

| 번호 | 저자명 | 논문 수 | 퍼센트 | 번호 | 저자명 | 논문 수 | 퍼센트 |
|---|---|---|---|---|---|---|---|
| 67 | 리광일 Ri Kwang Il | 5 | 0.2 | 101 | 리현수 Ri Hyon Su | 4 | 0.2 |
| 68 | 리영건 Ri Yong Gon | 5 | 0.2 | 102 | 림창일 Rim Chang Il | 4 | 0.2 |
| 69 | 리진명 Ri Jin Myong | 5 | 0.2 | 103 | 명금철 Myong Kum Chol | 4 | 0.2 |
| 70 | 리해엽 Ri Hae Yop | 5 | 0.2 | 104 | 박광일 Pak Kwang Il | 4 | 0.2 |
| 71 | 리희균 Ri Hui Gyun | 5 | 0.2 | 105 | 서준석 So Jun Sok | 4 | 0.2 |
| 72 | 림명길 Rim Myong Gil | 5 | 0.2 | 106 | 신웅일 Sin Ung Il | 4 | 0.2 |
| 73 | 박태제 Pak Thae Je | 5 | 0.2 | 107 | 신창현 Sin Chang Hyon | 4 | 0.2 |
| 74 | 윤광 Yun Kwang | 5 | 0.2 | 108 | 신철호 Sin Chol Ho | 4 | 0.2 |
| 75 | 윤성준 Yun Song Jun | 5 | 0.2 | 109 | 우승식 U Sung Sik | 4 | 0.2 |
| 76 | 전용철 Jon Yong Chol | 5 | 0.2 | 110 | 유진희 Yu Jin Hui | 4 | 0.2 |
| 77 | 최순봉 Choe Sun Bong | 5 | 0.2 | 111 | 장옥란 Jang Ok Ran | 4 | 0.2 |
| 78 | 최주원 Choe Ju Won | 5 | 0.2 | 112 | 전국원 Jon Kuk Won | 4 | 0.2 |
| 79 | 허명송 Ho Myong Song | 5 | 0.2 | 113 | 전명철 Jon Myong Chol | 4 | 0.2 |
| 80 | 현영춘 Hyon Yong Chun | 5 | 0.2 | 114 | 정은설 Jong Un Sol | 4 | 0.2 |
| 81 | 강영숙 Kang Yong Suk | 4 | 0.2 | 115 | 조숙정 Jo Suk Jong | 4 | 0.2 |
| 82 | 고철복 Ko Chol Bok | 4 | 0.2 | 116 | 조주경 Jo Ju Gyong | 4 | 0.2 |
| 83 | 구금성 Ku Kum Song | 4 | 0.2 | 117 | 최동종 Choe Tong Jong | 4 | 0.2 |
| 84 | 김명일 Kim Myong Il | 4 | 0.2 | 118 | 최희철 Choe Hui Chol | 4 | 0.2 |
| 85 | 김명준 Kim Myong Jun | 4 | 0.2 | 119 | 허명호 Ho Myong Ho | 4 | 0.2 |
| 86 | 김명진 Kim Myong Jin | 4 | 0.2 | 120 | 강진혁 Kang Jin Hyok | 3 | 0.1 |
| 87 | 김문철 Kim Mun Chol | 4 | 0.2 | 121 | 계옥현 Kye Ok Hyon | 3 | 0.1 |
| 88 | 김익선 Kim Ik Son | 4 | 0.2 | 122 | 고수하 Ko Su Ha | 3 | 0.1 |
| 89 | 김정실 Kim Jong Sil | 4 | 0.2 | 123 | 곽성남 Kwak Song Nam | 3 | 0.1 |
| 90 | 김정혁 Kim Jong Hyok | 4 | 0.2 | 124 | 곽창만 Kwak Chang Man | 3 | 0.1 |
| 91 | 김창민 Kim Chang Min | 4 | 0.2 | 125 | 김경일 Kim Kyong Il | 3 | 0.1 |
| 92 | 김철 Kim Chol | 4 | 0.2 | 126 | 김광철 Kim Kwang Chol | 3 | 0.1 |
| 93 | 김택종 Kim Thaek Jong | 4 | 0.2 | 127 | 김룡진 Kim Ryong Jin | 3 | 0.1 |
| 94 | 김호철 Kim Ho Chol | 4 | 0.2 | 128 | 김명범 Kim Myong Bom | 3 | 0.1 |
| 95 | 량서연 Ryang So Yon | 4 | 0.2 | 129 | 김상문 Kim Sang Mun | 3 | 0.1 |
| 96 | 리경식 Ri Kyong Sik | 4 | 0.2 | 130 | 김성광 Kim Song Gwang | 3 | 0.1 |
| 97 | 리성일 Ri Song Il | 4 | 0.2 | 131 | 김성윤 Kim Song Yun | 3 | 0.1 |
| 98 | 리성호 Ri Song Ho | 4 | 0.2 | 132 | 김성진 Kim Song Jin | 3 | 0.1 |
| 99 | 리철 Ri Chol | 4 | 0.2 | 133 | 김성철 Kim Song Chol | 3 | 0.1 |
| 100 | 리태진 Ri Thae Jin | 4 | 0.2 | 134 | 김성훈 Kim Song Hun | 3 | 0.1 |

| 번호 | 저자명 | 논문 수 | 퍼센트 | 번호 | 저자명 | 논문 수 | 퍼센트 |
|---|---|---|---|---|---|---|---|
| 135 | 김영훈 Kim Yong Hun | 3 | 0.1 | 169 | 서영남 So Yong Nam | 3 | 0.1 |
| 136 | 김은경 Kim Un Gyong | 3 | 0.1 | 170 | 서영옥 So Yong Ok | 3 | 0.1 |
| 137 | 김준용 Kim Jun Yong | 3 | 0.1 | 171 | 송선옥 Song Son Ok | 3 | 0.1 |
| 138 | 김진명 Kim Jin Myong | 3 | 0.1 | 172 | 송억현 Song Ok Hyon | 3 | 0.1 |
| 139 | 김창일 Kim Chang Il | 3 | 0.1 | 173 | 신명국 Sin Myong Guk | 3 | 0.1 |
| 140 | 김철남 Kim Chol Nam | 3 | 0.1 | 174 | 신문철 Sin Mun Chol | 3 | 0.1 |
| 141 | 김철룡 Kim Chol Ryong | 3 | 0.1 | 175 | 신철순 Sin Chol Sun | 3 | 0.1 |
| 142 | 김철호 Kim Chol Ho | 3 | 0.1 | 176 | 안철호 An Chol Ho | 3 | 0.1 |
| 143 | 김현철 Kim Hyon Chol | 3 | 0.1 | 177 | 양윤길 Yang Yun Gil | 3 | 0.1 |
| 144 | 도정철 To Jong Chol | 3 | 0.1 | 178 | 오성중 O Song Jung | 3 | 0.1 |
| 145 | 라영남 Ra Yong Nam | 3 | 0.1 | 179 | 오현일 O Hyon Il | 3 | 0.1 |
| 146 | 량희웅 Ryang Hui Ung | 3 | 0.1 | 180 | 위광현 Wi Kwang Hyon | 3 | 0.1 |
| 147 | 로봉현 Ro Pong Hyon | 3 | 0.1 | 181 | 유만철 Yu Man Chol | 3 | 0.1 |
| 148 | 류영철 Ryu Yong Chol | 3 | 0.1 | 182 | 윤광룡 Yun Kwang Ryong | 3 | 0.1 |
| 149 | 리경룡 Ri Kyong Ryong | 3 | 0.1 | 183 | 윤철희 Yun Chol Hui | 3 | 0.1 |
| 150 | 리생용 Ri Saeng Yong | 3 | 0.1 | 184 | 임영민 Im Yong Min | 3 | 0.1 |
| 151 | 리성실 Ri Song Sil | 3 | 0.1 | 185 | 장원철 Jang Won Chol | 3 | 0.1 |
| 152 | 리옥실 Ri Ok Sil | 3 | 0.1 | 186 | 전승일 Jon Sung Il | 3 | 0.1 |
| 153 | 리원학 Ri Won Hak | 3 | 0.1 | 187 | 정광호 Jong Kwang Ho | 3 | 0.1 |
| 154 | 리응훈 Ri Ung Hun | 3 | 0.1 | 188 | 정복남 Jong Bok Nam | 3 | 0.1 |
| 155 | 리인철 Ri In Chol | 3 | 0.1 | 189 | 정재영 Jong Jae Yong | 3 | 0.1 |
| 156 | 리창민 Ri Chang Min | 3 | 0.1 | 190 | 조만일 Jo Man Il | 3 | 0.1 |
| 157 | 리철민 Ri Chol Min | 3 | 0.1 | 191 | 조성두 Jo Song Du | 3 | 0.1 |
| 158 | 리춘란 Ri Chun Ran | 3 | 0.1 | 192 | 주현희 Ju Hyon Hui | 3 | 0.1 |
| 159 | 림광서 Rim Kwang So | 3 | 0.1 | 193 | 지철남 Ji Chol Nam | 3 | 0.1 |
| 160 | 림창호 Rim Chang Ho | 3 | 0.1 | 194 | 최희성 Choe Hui Song | 3 | 0.1 |
| 161 | 민철림 Min Chol Rim | 3 | 0.1 | 195 | 한광룡 Han Kwang Ryong | 3 | 0.1 |
| 162 | 박룡철 Pak Ryong Chol | 3 | 0.1 | 196 | 한룡우 Han Ryong U | 3 | 0.1 |
| 163 | 박성일 Pak Song Il | 3 | 0.1 | 197 | 한수일 Han Su Il | 3 | 0.1 |
| 164 | 박연희 Pak Yon Hui | 3 | 0.1 | 198 | 한영덕 Han Yong Dok | 3 | 0.1 |
| 165 | 박영철 Pak Yong Chol | 3 | 0.1 | 199 | 한태욱 Han Thae Uk | 3 | 0.1 |
| 166 | 박은숙 Pak Un Suk | 3 | 0.1 | 200 | 함영철 Ham Yong Chol | 3 | 0.1 |
| 167 | 박현희 Pak Hyon Hui | 3 | 0.1 | 201 | 허동수 Ho Dong Su | 3 | 0.1 |
| 168 | 백찬영 Paek Chan Yong | 3 | 0.1 | 202 | 허영 Ho Yong | 3 | 0.1 |

| 번호 | 저자명 | 논문 수 | 퍼센트 | 번호 | 저자명 | 논문 수 | 퍼센트 |
|---|---|---|---|---|---|---|---|
| 203 | 현명일 Hyon Myong Il | 3 | 0.1 | 237 | 김설희 Kim Sol Hui | 2 | 0.1 |
| 204 | 홍기명 Hong Ki Myong | 3 | 0.1 | 238 | 김성남 Kim Song Nam | 2 | 0.1 |
| 205 | 황광욱 Hwang Kwang Uk | 3 | 0.1 | 239 | 김성화 Kim Song Hwa | 2 | 0.1 |
| 206 | 황명근 Hwang Myong Gun | 3 | 0.1 | 240 | 김순복 Kim Sun Bok | 2 | 0.1 |
| 207 | 강명철 Kang Myong Chol | 2 | 0.1 | 241 | 김순실 Kim Sun Sil | 2 | 0.1 |
| 208 | 강태산 Kang Thae San | 2 | 0.1 | 242 | 김순철 Kim Sun Chol | 2 | 0.1 |
| 209 | 고덕삼 Ko Tok Sam | 2 | 0.1 | 243 | 김순희 Kim Sun Hui | 2 | 0.1 |
| 210 | 고명환 Ko Myong Hwan | 2 | 0.1 | 244 | 김승규 Kim Sung Gyu | 2 | 0.1 |
| 211 | 고윤희 Ko Yun Hui | 2 | 0.1 | 245 | 김승원 Kim Sung Won | 2 | 0.1 |
| 212 | 공진황 Kong Jin Hwang | 2 | 0.1 | 246 | 김승일 Kim Sung Il | 2 | 0.1 |
| 213 | 공혜옥 Kong Hye Ok | 2 | 0.1 | 247 | 김신길 Kim Sin Gil | 2 | 0.1 |
| 214 | 권정희 Kwon Jong Hui | 2 | 0.1 | 248 | 김영금 Kim Yong Gum | 2 | 0.1 |
| 215 | 권혁준 Kwon Hyok Jun | 2 | 0.1 | 249 | 김영삼 Kim Yong Sam | 2 | 0.1 |
| 216 | 김강일 Kim Kang Il | 2 | 0.1 | 250 | 김영철 Kim Yong Chol | 2 | 0.1 |
| 217 | 김강진 Kim Kang Jin | 2 | 0.1 | 251 | 김옥순 Kim Ok Sun | 2 | 0.1 |
| 218 | 김경순 Kim Kyong Sun | 2 | 0.1 | 252 | 김옥향 Kim Ok Hyang | 2 | 0.1 |
| 219 | 김광남 Kim Kwang Nam | 2 | 0.1 | 253 | 김옥희 Kim Ok Hui | 2 | 0.1 |
| 220 | 김광훈 Kim Kwang Hun | 2 | 0.1 | 254 | 김유일 Kim Yu Il | 2 | 0.1 |
| 221 | 김국철 Kim Kuk Chol | 2 | 0.1 | 255 | 김인봉 Kim In Bong | 2 | 0.1 |
| 222 | 김권일 Kim Kwon Il | 2 | 0.1 | 256 | 김인철 Kim In Chol | 2 | 0.1 |
| 223 | 김남혁 Kim Nam Hyok | 2 | 0.1 | 257 | 김일국 Kim Il Guk | 2 | 0.1 |
| 224 | 김동천 Kim Tong Chon | 2 | 0.1 | 258 | 김일창 Kim Il Chang | 2 | 0.1 |
| 225 | 김명광 Kim Myong Gwang | 2 | 0.1 | 259 | 김재금 Kim Jae Gum | 2 | 0.1 |
| 226 | 김명선 Kim Myong Son | 2 | 0.1 | 260 | 김재문 Kim Jae Mun | 2 | 0.1 |
| 227 | 김명성 Kim Myong Song | 2 | 0.1 | 261 | 김정길 Kim Jong Gil | 2 | 0.1 |
| 228 | 김명찬 Kim Myong Chan | 2 | 0.1 | 262 | 김정만 Kim Jong Man | 2 | 0.1 |
| 229 | 김명환 Kim Myong Hwan | 2 | 0.1 | 263 | 김정회 Kim Jong Hoi | 2 | 0.1 |
| 230 | 김명희 Kim Myong Hui | 2 | 0.1 | 264 | 김종철 Kim Jong Chol | 2 | 0.1 |
| 231 | 김모란 Kim Mo Ran | 2 | 0.1 | 265 | 김진숙 Kim Jin Suk | 2 | 0.1 |
| 232 | 김사영 Kim Sa Yong | 2 | 0.1 | 266 | 김진철 Kim Jin Chol | 2 | 0.1 |
| 233 | 김상림 Kim Sang Rim | 2 | 0.1 | 267 | 김철국 Kim Chol Guk | 2 | 0.1 |
| 234 | 김상철 Kim Sang Chol | 2 | 0.1 | 268 | 김철종 Kim Chol Jong | 2 | 0.1 |
| 235 | 김석철 Kim Sok Chol | 2 | 0.1 | 269 | 김철준 Kim Chol Jun | 2 | 0.1 |
| 236 | 김선미 Kim Son Mi | 2 | 0.1 | 270 | 김철혁 Kim Chol Hyok | 2 | 0.1 |

| 번호 | 저자명 | 논문 수 | 퍼센트 | 번호 | 저자명 | 논문 수 | 퍼센트 |
|---|---|---|---|---|---|---|---|
| 271 | 김철환 Kim Chol Hwan | 2 | 0.1 | 305 | 리선희 Ri Son Hui | 2 | 0.1 |
| 272 | 김철훈 Kim Chol Hun | 2 | 0.1 | 306 | 리성훈 Ri Song Hun | 2 | 0.1 |
| 273 | 김추길 Kim Chu Gil | 2 | 0.1 | 307 | 리순경 Ri Sun Gyong | 2 | 0.1 |
| 274 | 김해광 Kim Hae Gwang | 2 | 0.1 | 308 | 리영옥 Ri Yong Ok | 2 | 0.1 |
| 275 | 김혁철 Kim Hyok Chol | 2 | 0.1 | 309 | 리영훈 Ri Yong Hun | 2 | 0.1 |
| 276 | 김현정 Kim Hyon Jong | 2 | 0.1 | 310 | 리윤호 Ri Yun Ho | 2 | 0.1 |
| 277 | 김혜순 Kim Hye Sun | 2 | 0.1 | 311 | 리은성 Ri Un Song | 2 | 0.1 |
| 278 | 김호석 Kim Ho Sok | 2 | 0.1 | 312 | 리일철 Ri Il Chol | 2 | 0.1 |
| 279 | 김흥규 Kim Hung Gyu | 2 | 0.1 | 313 | 리일혁 Ri Il Hyok | 2 | 0.1 |
| 280 | 김홍도 Kim Hong Do | 2 | 0.1 | 314 | 리장성 Ri Jang Song | 2 | 0.1 |
| 281 | 남영철 Nam Yong Chol | 2 | 0.1 | 315 | 리정길 Ri Jong Gil | 2 | 0.1 |
| 282 | 동영희 Tong Yong Hui | 2 | 0.1 | 316 | 리정수 Ri Jong Su | 2 | 0.1 |
| 283 | 량지성 Ryang Ji Song | 2 | 0.1 | 317 | 리정호 Ri Jong Ho | 2 | 0.1 |
| 284 | 렴광국 Ryom Kwang Guk | 2 | 0.1 | 318 | 리종혁 Ri Jong Hyok | 2 | 0.1 |
| 285 | 로영화 Ro Yong Hwa | 2 | 0.1 | 319 | 리준혁 Ri Jun Hyok | 2 | 0.1 |
| 286 | 로원명 Ro Won Myong | 2 | 0.1 | 320 | 리철만 Ri Chol Man | 2 | 0.1 |
| 287 | 류만철 Ryu Man Chol | 2 | 0.1 | 321 | 리철용 Ri Chol Yong | 2 | 0.1 |
| 288 | 류춘옥 Ryu Chun Ok | 2 | 0.1 | 322 | 리청일 Ri Chong Il | 2 | 0.1 |
| 289 | 리광 Ri Kwang | 2 | 0.1 | 323 | 리충성 Ri Chung Song | 2 | 0.1 |
| 290 | 리광원 Ri Kwang Won | 2 | 0.1 | 324 | 리태웅 Ri Thae Ung | 2 | 0.1 |
| 291 | 리광주 Ri Kwang Ju | 2 | 0.1 | 325 | 리한철 Ri Han Chol | 2 | 0.1 |
| 292 | 리광철 Ri Kwang Chol | 2 | 0.1 | 326 | 리형우 Ri Hyong U | 2 | 0.1 |
| 293 | 리근배 Ri Kun Bae | 2 | 0.1 | 327 | 리호림 Ri Ho Rim | 2 | 0.1 |
| 294 | 리근철 Ri Kun Chol | 2 | 0.1 | 328 | 림광락 Rim Kwang Rak | 2 | 0.1 |
| 295 | 리금별 Ri Kum Byol | 2 | 0.1 | 329 | 림길호 Rim Kil Ho | 2 | 0.1 |
| 296 | 리금산 Ri Kum San | 2 | 0.1 | 330 | 림용금 Rim Yong Gum | 2 | 0.1 |
| 297 | 리남수 Ri Nam Su | 2 | 0.1 | 331 | 림인복 Rim In Bok | 2 | 0.1 |
| 298 | 리대경 Ri Tae Gyong | 2 | 0.1 | 332 | 림호 Rim Ho | 2 | 0.1 |
| 299 | 리동섭 Ri Tong Sop | 2 | 0.1 | 333 | 명찬길 Myong Chan Gil | 2 | 0.1 |
| 300 | 리명옥 Ri Myong Ok | 2 | 0.1 | 334 | 문경미 Mun Kyong Mi | 2 | 0.1 |
| 301 | 리미경 Ri Mi Gyong | 2 | 0.1 | 335 | 문경민 Mun Kyong Min | 2 | 0.1 |
| 302 | 리미려 Ri Mi Ryo | 2 | 0.1 | 336 | 문경호 Mun Kyong Ho | 2 | 0.1 |
| 303 | 리병학 Ri Pyong Hak | 2 | 0.1 | 337 | 문광진 Mun Kwang Jin | 2 | 0.1 |
| 304 | 리상철 Ri Sang Chol | 2 | 0.1 | 338 | 문창일 Mun Chang Il | 2 | 0.1 |

| 번호 | 저자명 | 논문 수 | 퍼센트 | 번호 | 저자명 | 논문 수 | 퍼센트 |
|---|---|---|---|---|---|---|---|
| 339 | 문철 Mun Chol | 2 | 0.1 | 373 | 신동열 Sin Tong Yol | 2 | 0.1 |
| 340 | 문희남 Mun Hui Nam | 2 | 0.1 | 374 | 신상복 Sin Sang Bok | 2 | 0.1 |
| 341 | 박경철 Pak Kyong Chol | 2 | 0.1 | 375 | 신성길 Sin Song Gil | 2 | 0.1 |
| 342 | 박금성 Pak Kum Song | 2 | 0.1 | 376 | 신영기 Sin Yong Gi | 2 | 0.1 |
| 343 | 박대성 Pak Tae Song | 2 | 0.1 | 377 | 신철민 Sin Chol Min | 2 | 0.1 |
| 344 | 박명철 Pak Myong Chol | 2 | 0.1 | 378 | 심성호 Sim Song Ho | 2 | 0.1 |
| 345 | 박삼혁 Pak Sam Hyok | 2 | 0.1 | 379 | 심영진 Sim Yong Jin | 2 | 0.1 |
| 346 | 박설순 Pak Sol Sun | 2 | 0.1 | 380 | 심용진 Sim Yong Jin | 2 | 0.1 |
| 347 | 박성룡 Pak Song Ryong | 2 | 0.1 | 381 | 심철 Sim Chol | 2 | 0.1 |
| 348 | 박송욱 Pak Song Uk | 2 | 0.1 | 382 | 안윤식 An Yun Sik | 2 | 0.1 |
| 349 | 박영미 Pak Yong Mi | 2 | 0.1 | 383 | 양선녀 Yang Son Nyo | 2 | 0.1 |
| 350 | 박영진 Pak Yong Jin | 2 | 0.1 | 384 | 양철수 Yang Chol Su | 2 | 0.1 |
| 351 | 박용준 Pak Yong Jun | 2 | 0.1 | 385 | 엄철진 Om Chol Jin | 2 | 0.1 |
| 352 | 박유석 Pak Yu Sok | 2 | 0.1 | 386 | 엄형수 Om Hyong Su | 2 | 0.1 |
| 353 | 박윤복 Pak Yun Bok | 2 | 0.1 | 387 | 여영호 Yo Yong Ho | 2 | 0.1 |
| 354 | 박윤호 Pak Yun Ho | 2 | 0.1 | 388 | 오경일 O Kyong Il | 2 | 0.1 |
| 355 | 박일영 Pak Il Yong | 2 | 0.1 | 389 | 오영만 O Yong Man | 2 | 0.1 |
| 356 | 박정원 Pak Jong Won | 2 | 0.1 | 390 | 오철규 O Chol Gyu | 2 | 0.1 |
| 357 | 박찬빈 Pak Chan Bin | 2 | 0.1 | 391 | 옥진성 Ok Jin Song | 2 | 0.1 |
| 358 | 박혁철 Pak Hyok Chol | 2 | 0.1 | 392 | 우영섭 U Yong Sop | 2 | 0.1 |
| 359 | 방지순 Pang Ji Sun | 2 | 0.1 | 393 | 우원 U Won | 2 | 0.1 |
| 360 | 방혁철 Pang Hyok Chol | 2 | 0.1 | 394 | 원리연 Won Ri Yon | 2 | 0.1 |
| 361 | 배청남 Pae Chong Nam | 2 | 0.1 | 395 | 원철성 Won Chol Song | 2 | 0.1 |
| 362 | 백승륭 Paek Sung Ryung | 2 | 0.1 | 396 | 유철훈 Yu Chol Hun | 2 | 0.1 |
| 363 | 백원욱 Paek Won Uk | 2 | 0.1 | 397 | 유학철 Yu Hak Chol | 2 | 0.1 |
| 364 | 변광룡 Pyon Kwang yong | 2 | 0.1 | 398 | 윤광명 Yun Kwang Myong | 2 | 0.1 |
| 365 | 서경애 So Kyong Ae | 2 | 0.1 | 399 | 윤금순 Yun Kum Sun | 2 | 0.1 |
| 366 | 서옥련 So Ok Ryon | 2 | 0.1 | 400 | 윤길호 Yun Kil Ho | 2 | 0.1 |
| 367 | 석영심 Sok Yong Sim | 2 | 0.1 | 401 | 윤남진 Yun Nam Jin | 2 | 0.1 |
| 368 | 손금철 Son Kum Chol | 2 | 0.1 | 402 | 윤명남 Yun Myong Nam | 2 | 0.1 |
| 369 | 송창신 Song Chang Sin | 2 | 0.1 | 403 | 윤명환 Yun Myong Hwan | 2 | 0.1 |
| 370 | 송철수 Song Chol Su | 2 | 0.1 | 404 | 윤은진 Yun Un Jin | 2 | 0.1 |
| 371 | 승철 Sung Chol | 2 | 0.1 | 405 | 윤정옥 Yun Jong Ok | 2 | 0.1 |
| 372 | 신경남 Sim Kyong Nam | 2 | 0.1 | 406 | 윤현일 Yun Hyon Il | 2 | 0.1 |

| 번호 | 저자명 | 논문 수 | 퍼센트 | 번호 | 저자명 | 논문 수 | 퍼센트 |
|---|---|---|---|---|---|---|---|
| 407 | 장경철 Jang Kyong Chol | 2 | 0.1 | 438 | 최동석 Choe Tong Sok | 2 | 0.1 |
| 408 | 장룡섭 Jang Ryong Sop | 2 | 0.1 | 439 | 최동호 Choe Tong Ho | 2 | 0.1 |
| 409 | 장승진 Jang Sung Jin | 2 | 0.1 | 440 | 최병선 Choe Pyong Son | 2 | 0.1 |
| 410 | 장승철 Jang Sung Chol | 2 | 0.1 | 441 | 최성국 Choe Song Guk | 2 | 0.1 |
| 411 | 장창수 Jang Chang Su | 2 | 0.1 | 442 | 최성일 Choe Song Il | 2 | 0.1 |
| 412 | 장철민 Jang Chol Man | 2 | 0.1 | 443 | 최영국 Choe Yong Guk | 2 | 0.1 |
| 413 | 장학철 Jang Hak Chol | 2 | 0.1 | 444 | 최용진 Choe Yong Jin | 2 | 0.1 |
| 414 | 장혁철 Jang Hyok Chol | 2 | 0.1 | 445 | 최원옥 Choe Won Ok | 2 | 0.1 |
| 415 | 전광혁 Jon Kwang Hyok | 2 | 0.1 | 446 | 최창일 Choe Chang Il | 2 | 0.1 |
| 416 | 전금별 Jon Kum Byol | 2 | 0.1 | 447 | 최철훈 Choe Chol Hun | 2 | 0.1 |
| 417 | 전철 Jon Chol | 2 | 0.1 | 448 | 최청일 Choe Chong Il | 2 | 0.1 |
| 418 | 정경복 Jong Kyong Bok | 2 | 0.1 | 449 | 최학룡 Choe Hak Ryong | 2 | 0.1 |
| 419 | 정기연 Jong Ki Yon | 2 | 0.1 | 450 | 피충일 Phi Chung Il | 2 | 0.1 |
| 420 | 정만홍 Jong Man Hung | 2 | 0.1 | 451 | 한경훈 Han Kyong Hun | 2 | 0.1 |
| 421 | 정영세 Jong Yong Se | 2 | 0.1 | 452 | 한령섭 Han Ryong Sop | 2 | 0.1 |
| 422 | 정영찬 Jong Yong Chan | 2 | 0.1 | 453 | 한명옥 Han Myong Ok | 2 | 0.1 |
| 423 | 정은혜 Jong Un Hye | 2 | 0.1 | 454 | 한성호 Han Song Ho | 2 | 0.1 |
| 424 | 정혁 Jong Hyok | 2 | 0.1 | 455 | 한일남 Han Il Nam | 2 | 0.1 |
| 425 | 정홍준 Jong Hong Jun | 2 | 0.1 | 456 | 한준혁 Han Jun Hyok | 2 | 0.1 |
| 426 | 정화산 Jong Hwa San | 2 | 0.1 | 457 | 한학철 Han Hak Chol | 2 | 0.1 |
| 427 | 조정철 Jo Jong Chol | 2 | 0.1 | 458 | 함성일 Ham Song Il | 2 | 0.1 |
| 428 | 주광준 Ju Kwang Jun | 2 | 0.1 | 459 | 허달윤 Ho Tal Yun | 2 | 0.1 |
| 429 | 주영철 Ju Yong Chol | 2 | 0.1 | 460 | 허홍순 Ho Hong Sun | 2 | 0.1 |
| 430 | 주창일 Ju Chang Il | 2 | 0.1 | 461 | 현철 Hyon Chol | 2 | 0.1 |
| 431 | 주춘옥 Ju Chun Ok | 2 | 0.1 | 462 | 홍성남 Hong Song Nam | 2 | 0.1 |
| 432 | 차금희 Cha Kum Hui | 2 | 0.1 | 463 | 홍영일 Hong Yong Il | 2 | 0.1 |
| 433 | 채규성 Chae Kyu Song | 2 | 0.1 | 464 | 홍은혁 Hong Un Hyok | 2 | 0.1 |
| 434 | 채주명 Chae Ju Myong | 2 | 0.1 | 465 | 홍현동 Hong Hyon Dong | 2 | 0.1 |
| 435 | 천정철 Chon Jong Chol | 2 | 0.1 | 466 | 황성일 Hwang Song Il | 2 | 0.1 |
| 436 | 최강일 Choe Kang Il | 2 | 0.1 | 467 | 황원철 Hwang Won Chol | 2 | 0.1 |
| 437 | 최남혁 Choe Nam Hyok | 2 | 0.1 | 468 | 황혜란 Hwang Hye Ran | 2 | 0.1 |

### 4) MSC 2010 분류법에 의한 연구 분야별 저자 일람

MSC 2010 분류에 의하여 북한 수학자의 명단을 분야별로 정리하면 다음과 같다.

북한 수학자의 명단

| MSC | 저자명 | 총인원 |
|---|---|---|
| 0(일반) | 해당 무 | |
| 1(수학사와 전기) | 송창호 Song Chang Ho(2), 조영수 Jo Yong Su(1) | 3 |
| 3(수리논리학과 기초론) | 김성룡 Kim Song Ryong(1), 김익선 Kim Ik Son(1), 서봉학 So Pong Hak(2), 송선옥 Song Son Ok(2) | 6 |
| 5(조합론) | 김선웅 Kim Son Ung(1), 김진숙 Kim Jin Suk(2), 류일형 Ryu Il Hyong(5), 류해동 Ryu Hae Dong(9), 리성실 Ri Song Sil(2), 리청일 Ri Chong Il(2), 리태진 Ri Thae Jin(1), 문희남 Mun Hui Nam(1), 민홍기 Min Hong Ki(1), 박광일 Pak Kwang Il(1), 박대영 Pak Tae Yong(1), 변광룡 Pyon Kwang Ryong(2), 송인철 Song In Chol(1), 전억훈 Jon Ok Hun(1), 조성철 Jo Song Chol(1), 조영선 Jo Yong Son(1), 최창일 Choe Chang Il(1) | 33 |
| 6(순서, 격자, 순서대수구조) | 김권일 Kim Kwon Il(1), 김윤길 Kim Yun Gil(1), 리영옥 Ri Yong Ok(1) | 3 |
| 8(일반대수체계) | 해당 무 | |
| 11(수론) | 김광호 Kim Kwang Ho(1), 김률 Kim Ryul(2), 김명진 Kim Myong Jin(2), 김철혁 Kim Chol Hyok(1), 리원호 Ri Won Ho(1), 림연옥 Rim Yon Ok(1), 명금철 Myong Kum Chol(1), 박유석 Pak Yu Sok(1), 오현일 O Hyon Il(1), 정혁 Jong Hyok(2), 조동섭 Jo Tong Sop(1), 최병선 Choe Pyong Son(2) | 16 |
| 12(수체론과 다항식) | 류해춘 Ryu Hae Chun(1), 리덕남 Ri Tok Nam(1), 박화성 Pak Hwa Song(1), 신동열 Sin Tong Yol(1), 정송철 Jong Song Chol(1), 최용진 Choe Yong Jin(1) | 6 |
| 13(가환대수) | 해당 무 | |
| 14(대수기하학) | 김서인 Kim So In(1), 리강일 Ri Kang Il(1), 심향미 Sim Hyang Mi(1), 오유성 O Yu Song (1) | 4 |
| 15(선형과 다중선형 대수, 행렬이론 | 강현실 Kang Hyon Sil(1), 권정희 Kwon Jong Hui(2), 김병배 Kim Pyong Bae(2), 김선미 Kim Son Mi(1), 김천일 Kim Chon Il(1), 김추길 Kim Chu Gil(1), 리순경 Ri Sun Gyong(1), 림인복 Rim In Bok(1), 명금철 Myong Kum Chol(2), 박철홍 Pak Chol Hong(2), 백정숙 Paek Jong Suk(1), 한성철 Han Song Chol(1) | 16 |

| MSC | 저자명 | 총인원 |
|---|---|---|
| 16(결합환과 대수) | 한룡우 Han Ryong U(1), 한홍팔 Han Hong Pal(1) | 2 |
| 17(비결합환과 대수) | 리순경 Li Sun Gyong(1), 림인복 Rim In Bok(1) | 2 |
| 18(카테고리 이론, 호몰로지 대수) | 리웅걸 Ri Ung Gol(1), 명금철 Myong Kum Chol(1) | 2 |
| 19(K 이론) | 해당 무 | |
| 20(군론과 일반화) | 김장영 Kim Jang Yong(1), 류태원 Ryu Thae Won(2), 리덕남 Ri Dok Nam(1), 림은순 Rim Un Sun(1), 안재현 An Jae Hyon(1), 유봉학 Yu Bong Hak(1), 홍성구 Hong Song Gu(1) | 8 |
| 22(위상군, 리군) | 리철용 Ri Chol Yong(2), 안윤식 An Yun Sik(2) | 4 |
| 26(실함수) | 리영옥 Ri Yong Ok(1), 리일용 Ri Il Yong(1), 최명국 Choe Myong Guk(1) | 3 |
| 28(측도와 적분) | 강영숙 Kang Yong Suk(1), 김경일 Kim Kyong Il(2), 김창진 Kim Chang Jin(1), 리성일 Ri Song Il(1), 리성일 Ri Song Il(2), 리원학 Ri Won Hak(1), 안인철 An In Chol(1), 우영섭 U Yong Sop(1), 윤철희 Yun Chol Hui(1), 윤철희 Yun Chol Hui(1), 차철기 Cha Chol Gi(1), 현준복 Hyon Chun Bok(1) | 14 |
| 30(일변수복소함수) | 김교창 Kim Kyo Chang(1), 김무영 Kim Mu Yong(1), 김석찬 Kim Sok Chan(1), 김은경 Kim Un Gyong(1), 김진명 Kim Jin Myong(1), 김흥규 Kim Hung Gyu(1), 리철 Ri Chol(1), 박명철 Pak Myong Chol(2), 윤정현 Yun Jong Hyon(1), 장기풍 Jang Ki Phung(1), 차성철 Cha Song Chol(1), 최순봉 Choe Sun Bong(1), 최현일 Choe Hyon Il(1) | 14 |
| 31(퍼텐셜 이론) | 고수하 Ko Su Ha(1), 김광철 Kim Kwang Chol(1), 리문일 Ri Mun Il(1), 신웅일 Sin Ung Il(4), 양윤길 Yang Yun Gil(1), 윤길호 Yun Kil Ho(1), 최순봉 Choe Sun Bong(3), 최현일 Choe Hyon Il(5), 홍순권 Hong Sun Gwon(1) | 18 |
| 32(다변수복소 함수론과 해석공간) | 고수하 Ko Su Ha(1), 김영삼 Kim Yong Sam(2), 김학필 Kim Hak Phil(1), 김흥규 Kim Hung Gyu(7), 리순복 Ri Sun Bok(1), 리해엽 Ri Hae Yop(5), 박태문 Pak Thae Mun(1), 서영남 So Yong Nam(2), 장혁철 Jang Hyok Chol(2), 장혜경 Jang Hye Gyong(1), 전봉호 Jon Pong Ho(1), 정순영 Jong Sun Yong(1) | 25 |
| 33(특수함수) | 해당 무 | |
| 34(상미분방정식) | 강영숙 Kang Yong Suk(1), 강정수 Kang Jong Su(1), 고영희 Ko Yong Hui(1), 곽성남 Kwak Song Nam(1), 김경순 Kim Kyong Sun(1), 김경철 Kim Kyong Chol(3), 김명하 Kim Myong Ha(4), 김상문 Kim Sang Mun(1), 김송일 Kim Song Il(1), 라현길 Ra Hyon Gil(1), 리동훈 Ri Tong Hun(1), 리문철 Ri Mun Chol(1), 리미려 Ri Mi Ryo (2), 리숙영 Ri Suk Yong(1), 리정렬 Ri Jong Yol(1), 리춘언 Ri Chun On(1), 문현수 Mun Hyon Su(1), 박봉철 Pak Pong Chol(1), 박순애 Pak Sun Ae(1), | 35 |

| MSC | 저자명 | 총인원 |
|---|---|---|
| 34(상미분방정식) | 박영철 Pak Yong Chol(1), 송창호 Song Chang Ho(1), 신기남 Sin Ki Nam(1), 신용설 Sin Yong Sol(1), 안예성 An Ye Song(1), 오성국 O Song Guk(1), 최정학 Choe Jong Hak(1), 최희철 Choe Hui Chol(2), 황경남 Hwang Kyong Nam(1) | |
| 35(편미분방정식) | 고수하 Ko Su Ha(1), 곽성남 Kwak Song Nam(2), 권혁창 Kwon Hyok Chang(1), 김걸 Kim Kol(3), 김광일 Kim Kwang Il(2), 김광철 Kim Kwang Chol(2), 김남혁 Kim Nam Hyok(1), 김두진 Kim Tu Jin(13), 김명선 Kim Myong Son(1), 김명진 Kim Myong Jin(2), 김명하 Kim Myong Ha(2), 김성철 Kim Song Chol(1), 김순호 Kim Sun Ho(3), 김승원 Kim Sung Won(2), 김영호 Kim Yong Ho(7), 김정진 Kim Jong Jin(1), 김정혁 Kim Jong Hyok(1), 김종성 Kim Jong Song(3), 김종윤 Kim Jong Yun(4), 김진명 Kim Jin Myong(2), 김창일 Kim Chang Il(1), 김철수 Kim Chol Su(2), 로웅길 Ro Ung Gil(1), 리덕만 Ri Tok Man(6), 리명환 Ri Myong Hwan(1), 리영건 Ri Yong Gon(1), 리진명 Ri Jin Myong(4), 리호림 Ri Ho Rim(2), 박병성 Pak Pyong Song(1), 박정옥 Pak Jong Ok(1), 방혁철 Pang Hyok Chol(2), 서영옥 So Yong Ok(3), 손영철 Son Yong Chol(3), 송창신 Song Chang Sin(2), 송창호 Song Chang Ho(2), 신철민 Sin Chol Min(1), 심선숙 Sim Son Suk(2), 오영만 O Yong Man(2), 유철훈 Yu Chol Hun(2), 장룡섭 Jang Ryong Sop(1), 장승철 Jang Sung Chol(2), 장창범 Jang Chang Bom(1), 장철준 Chang Chol Jun(1), 장철진 Jang Chol Jin(1), 전승일 Jon Sung Il(1), 조숙종 Jo Suk Jong(1), 지관규 Ji Kwan Gyu (1), 채강철 Chae Kang Chol(1), 채규성 Chae Kyu Song(1), 최남혁 Choe Nam Hyok(1), 최동호 Choe Tong Ho(1), 최순봉 Choe Sun Bong(1), 최영금 Choe Yong Gum(2), 최원옥 Choe Won Ok(2), 최현일 Choe Hyon Il(4), 한금옥 Han Kum Ok(1), 한령섭 Han Ryong Sop(1), 한영덕 Han Yong Dok(3), 한예경 Han Ye Gyong(1), 함영철 Ham Yong Chol(3), 홍순권 Hong Sun Gwon(2), 홍은혁 Hong Un Hyok(1), 홍창길 Hong Chang Gil(1), 홍학호 Hong Hak Ho(6), 황성일 Hwang Song Il(2) | 136 |
| 37(동력학계와 에르고딕 이론) | 강영숙 Kang Yong Suk(1), 김경섭 Kim Kyong Sop(1), 김명성 Kim Myong Song(1), 김상문 Kim Sang Mun(2), 김성진 Kim Song Jin(1), 김영호 Kim Yong Ho(1), 김은심 Kim Un Sim(1), 김철 Kim Chol(1), 김현철 Kim Hyon Chol(2), 김희숙 Kim Hui Suk(1), 리관호 Ri Kwan Ho(1), 리성일 Ri Song Il(1), 리철균 Ri Chol Gyun(1), 리충록 Ri Chung Rok(1), 림광락 Rim Kwang Rak(1), 박철혁 Pak Chol Hyok(1), 박철홍 Pak Chol Hong(2), 박태제 Pak Thae Je(2), 박희철 Pak Hui Chol(1), 서영구 So Yong Gu(1), 심선숙 Sim Son Suk(1), 오형철 O Hyong Chol(2), 옥진성 Ok Jin Song(1), 우영섭 U Yong Sop(1), 유학철 Yu Hak Chol(2), 장순남 Jang Sun Nam(1), 장혁 Jang Hyok(9), 장혜경 | 78 |

| MSC | 저자명 | 총인원 |
|---|---|---|
| 37(동력학계와 에르고딕 이론) | Jang Hye Gyong(8), 전광혁 Jon Kwang Hyok(1), 전승일 Jon Sung Il(1), 정광현 Jong Kwang Hyon(2), 정봉남 Jong Pong Nam(1), 정우환 Jong U Hwan(1), 정은경 Jong Un Gyong(1), 조인철 Jo In Chol(1), 주현희 Ju Hyon Hui(3), 지철남 Ji Chol Nam(2), 최종혁 Choe Jong Hyok(1), 최철웅 Choe Chol Ung(9), 한경훈 Han Kyong Hun(2), 한금성 Han Kum Song(1), 허동수 Ho Tong Su(1), 홍기명 Hong Ki Myong(1), 홍성남 Hong Song Nam(1) | |
| 39(차분과 함수방정식) | 조인철 Jo In Chol(1), 홍기명 Hong Ki Myong(1) | 2 |
| 40(수열, 급수, 합가능성) | 해당 무 | |
| 41(근사와 전개) | 김명성 Kim Myong Song(1 | 1 |
| 42(유클리드 공간 위의 조화해석) | 김성열 Kim Song Yol(1), 김성희 Kim Song Hui(1), 김영희 Kim Yong Hui(1), 김인봉 Kim In Bong(1), 김종철 Kim Jong Chol(1), 김택종 Kim Thaek Jong(1), 류경식 Ryu Kyong Sik(1), 리광일 Ri Kwang Il(1), 리금별 Ri Kum Byol(2), 리신림 Ri Sin Rim(1), 리치원 Ri Chi Won(8), 림길호 Rim Kil Ho(3), 림호 Rim Ho(1), 오진철 O Jin Chol(1), 원철성 Won Chol Song(2), 유준하 Yu Jun Ha(1), 유진희 Yu Jin Hui(4), 윤광명 Yun Kwang Myong(2), 윤현일 Yun Hyon Il(1), 정광호 Jong Kwang Ho(1), 정준영 Jong Jun Yong(1), 조동섭 Jo Tong Sop(1), 조숙정 Jo Suk Jong(1), 차성진 Cha Song Jin(1), 채규성 Chae Kyu Song(1), 최철국 Choe Chol Guk(1), 최향화 Choe Hyang Hwa(1) | 42 |
| 43(추상조화해석) | 해당 무 | |
| 44(적분변환, 연산법) | 해당 무 | |
| 45(적분방정식) | 김세근 Kim Se Gun(3), 김순복 Kim Sun Bok(2), 김순철 Kim Sun Chol(1), 리기원 Ri Ki Won(1), 리영호 Ri Yong Ho(1), 리철해 Ri Chol Hae(1), 서기영 So Ki Yong(1), 서준석 So Jun Sok(4), 임성철 Im Song Chol(1), 장영철 Jang Yong Chol(1), 전국원 Jon Kuk Won(4), 최철 Choe Chol(1), 한정혁 Han Jong Hyok(1), 허홍순 Ho Hong Sun(1), 홍기명 Hong Ki Myong(1) | 24 |
| 46(함수해석) | 강영순 Kang Yong Sun(1), 김금석 Kim Kum Sok(1), 김용진 Kim Yong Jin(1), 김은실 Kim Un Sil(1), 김현국 Kim Hyon Guk(1), 김홍규 Kim Hung Gyu(1), 리덕만 Ri Tok Man(4), 리응훈 Ri Ung Hun(3), 리철 Ri Chol(3), 림창일 Rim Chang Il(1), 림호 Rim Ho(1), 박영철 Pak Yong Chol(2), 박일남 Pak Il Nam(1), 박철홍 Pak Chol Hong(1), 백찬영 Paek Chan Yong(1), 신철민 Sin Chol Min(1), 윤정현 Yun Jong Hyon(5), 장경철 Jang Kyong Chol(2), 장금수 Jang Kum Su(1), 정재영 Jong Jae Yong(3), 조영진 Jo Yong Jin(1), 최광호 Choe Kwang Ho(1), 최남혁 Choe Nam Hyok(1), 최룡길 Choe Ryong Gil(6), 한준혁 Han Jun Hyok(2), 허철웅 Ho Chol Ung(1), 허홍순 Ho Hong Sun(1) | 48 |

| MSC | 저자명 | 총인원 |
|---|---|---|
| 47(작용소론) | 강성희 Kang Song Hui(1), 김사영 Kim Sa Yong(1), 김성진 Kim Song Jin(2), 김옥성 Kim Ok Song(1), 리금산 Ri Kum San(2), 리미경 Ri Mi Gyong(2), 리한철 Ri Han Chol(2), 림창일 Rim Chang Il(2), 백찬영 Paek Chan Yong(2), 심선숙 Sim Son Suk(1), 전명철 Jon Myong Chol(2), 조숙정 Jo Suk Jong(1), 지철남 Ji Chol Nam(1), 최룡길 Choe Ryong Gil(1), 최희철 Choe Hui Chol(1) | 22 |
| 49(변분학과 최적제어) | 강진혁 Kang Jin Hyok(1), 곽진호 Kwak Jin Ho(1), 길원철 Kil Won Chol(1), 김걸 Kim Kol(3), 김권일 Kim Kwon Il(1), 김명선 Kim Myong Son(1), 김명찬 Kim Myong Chan(1), 김모란 Kim Mo Ran(2), 김상철 Kim Sang Chol(2), 김성철 Kim Sung Chol(2), 김세근 Kim Se Gun(1), 김순철 Kim Sun Chol(1), 김순호 Kim Sun Ho(2), 김영훈 Kim Yong Hun(1), 김유일 Kim Yu Il(2), 김은하 Kim Un Ha (1), 김일창 Kim Il Chang(1), 김종성 Kim Jong Song(1), 김준남 Kim Jun Nam(1), 김창선 Kim Chang Son(3), 김창일 Kim Chang Il(2), 김철룡 Kim Chol Ryong(1), 김철준 Kim Chol Jun(2), 김철혁 Kim Chol Hyok(1), 김홍성 Kim Hong Song(1), 라성민 Ra Song Min(1), 로상철 Ro Sang Chol(1), 로원명 Ro Won Myong(1), 류은성 Ryu Un Song(1), 류춘옥 Ryu Chun Ok(2), 리경룡 Ri Kyong Ryong(1), 리금희 Ri Kum Hui(1), 리남수 Ri Nam Su(1), 리상철 Ri Sang Chol(1), 리운석 Ri Un Sok(1), 리은성(1), 리은하 Ri Un Ha(1), 리정호 Ri Jong Ho(2), 리철진 Ri Chol Jin(1), 리형우 Ri Hyong U(2), 문광진 Mun Kwang Jin(2), 박삼혁 Pak Sam Hyok(1), 박원국 Pak Won Guk(1), 박철홍 Pak Chol Hong(1), 박춘일 Pak Chun Il(1), 박태제 Pak Thae Je(1), 방지순 Pang Ji Sun(2), 서옥련 So Ok Ryon(1), 송창호 Song Chang Ho(7), 승금란 Sung Kum Ran(1), 신명국 Sin Myong Guk(1), 신문철 Sin Mun Chol(2), 심선숙 Sim Son Suk(1), 양철수 Yang Chol Su(2), 오은숙 O Un Suk(1), 윤광룡 Yun Kwang Ryong(1), 장경애 Jang Kyong Ae(1), 전광혁 Jon Kwang Hyok(1), 전승일 Jon Sung Il(1), 정은혜 Jong Un Hye(2), 조동섭 Jo Tong Sop(1), 조수철 Jo Su Chol(1), 조해성 Jo Hae Song(1), 좌현일 Choe Hyon Il(1), 채금성 Chae Kum Song(1), 천영옥 Chon Yong Ok(1), 최강일 Choe Kang Il(2), 최광철 Choe Kwang Chol(2), 최동석 Choe Tong Sok(2), 최동종 Choe Tong Jong(1), 최재우 Choe Jae U(1), 최현일 Choe Hyon Il(12), 한령섭 Han Ryong Sop(1), 한명옥 Han Myong Ok(2), 한일남 Han Il Nam(2), 허명송 Ho Myong Song(3), 현명일 Hyon Myong Il(1), 홍영일 Hong Yong Il(1), 홍은혁 Hong Un Hyok(1), 홍창길 Hong Chang Gil(7), 홍학호 Hong Hak Ho (1), 황광욱 Hwang Kwang Uk(3), 황철준 Hwang Chol Jun(3) | 136 |
| 51(기하학) | 김광호 Kim Kwang Ho(2), 김철환 Kim Chol Hwan(2), 리춘란 Ri Chun Ran(2), 리태진 Ri Thae Jin(1), 신성길 Sin Song Gil(1), 안재현 An Jae Hyon(1), 오경일 O Kyong Il(1), 윤홍운 Yun Hong Un(1), 조만일 Jo Man Il(2), 허원빈 Ho Won Bin(1) | 14 |

| MSC | 저자명 | 총인원 |
|---|---|---|
| 52(볼록과 이산기하학) | 리춘란 Ri Chun Ran(1), 서창수 So Chang Su(1), 오경일 O Kyong Il(1), 조만일 Jo Man Il(1), 피충일 Pi Chung Il(2) | 6 |
| 53(미분기하학) | 계옥현 Kye Ok Hyon(3), 김상애 Kim Sang Ae(2), 김철남 Kim Chol Nam(1), 김홍도 Kim Hong Do(2), 리광일 Ri Kwang Il(2), 리원학 Ri Won Hak(2), 리윤호 Ri Yun Ho(1), 림용금 Rim Yong Gum(2), 민철림 Min Chol Rim(3), 박연희 Pak Yon Hui(3), 박영미 Pak Yong Mi(2), 박용준 Pak Yong Jun(1), 박은숙 Pak Un Suk(3), 방승선 Pang Sung Son(6), 신경남 Sim Kyong Nam(1), 안윤호 An Yun Ho(1), 안재현 An Jae Hyon(4), 엄일권 Om Il Gwon(1), 윤성준 Yun Song Jun(1), 장승진 Jang Sung Jin(2), 장옥란 Jang Ok Ran(4), 정광현 Jong Kwang Hyon(3), 정충국 Jong Chung Guk(1), 정현빈 Jong Hyon Bin(5), 한성호 Han Song Ho(1), 한승철 Han Sung Chol(1), 한영란 Han Yong Ran(1), 허달윤 Ho Tal Yun(2) | 61 |
| 54(일반위상수학) | 김사영 Kim Sa Yong(1), 김석철 Kim Sok Chol(2), 김윤미 Kim Yun Mi(1), 김은혁 Kim Un Hyok(1), 량해옥 Ryang Hae Ok(1), 리관성 Ri Kwang Song(1), 리태진 Ri Thae Jin(2), 림창일 Rim Chang Il(1), 문희남 Mun Hui Nam(1), 박설순 Pak Sol Sun(2), 서영남 So Yong Nam(1), 오철준 O Chol Jun(1), 유인봉 Yu In Bong(1), 채명일 Chae Myong Il(1) | 17 |
| 55(대수위상수학) | 김명일 Kim Myong Il(1), 김일국 Kim Il Guk(2), 김일화 Kim Il Hwa(1), 김진경 Kim Jin Gyong(1), 류태원 Ryu Tae Won(8), 리성식 Ri Song Sik(1), 리윤호 Ri Yun Ho(1), 리정수 Ri Jong Su(2), 리창복 Ri Chang Bok(7), 오성중 O Song Jung(3), 임설홍 Im Sol Hong(1), 정광현 Jong Kwang Hyon(2), 조정철 Jo Jong Chol(2), 최성국 Choe Song Guk(1) | 33 |
| 57(다양체와 셀 복체) | 류일형 Ryu Il Hyong(1), 류해동 Ryu Hae Dong(1) | 2 |
| 58(대역해석, 다양체위의 해석학) | 계진경 Kye Jin Gyong(1), 박윤호 Pak Yun Ho(2), 신경남 Sin Kyong Nam(1), 신성길 Sin Song Gil(1), 안재현 An Jae Hyon(1), 엄철진 Om Chol Jin(1), 엄철진 Om Chol Jin(1), 정광현 Jong Kwang Hyon(2), 정현빈 Jong Hyon Bin(3), 조정원 Jo Jong Won(1), 차광혁 Cha Kwang Hyok(1) | 15 |
| 60(확률론과 확률과정) | 강철룡 Kang Chol Ryong(4), 국영만 Kuk Yong Man(1), 권혁준 Kwon Hyok Jun(2), 김경희 Kim Kyong Hui(4), 김광훈 Kim Kwang Hun(2), 김만부 Kim Man Bu(1), 김명화 Kim Myong Hwa(1), 김문철 Kim Mun Chol(2), 김상애 Kim Sang Ae(1), 김선향 Kim Son Hyang(1), 김설희 Kim Sol Hui(2), 김순실 Kim Sun Sil(1), 김승규 Kim Sung Gyu(2), 김옥순 Kim Ok Sun(1), 김재원 Kim Jae Won(1), 김정길 Kim Jong Gil(2), 김정실 Kim Jong Sil(2), 김주경 Kim Ju Gyong(5), 김천을 Kim Chon Ul(4), 김철 Kim Chol(3), 김철호 Kim Chol Ho(1), 김호석 Kim Ho Sok(2), 남영철 Nam Yong Chol(2), 동영희 Tong Yong | 112 |

| MSC | 저자명 | 총인원 |
|---|---|---|
| 60(확률론과 확률과정) | Hui(1), 렴광국 Ryom Gwang Guk(2), 리경식 Ri Kyong Sik(4), 리광 Ri Kwang(1), 리명철 Ri Myong Chol(1), 리성훈 Ri Song Hun(1), 리승현 Ri Sung Hyon(3), 리연숙 Ri Yon Suk(1), 리조양 Ri Jo Yang(1), 리진우 Ri Jin U(1), 명찬길 Myong Chan Gil(1), 문경민 Mun Kyong Min(1), 박금성 Pak Kum Song(1), 박성룡 Pak Song Ryong(2), 박순일 Pak Sun Il(1), 박현철 Pak Hyon Chol(1), 손영철 Son Yong Chol(1), 송성남 Song Song Nam(1), 신명국 Sin Myong Guk(1), 신철호 Sin Chol Ho(3), 안철훈 An Chol Hun(1), 안혜영 An Hye Yong(1), 윤금순 Yun Kum Sun(1), 윤성준 Yun Song Jun(2), 장정혁 Jang Jong Hyok(1), 전덕민 Jon Tok Min(1), 전용철 Jon Yong Chol(4), 전철 Jon Chol(2), 정명국 Jong Myong Guk(1), 조동섭 Jo Tong Sop(1), 조성철 Jo Song Chol(4), 조주경 Jo Ju Kyong(4), 주광선 Ju Kwang Son(1), 주창일 Jun Chang Il(1), 채주명 Chae Ju Myong(2), 최성일 Choe Song Il(1), 최영국 Choe Yong Guk(2), 최창일 Choe Chang Il(1), 한태욱 Han Thae Uk(3), 홍성남 Hong Song Nam(1), 홍현동 Hong Hyon Dong(1) | |
| 62(통계학) | 고철복 Ko Chol Bok(4), 김강진 Kim Kang Jin(2), 김금철 Kim Kum Chol(1), 김문철 Kim Mun Chol(1), 김상애 Kim Sang Ae(1), 김석진 Kim Sok Jin(1), 김윤철 Kim Yun Chol(1), 김재금 Kim Jae Gum(2), 김재문 Kim Jae Mun(1), 김주경 Kim Ju Gyong(1), 김현희 Kim Hyon Hui(1), 김홍룡 Kim Hong Ryong(2), 로철연 Ro Chol Yon(1), 리광선 Ri Kwang Son(1), 리광원 Ri Kwang Won(2), 리광철 Ri Kwang Chol(1), 리금환 Ri Kum Hwan(1), 리만득 Ri Man Duk(1), 리명옥 Ri Myong Ok(2), 리선희 Ri Son Hui(2), 리승현 Ri Sung Hyon(2), 리인철 Ri In Chol(3), 리조양 Ri Jo Yang(4), 리창균 Ri Chang Gyun(1), 리창민 Ri Chang Min(2), 리필주 Ri Phil Ju(1), 림광서 Rim Kwang So(1), 림시렬 Rim Si Ryol(1), 림창호 Rim Chang Ho(3), 명찬길 Myong Chan Gil(1), 문경민 Mun Kyong Min(1), 박남혁 Pak Nam Hyok(1), 박윤복 Pak Yun Bok(2), 박일룡 Pak Il Ryong(1), 박철홍 Pak Chol Hong(1), 서봉학 So Pong Hak(3), 승철 Sung Chol(2), 양선녀 Yang Son Nyo(2), 오관일 O Kwan Il(1), 오필훈 O Phil Hun(1), 윤광 Yun Kwang(2), 윤광묵 YunKwang Muk(1), 윤명남 Yun Myong Nam(1), 윤성준 Yun Song Jun(1), 임영민 Im Yong Min(3), 장광철 Jang Kwang Chol(1), 장창수 Jang Chang Su(2), 정성혁 Jong Song Hyok(1), 정은설 Jong Un Sol(4), 정철진 Jong Chol Jin(1), 정철혁 Jong Chol Hyok(1), 조동섭 Jo Tong Sop(2), 조철민 Jo Chol Min(1), 최성호 Choe Song Ho(1), 최현아 Choe Hyon A(1), 한광룡 Han Kwang Ryong(3), 한영환 Han Yong Hwan(1), 한은정 Han Un Jong(1), 한학철 Han Hak Chol(1), 허영 Ho Yong(1), 홍평일 Hong Pyong Il(1), 홍현동 Hong Hyon Dong(1), 황성진 Hwang Song Jin(1) | 96 |

| MSC | 저자명 | 총인원 |
| --- | --- | --- |
| 65(수치해석) | 강영숙 Kang Yong Suk(1), 강준영 Kang Jun Yong(1), 고광철 Ko Kwang hol(1), 고덕삼 Ko Tok Sam(2), 고명환 Go Myong Hwan(2), 공진황 Kong Jin Hwang(1), 구금성 Ku Kum Song(4), 김경일 Kim Kyong Il(1), 김경철 Kim Kyong Chol(5), 김경희 Kim Kyong Hui(1), 김광일 Kim Kwang Il(6), 김광학 Kim Kwang Hak(1), 김귀순 Kim Kwi Sun(1), 김기렬 Kim Ki Ryol(1), 김동광 Kim Tong Gwang(1), 김동길 Kim Tong Gil(1), 김동천 Kim Tong Chon(2), 김동호 Kim Tong Ho(1), 김명일 Kim Myong Il(3), 김병배 Kim Pyong Bae(8), 김선미 Kim Son Mi(1), 김성광 Kim Song Gwang(2), 김성남 Kim Song Nam(1), 김성학 Kim Song Hak(1), 김성혁 Kim Song Hyok(1), 김승일 Kim Sung Il(1), 김영수 Kim Yong Su(1), 김영주 Kim Yong Ju(1), 김옥 Kim Ok(1), 김원제 Kim Won Je(1), 김윤철 Kim Yun Chol(1), 김은래 Kim Un Rae(1), 김은철 Kim Un Chol(3), 김인봉 Kim In Bong(1), 김종철 Kim Jong Chol(1), 김창민 Kim Chang Min(1), 김천을 Kim Chon Ul(1), 김철수 Kim Chol Su(1), 김철학 Kim Chol Hak(1), 김추길 Kim Chu Gil(1), 김택종 Kim Taek Jong(2), 김학성 Kim Hak Song(1), 김현철 Kim Hyon Chol(1), 김호철 Kim Ho Chol(1), 김화숙 Kim Hwa Suk(1), 도정철 To Jong Chol(1), 류성근 Ryu Song Gun(1), 류호원 Ryu Ho Won(1), 리광석 Ri Kwang Sok(1), 리광일 Ri Kwang Il(1), 리근영 Ri Kun Yong(1), 리덕남 Ri Tok Nam(1), 리명순 Ri Myong Sun(1), 리생용 Ri Saeng Yong(2), 리성수 Ri Song Su(1), 리성호 Ri Song Ho(1), 리연화 Ri Yon Hwa(1), 리영건 Ri Yong Gon(4), 리은성 Ri Un Song(1), 리정길 Ri Jong Gil(1), 리정림 Ri Jong Rim(1), 리종일 Ri Jong Il(1), 리철민 Ri Chol Min(1), 리철옥 Ri Chol Ok(1), 리철진 Ri Chol Jin(1), 리학렬 Ri Hak Ryol(1), 리현옥 Ri Hyon Ok(1), 림명길 Rim Myong Gil(5), 명성남 Myong Song Nam(1), 박남령 Pak Nam Ryong(1), 박대성 Pak Tae Song(1), 박두호 Pak Tu Ho(1), 박성복 Pak Song Bok(1), 박성재 Pak Song Jae(1), 박승삼 Pak Sung Sam(1), 박윤강 Pak Yun Gang(1), 박은순 Pak Un Sun(1), 박진성 Pak Jin Song(1), 박철림 Pak Chol Rim(1), 박철만 Pak Chol Man(1), 박태제 Pak Thae Je(1), 박현희 Pak Hyon Hui(1), 방주현 Pang Ju Hyon(1), 백원욱 Paek Won Uk(1), 변경훈 Pyon Kyong Hun(1), 서경애 So Kyong Ae(2), 서옥련 So Ok Ryon(1), 손영철 Son Yong Chol(7), 송영남 Song Yong Nam(1), 송창호 Song Chang Ho(14), 신설송 Sin Sol Song(1), 심선숙 Sim Son Suk(6), 심철 Sim Chol(2), 안철호 An Chol Ho(3), 양윤길 Yang Yun Gil(2), 엄정철 Om Jong Chol(1), 엄창국 Om Chang Guk(1), 오용욱 O Yong Uk(1), 오철규 O Chol Gyu(1), 오태근 O Thae Gun(1), 옥진성 Ok Jin Song(1), 우원 U Won(2), | 219 |

| MSC | 저자명 | 총인원 |
| --- | --- | --- |
| 65(수치해석) | 윤광룡 Yun Kwang Ryong(1), 윤길호 Yun Kil Ho(1), 윤남 Yun Nam(1), 윤정옥 Yun Jong Ok(2), 윤철희 Yun Chol Hui(1), 윤현일 Yun Hyon Il(1), 장철우 Chang Chol U(1), 장철호 Jang Chol Ho(1), 정광호 Jong Kwang Ho(1), 정만홍 Jong Man Hung(3), 정재부 Jong Jae Bu(1), 정창일 Jong Chang Il(1), 조병일 Jo Pyong Il(1), 조숙정 Jo Suk Jong(1), 조희철 Jo Hui Chol(1), 주정철 Ju Jong Chol(1), 주창일 Ju Chang Il(1), 지상호 Chi Sang Ho(1), 최동종 Choe Tong Jong(1), 최동호 Choe Tong Ho(1), 최미향 Choe Mi Hyang(1), 최억성 Choe Ok Song(1), 최영수 Choe Yong Su(1), 최주원 Choe Ju Won(5), 최창혁 Choe Chang Hyok(1), 최철수 Choe Chol Su(1), 최희성 Choe Hui Song(2), 최희철 Choe Hui Chol(1), 한범 Han Pom(1), 한윤필 Han Yun Phil(1), 한정보 Han Jong Bo(1), 한철룡 Han Chol Ryong(1), 한치준 Han Chi Jun(1), 허경일 Ho Kyong Il(1), 허동수 Ho Dong Su(1), 허동수 Ho Tong Su(1), 허윤성 Ho Yun Song(1), 현봉철 Hyong Poing Chol(1), 현영춘 Hyon Yong Chun(5), 홍순권 Hong Sun Gwon(4), 홍형기 Hong Hyong Gi(1), 황명근 Hwang Myong Gun(2) | |
| 68(컴퓨터 과학) | 강진혁 Kang Jin Hyok(2), 공혜옥 Kong Hye Ok(2), 곽창만 Kwak Chang Man(1), 김국환 Kim Kuk Hwan(1), 김명범 Kim Myong Bom(1), 김성남 Kim Song Nam(1), 남궁진 Nam Kung Jin(1), 독고혜영 Tokgo Hye Yong(1), 량승현 Ryang Sung Hyon(1), 리광일 Ri Kwang Il(1), 리명훈 Ri Myong Hun(1), 리순경 Ri Sun Gyong(2), 리현술 Ri Hyon Sul(1), 림영성 Rim Yong Song(1), 림윤철 Rim Yun Chol(1), 림향화 Rim Hyang Hwa(1), 박찬빈 Pak Chan Bin(1), 백영민 Paek Yong Min(1), 송철수 Song Chol Su(1), 심원진 Sim Won Jin(1), 오광남 O Kwang Nam(1), 원리연 Won Ri Yon(1), 원정하 Won Jong Ha(1), 전경선 Jon Kyong Son(1), 전금성 Jon Kum Song(1), 정광철 Jong Kwang Chol(1), 조명희 Jo Myong Hui(1), 조성두 Jo Song Du(2), 최영화 Choe Yong Hwa(1), 한광국 Han Kwang Guk(1), 허명송 Ho Myong Song(1) | 35 |
| 70(입자역학과 계) | 고철명 Ko Chol Myong(1), 김영성 Kim Yong Song(1), 김학선 Kim Hak Son(1), 리경룡 Ri Kyong Ryong(1), 리원준 Ri Won Jun(1), 박혁철 Pak Hyok Chol(1), 배남철 Pae Nam Chol(1) | 7 |
| 74(가변체 역학) | 강명채 Kang Myong Chae(1), 공진황 Kong Kin Hwang(1), 곽창만 Kwak Chang Man(2), 권리경 Kwon Ri Gyong(1), 길광혁 Kil Kwang Hyok(1), 김관일 Kim Kwan Il(1), 김대성 Kim Tae Song(1), 김두학 Kim Tu Hak(1), 김명범 Kim Myong Bom(1), 김성봉 Kim Song Bong(1), 김성일 Kim Song Il(1), 김영훈 Kim Yong Hun(1) ,김유성 Kim Yu Song(1), 김정혁 Kim Jong Hyok(2), 김준용 Kim Jun Yong(3), 김준철 Kim Jun Chol(1), 김철수 Kim Chol Su(1), 김철식 Kim Chol Sik(1), | 86 |

| MSC | 저자명 | 총인원 |
|---|---|---|
| 74(가변체 역학) | 김치명 Kim Chi Myong(1), 라동선 Ra Tong Son(1), 리광령 Ri Kwang Ryong(1), 리병억 Ri Pyong Ok(1), 리생용 Ri Saeng Yong(1), 리영실 Ri Yong Sil(1), 리준혁 Ri Jun Hyok(2), 리창민 Ri Chang Min(1), 리현덕 Ri Hyon Dok(1), 리희균 Ri Hui Gyun(5), 배청남 Pae Chong Nam(2), 백흠찬 Paek Hum Chan(1), 서혁만 So Hyok Man(1), 성동규 Song Thong Gyu(1), 안재철 An Jae Chol(1), 안창권 An Chang Gwon(1), 연철 Yun Chol(1), 오영재 O Yong Jae(1), 오철진 O Chol Jin(1), 오한승 O Han Sung(1), 위광현 Ui Kang Hyon(1), 윤광룡 Yun Kwang Ryong(1), 임희근 Im Hui Gun(1), 장철 Jang Chol(1), 정향옥 Jong Hyang Ok(1), 조성철 Jo Song Chol(1), 조용수 Jo Yong Su(1), 차금룡 Cha Kum Ryong(1), 최기복 Choe Gi Bok(8), 최명희 Choe Myong Hui(1), 최승철 Choe Sung Chol(1), 최재우 Choe Jae U(1), 최학룡 Choe Hak Ryong(1), 최희성 Choe Hui Song(1), 한서규 Han So Gyu(1), 함성일 Ham Song Il(2), 홍원 Hong Won(1), 홍현식 Hong Hyon Sik(7), 황옥화 Hwang Ok Hwa(1), 황철주 Hwang Chol Ju(1) | |
| 76(유체역학) | 구금성 Ku Kum Song(1), 김강일 Kim Kang Il(2), 김남혁 Kim Nam Hyok(1), 김두진 Kim Tu Jin(1), 김병배 Kim Pyong Bae(1), 김성훈 Kim Song Hun(3), 김은철 Kim Un Chol(2), 김종성 Kim Jong Song(1), 김종윤 Kim Jong Yun(1), 도정철 To Jong Chol(2), 리광령 Ri Kwang Ryong(1), 리문혁 Ri Mun Hyok(1), 리성호 Ri Song Ho(1), 리철민 Ri Chol Min(2), 리현수 Ri Huon Su(4), 박경철 Pak Kyong Chol(2), 박길성 Pak Kil Song(1), 박대성 Pak Tae Song(1), 박송욱 Pak Song Uk(2), 박정철 Pak Jong Chol(1), 손남진 Son Nam Jin(1), 송창호 Song Chang Ho(1), 심영진 Sim Yong Jin(2), 오철규 O Chol Gyu(1), 오현일 O Hyon Il(1), 위광현 Ui Kang Hyon(3), 장혁 Jang Hyok(1), 전명철 Jon Myong Chol(2), 전성혁 Jon Song Hyok(1), 최명활 Choe Myong Hwal(1), 최철웅 Choe Chol Ung(1), 최학룡 Choe Hak Ryong(2), 최희성 Choe Hui Song(1), 태성 Thae Song(1), 홍학호 Hong Hak Ho(2), 황철준 Hwang Chol Jun(3) | 55 |
| 78(광학, 전자기학) | 해당 무 | |
| 80(고전열역학, 열전달) | 김철림 Kim Chol Rim(1), 리정길 Ri Jong Gil(1), 리철만 Ri Chol Man(2), 심선숙 Sim Son Suk(1), 장학철 Jang Hak Chol(1), 정기연 Jong Ki Yon(1), 정기연 Jong Ki Yon(1) | 8 |
| 81(양자론) | 해당 무 | |
| 82(통계역학, 물체구조) | 리종혁 Ri Jong Hyok(1) | 1 |
| 83(상대성과 중력이론) | 해당 무 | |
| 85(천문학과 천체물리학) | 해당 무 | |
| 86(지구물리학) | 리남수 Ri Nam Su(1) | 1 |

| MSC | 저자명 | 총인원 |
| --- | --- | --- |
| 90(OR과 수리계획) | 강금식 Kang Kum Sik(1), 강리섭 Kang Ri Sop(7), 강성범 Kang Song Bom(1), 강숭일 Kang Sung Il(1), 강애란 Kang Ae Ran(1), 강인복 Kang In Bok(1), 강태산 Kang Thae San(2), 강혁 Kang Hyok(1), 고룡남 Ko Ryong Nam(1), 고윤희 Ko Yun Hui(1), 공련숙 Kong Ryon Suk(1), 곽창혁 Kwak Chang Hyok(1), 구정란 Ku Jong Ran(1), 김강훈 Kim Kang Hun(1), 김경호 Kim Kyong Ho(1), 김광남 Kim Kwang Nam(2), 김광선 Kim Kwang Son(1), 김광성 Kim Kwang Song(1), 김동일 Kim Tong Il(1), 김룡국 Kim Ryong Guk(1), 김룡진 Kim Ryong Jin(2), 김만수 Kim Man Su(1), 김명균 Kim Myong Gyun(1), 김명범 Kim Myong Bom(1), 김명준 Kim Myong Jun(2), 김명찬 Kim Myong Chan(1), 김명희 Kim Myong Hui(2), 김미순 Kim Mi Sun(1), 김상림 Kim Sang Rim(2), 김성윤 Kim Song Yun(3), 김성화 Kim Song Wha(1), 김세근 Kim Se Gun(1), 김순실 Kim Sun Sil(1), 김순호 Kim Sun Ho(1), 김영 Kim Yong(9), 김영금 Kim Yong Gum(1), 김영남 Kim Yong Nam(1), 김영수KimYong Su(1), 김영재 Kim Yong Jae(1), 김영철 Kim Yong Chol(1), 김영훈 Kim Yong Hun(1), 김옥희 Kim Ok Hui(2), 김용식 Kim Yong Sik(1), 김용진 Kim Yong Jin(3), 김윤길 Kim Yun Gil(17), 김윤미 Kim Yun Mi(3), 김윤철 Kim Yun Chol(6), 김은표 Kim Un Phyo(1), 김을현 Kim Ul Hyon(1), 김익선 Kim Ik Son(2), 김인철 Kim In Chol(2), 김일창 Kim Il Chang(1), 김정만 Kim Jong Man(2), 김정혁 Kim Jong Hyok(1), 김정회 Kim Jong Hoi(2), 김정희 Kim Jong Hui(1), 김진철 Kim Jin Chol(2), 김창민 Kim Chang Min(2), 김철국 Kim Chol Guk(2), 김철남 Kim Chol Nam(2), 김철룡 Kim Chol Ryong(2), 김철수 Kim Chol Su(1), 김철종 Kim Chol Jong(2), 김혁철 Kim Hyok Chol(2), 김현수 Kim Hyon Su(1), 김형필 Kim Hyong Pil(1), 남궁균 Nam Kung Gyun(1), 동영희 Tong Yong Hui(1), 라광철 Ra Gwang Chol(1), 라영남 Ra Yong Nam(1), 량서연 Ryang So Yon(4), 량희웅 Ryang Hui Ung(3), 류만철 Ryu Man Chol(3), 리광룡 Ri Kwang Ryong(1), 리광식 Ri Kwang Sik(1), 리광주 Ri Kwang Ju(2), 리광진 Ri Kwang Jin(1), 리근배 Ri Kum Bae(2), 리근철 Ri Kun Chol(1), 리대경 Ri Tae Gyong(2), 리봉철 Ri Pong Chol(1), 리상철 Ri Sang Chol(1), 리성호 Ri Song Ho(2), 리성훈 Ri Song Hun(1), 리수복 Ri Su Bok(1), 리승현 Ri Sung Hyon(1), 리영훈 Ri Yong Hun(1), 리옥실 Ri Ok Sil(2), 리일철 Ri Il Chol(2), 리일혁 Ri Il Hyok(2), 리종욱 Ri Jong Uk(11), 리창애 Ri Chang Ae(1), 리철준 Ri Chol Jun(1), 리춘성 Ri Chun Song(1), 리충성 Ri Chung Song(1), 리태성 Ri Thae Song(1), 리태웅 Ri Thae Ung(2), 리현철 Ri Hyon Chol(1), 리홍일 Ri Hong Il(1), 림경진 Rim Kyong Jin(1), 림광락 Rim Kwang Rak(1), 림광서 Rim Kwang So(2), 림정남 Lim Jong Nam(1), 림학성 Rim Hak Song(1), 문경미 Mun Kyong Mi(2), 문경호 Mun Kyong Ho(2), 문광철 Mun Kwang Chol(1), 문창일 Mun | 388 |

| MSC | 저자명 | 총인원 |
|---|---|---|
| 90(OR과 수리계획) | Chang Il(1), 문희철 Mun Hui Chol(1), 민성기 Min Song Gi(1), 박경수 Pak Kyong Su(1), 박광일 Pak Kwang Il(3), 박룡철 Pak Ryong Chol(3), 박삼혁 Pak Sam Hyok(1), 박성일 Pak Song Il(3), 박성철 Pak Song Chol(1), 박성학 Pak Song Hak(1), 박영일 Pak Yong Il(1), 박영진 Pak Yong Jin(1), 박일영 Pak Il Yong(2), 박찬빈 Pak Chan Bin(1), 박철우 Pak Chol U(1), 박철홍 Pak Chol Hong(5), 박태제 Pak Thae Je(1), 방윤철 Pang Yun Chol(1), 방은실 Pang Un Sil(1), 배성한 Pae Song Han(1), 백승륭 Paek Sung Ryung(2), 서강호 So Kang Ho(1), 서봉학 So Pong Hak(1), 석영심 Sok Yong Sim(1), 손광 Son Gwang(1), 손용국 Son Yong Guk(1), 송선옥 Song Son Ok(1), 송철수 Song Chol Su(1), 송혜영 Song Hye Yong(1), 신상복 Sin Sang Bok(2), 신영히 Sin Yong Hi(1), 심성호 Sim Song Ho(2), 안순영 An Sun Yong(1), 엄형수 Om Hyong Su(2), 여영호 Yo Yong Ho(1), 오경철 O Kyong Chol (1), 오상렬 O Sang Ryol(1), 오용범 O Yong Bom(1), 오정현 O Jong Hyon(1), 오형철 O Hyong Chol(1), 오화성 O Hwa Song(1), 우승식 U Sung Sik(3), 원리연 Won Ri Yon(1), 원영섭 Won Yong Sop(1), 유만철 Yu Man Chol(3), 유정희 Yu Song Hui(1), 윤금순 Yun Kum Sun(1), 윤금철 Yun Kum Chol(1), 윤남진 Yun Nam Jin(2), 윤명환 Yun Myong Hwan(2), 윤은진 Yun Un Jin(2), 윤은철 Yun un Chol(1), 윤진성 Yun Jin Song(1), 윤철준 Yun Chol Jun(1), 장룡섭 Jang Ryong Sop(1), 장영희 Jang Yong Hui(1), 장원철 Jang Won Chol(3), 장은주 Jang Un Ju(1), 장철민 Jang Chol Man(2), 전금별 Jon Kum Byol(2), 전윤재 Jon Yun Jae(1), 정경복 Jong Kyong Bok(2), 정광호 Jong Kwang Ho(1), 정복남 Jong Bok Nam(3), 정영세 Jong Yong Se(2), 정영찬 Jong Yong Chan(2), 정윤철 Jong Yun Chol(13), 정철범 Jong Chol Bom(1), 정홍준 Jong Hong Jun(2), 조동섭 Jo Tong Sop(16), 조만희 Jo Man Hui(1), 조명진 Jo Myong Jin(1), 조영기 Jo Yong Gi(1), 조혜성 Jo Hye Song(1), 주광준 Ju Kwang Jun(2), 주춘옥 Ju Chun Ok(2), 차금희 Cha Kum Hui(1), 천명철 Chon Myong Chol(1), 천정철 Chon Jong Chol(2), 최광영 Choe Kwang Yong(1), 최동종 Choe TongJong(2), 최성 Choe Song(1), 최성준 Choe Song Jun(1), 최원철 Choe Won Chol(1), 최재우 Choe Jae U(8), 최정철 Choe Jong Chol(1), 최철준 Choe Chol Jum(1), 최청일 Choe Chang Il(2), 최한철 Choe Han Chol(1), 최현일 Choe Hyon Il(1), 한경화 Han Kyong Hwa(1), 한성호 Han Song Ho(1), 한수일 Han Su Il(3), 한일룡 Han Il Ryong(1), 한학철 Han Hak Chol(1), 한훈 Han Hun(1), 함수옥 Ham Su Ok(1), 허명호 Ho Myong Ho(6), 허영 Ho Yong(2), 현명일 Hyon Myong Il(2), 현철 Hyon Chol(2), 홍광월 Hong Kwang Wol(1), 홍영일 Hong Yong Il(1), 황원철 Hwang Won Chol(2), 황정심 Hwang Jong Sim(1), 황철준 Hwang Chol Jun(3), 황혜란 Hwang Hye Ran(2), | |

| MSC | 저자명 | 총인원 |
|---|---|---|
| 91(게임이론, 경제학, 사회 및 행동과학) | 강혁 Kang Hyok(1), 김경희 Kim Kyong Hui(1), 김남웅 Kim Nam Ung(1), 김룡철 Kim Ryong Chol(1), 김명환 Kim Myong Hwan(2), 김병수 Kim Pyong Su(1), 김윤길 Kim Yun Gil(1), 김철호 Kim Chol Ho(2), 김호철 Kim Ho Chol(3), 라영남 Ra Yong Nam(2), 로영화 Ro Yong Hwa(2), 류영철 Ryu Yong Chol(3), 리광진 Ri Kwang Jin(1), 리성훈 Ri Song Hun(1), 리승현 Ri Sung Hyon(2), 리옥실 Ri Ok Sil(1), 박용준 Pak Yong Jun(1), 송남철 Song Nam Chol(1), 여영호 Yo Yong Ho(1), 오형철 O Hyong Chol (4), 윤광 Yun Kwang(3), 최철훈 Choe Chol Hun(2), 최학천 Choe Hak Chon(1), 황보철혁 Hwangbo Chol Hyok(1) | 39 |
| 92(생물학과 타 자연과학 | 해당 무 | |
| 93(시스템이론, 제어) | 고윤희 Ko Yun Hui(1), 김걸 Kim Gol(1), 김경순 Kim Kyong Sun(1), 김광호 Kim Kwang Ho(2), 김명준 Kim Myong Jun(2), 김명호 Kim Myong Ho(1), 김성화 Kim Song Hwa(1), 김영춘 Kim Yong Chun(1), 김영호 Kim Yong Ho(1), 김옥향 Kim Ok Hyang(2), 김용진 Kim Yong Jin(1), 김웅 Kim Ung(1), 김윤길 Kim Yun Gil(1), 김은경 Kim Un Gyong(2), 김익권 Kim Ik Gwon(1), 김재문 Kim Jae Mun(1), 김정철 Kim Jong Chol(1), 김준혁 Kim Jun Hyok(1), 김진수 Kim Jin Su(1), 김창선 Kim Chang Son(2), 김현일 Kim Hyon Il(1), 김혜순 Kim Hye Sun(2), 량지성 Ryang Ji Song(1), 로원명 Ro Won Myong(1), 류경수 Ryu Kyong Su(1), 리경룡 Ri Kyong Ryong(1), 리성실 Ri Song Sil(1), 리영훈 Ri Yong Hun(1), 리장성 Ri Jang Song(2), 리조양 Ri Jo Yang(1), 리진명 Ri Jin Myong(1), 리헌수 Ri Hon Su(1), 문현배 Mun Hyon Bae(1), 박명일 Pak Myong Il(1), 박영실 Pak Yong Sil(1), 박일철 Pak Il Chol(1), 박철홍 Pak Chol Hong(3), 박현희 Pak Hyon Hui(2), 석영심 Sok Yong Sim(1), 석철수 Sok Chol Su(1), 손금철 Son Kum Chol(2), 손영철 Son Yong Chol(1), 신선진 Sin Son Jin(1), 신영기 Sin Yong Gi(2), 심선숙 Sim Son Suk(1), 오세일 O Se Il(1), 오현일 O Hyon Il(1), 윤선종 Yun Son Jong(1), 윤용훈 Yun Yong Hun(1), 윤창진 Yun Chang Jin(1), 윤창혁 Yun Chang Hyok(1), 임화 Im Hwa(1), 장영일 Jang Yong Il(1), 전수익 Jon Su Ik(1), 전호준 Jon Ho Jun(1), 정성호 Jong Song Ho(1), 조금순 Jo Kum Sun(1), 조동섭 Jo Tong Sop(8), 조철림 Jo Chol Rim(1), 지광명 Ji Kwang Myong(1), 차금희 Cha Kum Hui(1), 최만길 Choe Man Gil(1), 최재우 Choe Jae U(1), 최철웅 Choe Chol Ung(1), 최현일 Choe Hyon Il(5), 허명송 Ho Myong Song(1), 허설송 Ho Sol Song(1), 홍기명 Hong Ki Myong(1), 홍표 Hong Pyo(1), 황명근 Hwang Myong Gun(1) | 93 |
| 94(정보와 통신, 회로이론) | 강명철 Kang Myong Chol(2), 강주황 Kang Ju Hwang(1),강철원 Kang Chol Won(1), 고형수 Ko Hyong Su(1), 김경수 Kim Kyong | |

| MSC | 저자명 | 총인원 |
|---|---|---|
| 94(정보와 통신, 회로이론) | Su(1), 김경철 Kim Kyong Chol(1), 김경희 Kim Kyong Hui(1), 김관무 Kim Kwan Mu(1), 김광연 Kim Gwang Yon(1), 김광일 Kim Kwang Il(1), 김광호 Kim Kwang Ho(6), 김국철 Kim Kuk Chol(2), 김금혁 Kim Kum Hyok(1), 김기준 Kim Ki Jun(1), 김남철 Kim Nam Chol(1), 김룡진 Kim Ryong Jin(1), 김률 Kim Ryul(4), 김명광 Kim Myong Gwang(2), 김서인 Kim So In(5), 김선주 KimSonJu(1), 김성광 Kim Song Gwang(1), 김성덕 Kim Song Dok(1), 김순희Kim Sun Hui(2), 김승일 Kim SongIl(1), 김신길 Kim Sin Gil(2), 김영진Kim Yong Jin(1), 김영철 Kim Yong Chol(1), 김용진 Kim Yong Jin(1), 김윤미 KimYunMi(2), 김윤철 Kim Yun Chol(1), 김익권 Kim Ik Gwon(1), 김진수 Kim Jin Su(1), 김철훈 Kim Chol Hun(2), 김평남 Kim Pyong Nam(1), 김평일 Kim Phyong Il(1), 김학철 Kim Hak Chol(1), 김해광 Kim Hae Gwang(2), 김현정 Kim Hyon Jong(2), 남선희 Nam Son Hui(1), 동남일 Tong Nam Il(1), 량지성 Ryang Ji Song(2), 렴성복 Ryom Song Bok(1), 로봉현 Ro Pong Hyon(3), 류동근 Ryu Tong Gun(1), 류옥남 Ryu Ok Nam(1), 류재관 Ryu Jae Gwan(1), 리강혁 Ri Kang Hyok(1), 리광철 Ri Kwang Chol(1), 리덕남 Ri Tok Nam(10), 리동섭 Ri Tong Sop(2), 리동철 RiTong Chol(1), 리병학 Ri Pyong Hak(2), 리성민 Ri Song Min(1), 리승현 Ri Sung Hyon(1), 리오희 Ri O Hui(1), 리인성(1), 리정혁 Ri Jong Hyok(1), 리종혁 Ri Song Hyok(1), 리철호 Ri Chol Ho(1), 리충성 Ri Chung Song(1), 리혜성 Ri Hye Song(1), 문철 Mun Chol(2), 박명일 Pak Myong Il(1), 박명학 Pak Myong Hak(1), 박영진 Pak Yong Jin(1), 박유석 Pak Yu Sok(1), 박정원 Pak Jong Won(2), 박철홍 Pak Chol Hong(2), 박혁철 Pak Hyok Chol(1), 반정철 Pan Jong Chol(1), 배현숙 Pae Hyon Suk(1), 배현애 Pae Hyon Ae(1), 백윤철 Paek Yun Chol(1), 서정식 So Jong Sik(1), 소홍철 So Hong Chol(1), 송억현 Son Ok Hyon(3), 송현준 Song Hyon Jun(1), 신동열 Sin Tong Yol(1), 신란희 Sin Ran Hui(1), 신선진 Sin Son Jin(1), 신세흥 Sin Se Hung(1), 신창현 Sin Chang Hyon(4), 신철순 Sin Cho lSun(3), 심용진 Sim Yong Jin(2), 안광수 An Kwang Su(1), 양원철 Yang Won Chol(1), 양충일 Yang Chung Il(1), 오금숙 O Kum Suk(1), 오세일 O Se Il(1), 오유성 O Yu Song(8), 우강철 U Kang Chol(1), 우승식 U Sung Sik(1), 유경일 Yu Kyong Il(1), 윤명남 Yun Myong Nam(1), 윤성준 Yun Song Jun(1), 윤진혁 Yun Jin Hyok(1), 임명재 Im Myong Jae(1), 장두환 Jang Tu Hwan(1), 장학철 Jang Hak Chol(1), 전원혁 Jon Won Hyok(1), 정련희 Jong Ryon Hui(1), 정화산 Jong Hwa San(1), 정효진 Jong Hyo Jin(1), 조두진 Jo Tu Jin(1), 조설향 Jo Sol Hyang(1), 조성두 Jo Song Du(1), 주영철 Ju Yong Chol(2), 진경희 Jin Kyong Hui(1), 차현 Cha Hyon(1), 최경일 Choe Kyong Il(1), 최명헌 Choe Myong Hon(1), 최성국 Choe Song Guk(1), 최성일 Choe | 175 |

| MSC | 저자명 | 총인원 |
|---|---|---|
| 94(정보와 통신, 회로이론) | Song Il(1), 최용진 Choe Yong Jin(1), 최정혁 Choe Jong Hyok(1), 최철민 Choe Chol Min(1), 탁은경 Thak Un Gyong(1), 한룡우 Han Ryong U(2), 한창주 Han Chang Ju(1) | |
| 97(수학교육) | 해당 무 | |
| 합계 | | 2,166 |

## 2. 수학 한글 용어 자료

### 1) 남한 · 북한 · 일본 조총련계 수학교과서에 나오는 수학 용어 비교

| 남한 | 북한 | 조총련 | 비고 |
| --- | --- | --- | --- |
| 1원, 미지수가 한 개 | 1원 | 1원 | |
| n각형 | n각형 | n각형 | |
| n계도함수 | n계도함수 | 제n차도함수 | |
| n제곱근 | n제곱뿌리 | n승근 | |
| x좌표 | x자리표 | x좌표 | |
| y좌표 | y자리표 | y좌표 | |
| 가감법 | 더덜기법 | 가감법 | |
| 가로좌표 | 가로자리표 | 가로좌표 | |
| 가로축 | 가로축 | 가로축 | |
| 가분수 | 가분수 | 가분수 | |
| 가수 | 더하는수 | 더하는수 | |
| 가수 | 가수 | 가수 | 로그 |
| 가정 | 가정, 가설 | 가정 | |
| 각 | 각 | 각 | |
| 각기둥 | 각기둥, 프리즘 | 각기둥 | |
| 각도 | 각도 | 각도 | |
| 각뿔 | 각뿔 | 각추 | |
| 감소함수 | 주는함수 | 감소함수 | |
| 감수 | 더는수 | 더는수 | |
| 값 | 값 | 치 | |
| 개구간, 열린구간 | 열린구간 | 개구간 | |
| 거듭제곱 | 제곱 | 루승 | |
| 거리 | 거리 | 거리 | |
| 겉넓이 | 겉넓이 | 겉넓이 | |
| 겉면 | 겉면 | 표면 | |
| 겉면적 | 겉면적 | 표면적 | |
| 겨냥도 | 배치도 | 견취도 | |
| 결론 | 결론 | 결론 | |
| 결합법칙 | 묶음법칙 | 결합법칙 | |

| 남한 | 북한 | 조총련 | 비고 |
|---|---|---|---|
| 경계 | 경계 | 경계 | |
| 경사 | 경사 | 경사 | |
| 경사각 | 경사각 | 경사각 | |
| 경우 | 경우 | 경우 | |
| 경우의 수 | 경우 따지기 | 경우의 수 | |
| 계급 | 급 | 급 | |
| 계급의 폭 | 급간격 | 급의 폭 | |
| 계량 | 계량 | 계량 | |
| 계산기 | 계산기, 탁상콤퓨터 | 계산기, 전탁 | |
| 계산법 | 계산법 | 계산법 | |
| 계수 | 곁수 | 계수 | |
| 계승, 차례곱 | 차례곱 | 계승 | |
| 고계도함수 | 고계도함수 | 고계도함수 | |
| 고립점 | 외딴점 | 고립점 | |
| 곡면 | 곡면 | 곡면 | |
| 곡선 | 곡선, 굽은선 | 곡선 | |
| 곱 | 적 | 적 | |
| 곱사건 | 적사건 | 적사상 | |
| 곱셈 | 곱하기 | 곱하기, 승법 | |
| 곱셈과 나눗셈 | 곱하기와 나누기 | 승제법 | |
| 공간 | 공간도형 | 공간 | |
| 공간도형 | 공간도형 | 공간도형 | |
| 공배수 | 공통곱절수, 공배수 | 공배수 | |
| 공비 | 공통비 | 공비 | |
| 공사건 | 빈사건 | 공사상 | |
| 공식 | 공식 | 공식 | |
| 공액복소수 | 공액복소수 | 공역복소수 | |
| 공약수 | 공통약수 | 공약수 | |
| 공유점 | 공통점 | 공유점 | |
| 공집합 | 빈모임 | 공집합 | |
| 공차 | 공통차 | 공차 | |
| 공통변 | 공통변 | 공통변 | |
| 공통분모 | 공통분모 | 공통분모 | |
| 공통인수 | 공통인수 | 공통인수 | |

| 남한 | 북한 | 조총련 | 비고 |
|---|---|---|---|
| 공통점 | 공통점 | 공통점 | |
| 공통해, 공통근 | 공통풀이 | 공통해 | |
| 공통현 | 공통활줄 | 공통현 | |
| 관계 | 관계 | 관계 | |
| 관측 | 관측 | 관측 | |
| 교각 | 사귄각 | 교각 | |
| 교선 | 사귀는선, 사귐선 | 교선 | |
| 교점 | 사귐점 | 교점 | |
| 교점(교차점) | 사귐점 | 교차점 | |
| 교집합 | 사귐, 공통부분 | 공통집합 | |
| 교환법칙 | 바꿈법칙 | 교환법칙 | |
| 구 | 구 | 구 | |
| 구간 | 구간 | 구간 | |
| 구구단 | 구구표 | 구구표 | |
| 구분구적법 | | 구분구적법 | |
| 국소해 | 국부풀이 | 국소해 | |
| 굴절 | 굴절 | 굴절 | |
| 궤적(궤도) | 자리길 | 궤적 | |
| 귀류법 | 귀유법 | 배리법 | |
| 균형 | 평형, 비김 | 균형 | |
| 그래프 | 그라프 | 그라프 | |
| 극 | 극, 극점 | 극 | pole |
| 극값 | 극값 | 극치 | |
| 극좌표 | 극자리표 | 극좌표 | |
| 극한 | 극한 | 극한 | |
| 극한값 | 극한값 | 극한치 | |
| 극한점 | 극한점, 쌓인점 | 극한점 | |
| 근 | 뿌리 | 해 | |
| 근삿값 | 근사값 | 근사치 | |
| 근원사건 | 요소사건 | 근원사상 | |
| 근호 | 뿌리기호 | 근호 | |
| 기댓값 | 기대값 | 기대치 | |
| 기수, 홀수 | 홀수 | 기수 | odd number |
| 기수 | 모임의 크기 | 기수 | cardinal number |

| 남한 | 북한 | 조총련 | 비고 |
|---|---|---|---|
| 기약분수 | 기약분수 | 기약분수 | |
| 기약행렬 | 억세기행렬 | 기약행렬 | irreducible matrix |
| 기울기 | 방향곁수 | 방향계수 | gradient |
| 기준점 | 기준점 | 기준점 | |
| 기하 | 기하 | 기하 | |
| 기하평균, 등비중항 | 비례가운데마디 | 상승평균 | |
| 기하학 | 기하학 | 기하학 | |
| 기함수 | 홀함수 | 기함수 | |
| 길이 | 길이 | 길이 | |
| 꺾은선 | 꺾인선 | 절선 | |
| 꼭지점 | 정점 | 정점 | |
| 나누어짐 | 완제, 정제 | 정제 | |
| 나눗셈 | 나누기 | 나누기, 제법 | |
| 나머지 | 나머지 | 나머지 | |
| 나머지 정리 | 나머지정리 | 잉여정리 | |
| 내각 | 아낙각 | 내각 | |
| 내림차순 | 내리순(?) | 강차순 | |
| 내심 | 아낙중심 | 내심 | |
| 내적, 스칼라적 | 스칼라적, 내적 | 내적, 스칼라적 | |
| 내점 | 아낙점 | 내점 | |
| 내접 | 아낙닿이 | 내접 | |
| 내접원 | 아낙닿이원 | 내접원 | |
| 내항 | 아낙마디 | 내항 | |
| 넓이 | 면적, 넓이 | 면적 | |
| 노음 | 노름 | 노름 | |
| 노음공간 | 노름공간 | 노름공간 | |
| 논리 | 론리 | 론리 | |
| 논법 | 론법 | 론법 | |
| 논증 | 론증 | 론증 | |
| 높이 | 높이 | 높이 | |
| 눈금 | 눈금, 척도 | 눈금 | |
| 다각형 | 다각형 | 다각형 | |
| 다른 해 | 다른풀이 | 별해 | |
| 다이어그램 | 도표, 도식 | 다이야그람 | |

| 남한 | 북한 | 조총련 | 비고 |
|---|---|---|---|
| 다항식 | 여러마디식, 다항식 | 다항식 | |
| 단면 | 단면, 자른면 | 절단, 단면 | |
| 단위원 | 단위원 | 단위원 | |
| 단위원소 | 단위원소 | 단위원소 | |
| 단축 | 짧은축 | 단축 | |
| 단항식 | 홑마디식 | 단항식 | |
| 닮음 | 닮음 | 상사 | |
| 닮음비 | 닮음비 | 상사비 | |
| 닮음의 중심 | 닮음중심 | 상사중심 | |
| 대각, 맞꼭지각 | 맞문각 | 대각 | |
| 대각선 | 대각선 | 대각선 | |
| 대변 | 맞은변 | 대변 | |
| 대분수 | 데림분수 | 대분수 | |
| 대수 | 대수 | 대수 | |
| 대수학 | 대수학 | 대수학 | |
| 대우 | 거꿀반대 | 대우 | |
| 대우명제 | 거꿀반대명제 | 대우명제 | |
| 대원 | 큰원 | 큰원 | |
| 대응각 | 대응각 | 대응각 | |
| 대응변 | 대응변 | 대응변 | |
| 대응점 | 대응점 | 대응점 | |
| 대입 | 갈아넣기, 대입, 치환 | 대입 | |
| 대입한다 | 갈아넣는다 | 대입한다 | |
| 대칭 | 대칭 | 대칭 | |
| 대칭도형 | 대칭도형 | 대칭도형 | |
| 대칭점 | 맞놓인점, 대칭점 | 대칭점 | |
| 대칭축 | 대칭축 | 대칭축 | |
| 대표값 | 대표값 | 대표치 | |
| 덧셈 | 더하기 | 가법, 더하기 | |
| 덧셈과 뺄셈 | 더덜기 | 가감 | |
| 도수 | 빈도, 잦음수 | 도수 | |
| 도수분포표 | 잦음수분포표,<br>빈도(수)분포표 | 도수분포표 | |
| 도형 | 도형, 모양 | 도형 | |

| 남한 | 북한 | 조총련 | 비고 |
|---|---|---|---|
| 독립 | 독립변수 | 독립 | |
| 독립변수 | 독립변수 | 독립변수 | |
| 동류항 | 한또래마디 | 동류항 | |
| 동심 | 동심 | 동심 | |
| 동심원 | 동심원 | 동심원 | |
| 동심원주 | 동심원둘레 | 동심원주 | |
| 동위각 | 같은자리각 | 동위각 | |
| 동치, 동등 | 동등 | 동치 | |
| 동치관계 | 동등관계 | 동치관계 | |
| 동형 | 동형 | 동형 | |
| 두제곱 | 2제곱 | 2승 | |
| 둔각 | 무딘각 | 둔각 | |
| 둔각삼각형 | 무딘각3각형 | 둔각삼각형 | |
| 등각 | 같은각 | 등각 | |
| 등변사다리꼴 | 등각제형, 바른제형 | 등각대형 | |
| 등분 | 등분 | 등분 | |
| 등비수열 | 같은비수렬 | 등비수렬 | |
| 등식 | 같기식 | 등식 | |
| 등적 | 같은면적 | 등적 | |
| 등차수열 | 같은차수렬 | 등차수렬 | |
| 등호 | 등호 | 등호 | |
| 따름정리 | 따름 | 계 | |
| 로그, 대수 | 로그수 | 대수 | |
| 로그함수 | 로그함수 | 로그함수 | |
| 리터 | 리터 | 리터 | |
| 마름모 | 등변4각형 | 릉형 | |
| 마방진 | 마술방진 | 마방진 | |
| 마이너스 | 미누스 | 마이나스 | |
| 막대그래프 | 막대도표 | 막대그라프 | |
| 맞꼭지각 | 맞문각 | 대정각 | |
| 매개변수 | 보조변수 | 매개변수 | |
| 멱 | 거듭제곱 | 루승 | |
| 면 | 면 | 면 | |
| 명제 | 명제 | 명제 | |

| 남한 | 북한 | 조총련 | 비고 |
|---|---|---|---|
| 몇각형 | 몇각형 | 몇각형 | |
| 모선 | 모선 | 모선 | |
| 모서리 | 옆변, 모서리 | 측변 | |
| 모순 | 모순, 2률배반 | 모순 | |
| 몫 | 상 | 상 | |
| 무게 | 무게 | 무게 | |
| 무게중심 | 무게중심 | 무게중심 | |
| 무리수 | 무리수 | 무리수 | |
| 무리식 | 무리식 | 무리식 | |
| 무리함수 | 무리함수 | 무리함수 | |
| 무한급수 | 무한합렬 | 무한급수 | |
| 무한대 | 무한대 | 무한대 | |
| 무한등비급수 | 무한같은비합렬 | 무한등비급수 | |
| 무한소수 | 무한소수 | 무한소수 | |
| 무한수열 | 무한수열 | 무한수열 | |
| 무한집합 | 무한모임 | 무한집합 | |
| 문자 | 문자, 기호 | 문자 | |
| 미분계수 | 미분곁수 | 미분계수 | |
| 미지수가 2개 | 2원 | 2원 | |
| 미터m | 메터 | 메터 | |
| 밀도 | 밀도 | 밀도 | |
| 밀리 | 미리 | 미리 | |
| 밀리미터mm | 미리메터 | 미리메터 | |
| 밑각 | 밑각 | 저각 | |
| 밑면 | 밑면 | 저면 | |
| 밑면적 | 밑면적 | 저면적 | |
| 밑변 | 밑변 | 저변 | |
| 밑수 | 밑수 | 밑수 | 로그 |
| 반비례 | 거꿀비례 | 반비례 | |
| 반사 | 반사 | 반사 | |
| 반사각 | 반사각 | 반사각 | |
| 반사율 | 반사률 | 반사률 | |
| 반올림 | 둥그리기 | 4사5입 | |
| 반원 | 반원 | 반원 | |

| 남한 | 북한 | 조총련 | 비고 |
|---|---|---|---|
| 반원주 | 반원둘레 | 반원주 | |
| 반지름 | 반경 | 반경 | |
| 반직선 | 반직선 | 반직선 | |
| 방심 | 방심 | 방심 | 삼각형의 |
| 방정식 | 방정식 | 방정식 | |
| 배반사건 | 배반사건, 등진사건 | 배반사상 | |
| 배수 | 곱절수, 배수 | 배수 | |
| 백분율 | 백분율 | 백분률 | |
| 벡터 | 벡토르 | 벡토르 | |
| 법칙 | 법칙, 규칙 | 법칙 | |
| 벤 다이어그램 | 모임그림 | 벤 도형 | |
| 변 | 변 | 변 | |
| 변량 | 변량 | 변량 | |
| 변수 | 변수 | 변수 | |
| 변수변환 | 변수바꿈 | 변수변환 | |
| 변형 | 변형 | 변형 | |
| 보각 | 나머지각, 보각 | 보각 | |
| 보조정리, 도움정리 | 보조정리 | 보조정리 | |
| 볼록 | 볼록 | 볼록 | |
| 부등식 | 안같기식 | 부등식 | |
| 부등호 | 안같기기호 | 부등호 | |
| 부분집합 | 부분모임 | 부분집합 | |
| 부정 | 부정적분 | 부정 | |
| 부정적분 | 부정적분 | 부정적분 | |
| 부채꼴 | 부채형 | 부채형 | |
| 부피 | 체적, 용적 | 체적, 용적 | |
| 부호 | 부호 | 부호 | |
| 분도기 | 분도기 | 분도기 | |
| 분모 | 분모 | 분모 | |
| 분배법칙 | 분배법칙 | 분배법칙 | |
| 분수 | 분수 | 분수 | |
| 분자 | 분자 | 분자 | |
| 분포 | 분포 | 분포 | |
| 분할 | 나누기, 분할 | 분할 | |

| 남한 | 북한 | 조총련 | 비고 |
|---|---|---|---|
| 분해 | 분해 | 분해 | |
| 비 | 비, 비률 | 비 | |
| 비례 | 비례 | 비례 | |
| 비율 | 비률 | 비률 | |
| 빗금, 사선 | 빗선 | 사선 | |
| 빗변 | 빗변 | 사변 | |
| 뺄셈 | 덜기 | 감법, 덜기 | |
| 사각형 | 4각형 | 4각형, 사각형 | |
| 사건 | 사건 | 사상 | |
| 사다리꼴 | 제형 | 대형 | |
| 사면체 | 4면체 | 4면체, 사면체 | |
| 사변형 | 4변형 | 사변형 | |
| 사인 | 시누스 | 싸인, 정현 | |
| 사칙 | 사칙 | 사칙 | |
| 사칙셈법 | 사칙산법 | 4칙산법 | |
| 산수 | 산수 | 산수 | |
| 산술평균, 등차중항 | 산술평균 | 산술평균 | |
| 삼각기둥 | 3각기둥 | 삼각기둥 | |
| 삼각뿔 | 3각뿔 | 삼각추 | |
| 삼각형 | 3각형 | 3각형, 삼각형 | |
| 상관 | 상관 | 상관 | |
| 상대도수 | 상대빈도 | 상대도수 | |
| 상대도수분포표 | 상대빈도(수)분포표 | 상대도수분포표 | |
| 상수 | 상수 | 상수 | |
| 상수항 | 상수마디 | 상수항 | |
| 상한 | 최소상계, 상한 | 상한 | |
| 선 | 선, 직선 | 선 | |
| 선대칭도형 | 축대칭도형 | 선대칭도형 | |
| 선분 | 선분 | 선분 | |
| 성분 | 성분 | 성분 | |
| 세로좌표 | 세로자리표 | 세로좌표 | |
| 세로축 | 세로축 | 세로축 | |
| 세제곱 | 3제곱 | 3승, 립방 | |
| 세제곱근 | 3제곱뿌리 | 립방근 | |

| 남한 | 북한 | 조총련 | 비고 |
|---|---|---|---|
| 세제곱메터 | 립방메터 | 립방메터 | |
| 세제곱센티메터 | 립방센치메터 | 립방센치메터 | |
| 센티미터 | 센치메터 | 센치메터 | |
| 셈법 | 계산 | 산법 | |
| 소거 | 지움 | 소거 | |
| 소수 | 씨수, 소수 | 소수 | |
| 소인수 | 씨인수 | 소인수 | |
| 소인수분해 | 씨인수분해 | 소인수분해 | |
| 속도 | 속도 | 속도 | |
| 수량 | 량, 수량 | 수량 | |
| 수렴한다 | 수렴한다, 다가든다 | 수속한다 | |
| 수론, 정수론 | 수론 | 수론 | |
| 수선 | 수선, 수직선, 드림선 | 수선 | |
| 소수점 | 소수점 | 소수점 | |
| 수열 | 수렬 | 수렬 | |
| 수직 | 수직 | 수직 | |
| 수직선 | 수직선, 연직선 | 수직선 | |
| 수평 | 수평 | 수평 | |
| 수표 | 수표 | 수표 | |
| 수학 | 수학 | 수학 | |
| 수형도, 나무가지그림 | 나무, 가지치기그림 | 수형도 | |
| 순열 | 차례무이, 순렬 | 순렬 | |
| 순서쌍 | 순서쌍, 두자리묶음 | 순서쌍 | |
| 순허수 | 순허수 | 순허수 | |
| 순환 | 순환 | 순환 | |
| 순환소수 | 순환십진소수,<br>무한되풀이소수 | 순환소수 | |
| 수값 | 수값 | 수값 | |
| 승수 | 곱하는수 | 곱하는수 | |
| 시행 | 시행 | 시행 | |
| 실근 | 실수풀이 | 실수해 | |
| 실수 | 실수 | 실수 | |
| 실수부분 | 실수부 | 실수부 | |
| 십진 | 10진 | 십진 | |

| 남한 | 북한 | 조총련 | 비고 |
|---|---|---|---|
| 십진법 | 열올림법 | 십진법 | |
| 쌍곡선 | 쌍곡선 | 쌍곡선 | |
| 아라비아숫자 | 아라비아수자 | 아라비아수자 | |
| 약분 | 약분 | 약분 | |
| 약수 | 약수 | 약수 | |
| 양 | 량, 수량 | 량 | |
| 양변 | 량변 | 량변 | |
| 양수 | 정수 | 정의수 | |
| 양의 정수 | 정의 정수 | 정정수 | |
| 양쪽 끝 | 량끝 | 량단 | |
| 엇각 | 엇각 | 착각 | |
| 엡실론 | 입실론 | 우프실론 | |
| 여분, 나머지 | 나머지량 | 여분 | |
| 여사건 | 나머지사건 | 여사상 | |
| 여집합 | 나머지모임 | 보집합 | |
| 역 | 거꿀 | 역 | |
| 역관계 | 거꿀관계 | 역관계 | |
| 역명제 | 거꿀명제 | 역명제 | |
| 역변환 | 거꿀변환 | 역변환 | |
| 역삼각함수 | 거꿀삼각함수 | 역삼각함수 | |
| 역수 | 거꿀수 | 역수 | |
| 역원 | 거꿀원소 | 역원 | |
| 역정리 | 거꿀정리 | 역정리 | |
| 역함수 | 거꿀함수 | 역함수 | |
| 역행렬 | 거꿀행렬 | 역행렬 | |
| 연립 | 련립 | 련립 | |
| 영 | 령 | 령 | |
| 영점 | 령점 | 령점 | |
| 옆면 | 옆면 | 측면 | |
| 옆면적 | 옆면적 | 측면적 | |
| 예각 | 뾰족각 | 예각 | |
| 예각삼각형 | 뾰족각3각형 | 예각3각형 | |
| 오각형 | 오각형 | 오각형 | |

| 남한 | 북한 | 조총련 | 비고 |
|---|---|---|---|
| 오목 | 오목 | 오목 | |
| 올려본 각 | | 앙각 | |
| 올림차순 | | 승차순 | |
| 완전수 | 완전수 | 완전수 | |
| 외각 | 바깥각 | 외각 | |
| 외심 | 바깥중심 | 외심 | |
| 외점 | 바깥점 | | |
| 외접 | 바깥닿이 | 외접 | |
| 외접원 | 바깥닿이원 | 외접원 | |
| 외항 | 바깥마디 | 외항 | |
| 요소 | 원소 | 요소 | |
| 우극한 | 오른쪽 극한 | 오른쪽 극한 | |
| 우변 | 오른변 | 우변 | |
| 우수, 짝수 | 짝수 | 우수 | |
| 우함수, 짝함수 | 짝함수 | 우함수 | |
| 원 | 원 | 원, 동그라미 | |
| 원기둥 | 원기둥 | 원기둥 | |
| 원뿔 | 원뿔 | 원추 | |
| 원순열 | 순환치환 | 원순렬 | |
| 원점 | 원점 | 원점 | |
| 원주 | 원둘레 | 원주 | |
| 원주각 | 원둘레각 | 원주각 | |
| 원주율 | 원둘레률 | 원주률 | |
| 위도 | 위도 | 위도 | |
| 위치벡터 | 자리벡터 | 위치벡토르 | |
| 유리수 | 유리수 | 유리수 | |
| 유리식 | 유리식 | 유리식 | |
| 유리화 | 유리화 | 유리화 | |
| 유한소수 | 유한소수 | 유한소수 | |
| 유한집합 | 유한모임 | 유한집합 | |
| 유향선분 | 방향붙은 선분 | 유향선분 | |
| 육각형 | 6각형 | 륙각형 | |
| 음 | 부 | 부 | |
| 음수 | 부수 | 부의수 | |

| 남한 | 북한 | 조총련 | 비고 |
|---|---|---|---|
| 음의 항 | 부의 마디 | 부의 항 | |
| 이 | | 리 | |
| 이각형 | 2각형 | 이각형 | |
| 이등변 | 2등변 | 이등변 | |
| 이등변삼각형 | 2등변3각형 | 2등변3각형,<br>이등변삼각형 | |
| 이등분 | 2등분 | 이등분 | |
| 이등분선 | 2등분선 | 2등분선, 이등분선 | |
| 이면각 | 2면각, 모서리각 | 2면각 | |
| 이산 | 띠염 | 리산 | |
| 이원일차방정식 | 2원1차방정식 | 이원일차방정식 | |
| 이차 | 2차 | 이차 | |
| 이차곡선 | 2차곡선, 원추곡선 | 2차곡선 | |
| 이차방정식 | 2차방정식 | 이차방정식 | |
| 이차함수 | 2차곡선 | 이차함수 | |
| 이항 | 둘바꿈, 호환 | 이항 | |
| 이항분포 | 2항분포 | 2항분포 | |
| 이항정리 | 두마디공식 | 이항정리 | |
| 인수 | 인수 | 인수 | |
| 인수분해 | 인수분해 | 인수분해 | |
| 인치 | 인치 | 인치 | |
| 일가함수 | 한값함수 | 일가함수 | |
| 일대일 대응 | 동등 | 일대일 대응 | |
| 일반각 | 일반각 | 일반각 | |
| 일반항 | 일반마디 | 일반항 | |
| 일차방정식 | 1차방정식 | 일차방정식 | |
| 일차부등식 | 1차부등식 | 일차부등식 | |
| 일차함수 | 1차함수 | 일차함수 | |
| 일차항 | 1차마디 | 1차항 | |
| 임의 | 임의 | 임의 | |
| 임의 추출 | 우연표본뽑기 | 임의추출 | |
| 임의 표본 | 우연표본 | 임의표본 | |
| 입체 | 립체 | 립체 | |
| 자리수 | 자리수 | 자리수 | |

| 남한 | 북한 | 조총련 | 비고 |
| --- | --- | --- | --- |
| 자리점 | 자리점 | 정위점 | |
| 자연수 | 자연수 | 자연수 | |
| 자오선 | 자오선 | 자오선 | |
| 작도 | 그리기 | 작도 | |
| 장 | 마당 | 장, 마당 | 벡터장 |
| 장축 | 긴축 | 장축 | |
| 전개 | 전개 | 전개 | |
| 전개도 | 전개도 | 전개도 | |
| 전개식 | 전개식 | 전개식 | |
| 전사 | 우로의 넘기기 | 전사 | |
| 전체사건 | 확실한 사건 | 전사상 | |
| 전체집합 | 보편모임 | 전체집합 | |
| 절댓값 | 절대값 | 절대치 | |
| 절편 | 단편 | 절편 | |
| 점 | 점 | 점 | |
| 점화식 | 귀납공식 | 점화식 | |
| 접근 | 접근 | 접근 | |
| 접선 | 닿인선 | 접선 | |
| 접점 | 닿인점, 접점 | 접점 | |
| 정6면체 | 바른6면체 | 립방체 | |
| 정규분포 | 정규분포 | 정규분포 | |
| 정규직교기저 | 직교토대 | 정규직교기저 | |
| 정다각형 | 바른다각형 | 정다각형 | |
| 정다면체 | 바른다면체 | 정다면체 | |
| 정류점, 정상점 | 머물점 | 정류점 | stationary point |
| 정리 | 정리 | 정리 | |
| 정비례 | 정비례 | 정비례 | |
| 정사각형 | 바른4각형 | 정방형 | |
| 정사면체 | 바른4면체 | 정사면체 | |
| 정사영 | 직사영, 바른 비추기 | 정사영 | |
| 정삼각형 | 바른3각형 | 정삼각형 | |
| 정수 | 옹근수 | 정수 | |
| 정수점 | 옹근점 | 정수점 | |
| 정식 | 옹근식 | 정식 | |

| 남한 | 북한 | 조총련 | 비고 |
|---|---|---|---|
| 정의 | 정의 | 정의 | |
| 정의역 | 뜻구역 | 정의역 | |
| 정의역, 변역 | 변화구역, 뜻구역 | 변역 | |
| 정적분 | 정적분 | 정적분 | |
| 제3사분면의 각 | 제3사분구의 각 | 제3상한의 각 | |
| 제곱 | 제곱, 두제곱 | 승, 평방 | |
| 제곱근 | 제곱뿌리, 두제곱뿌리 | 루승근, 평방근 | |
| 제곱미터 | 평방메터 | 평방메터 | |
| 제곱센티미터 | 평방선치메터 | 평방센치메터 | |
| 제곱킬로미터 | 평방키로메터 | 평방키로메터 | |
| 제한 | 제한 | 제한 | |
| 조건 | 조건 | 조건 | |
| 조립제법 | 호너의 도식 | 조립제법 | |
| 조합 | 무이 | 조합 | |
| 조건부 | 조건부 | 조건부 | |
| 종속변수 | 매인변수 | 종속변수 | |
| 종점 | 끝점 | 종점 | |
| 좌극한 | 왼쪽극한 | 왼쪽극한 | |
| 좌변 | 왼변 | 좌변 | |
| 좌표 | 자리표 | 좌표 | |
| 좌표축 | 자리표축 | 좌표축 | |
| 좌표평면 | 자리표평면 | 좌표평면 | |
| 주판 | 수판 | 수판 | |
| 중간값 | 중간값, 가운데값 | 중간치 | |
| 중간값정리 | 중간값정리 | 중간치의 정리 | |
| 중근 | 겹풀이 | 중해 | |
| 중복순열 | 중복순렬 | 중복순렬 | |
| 중선 | 가운데선 | 중선 | |
| 중심 | 중심 | 중심 | |
| 중심각 | 중심각 | 중심각 | |
| 중심선 | 가운데선 | 중심선 | |
| 중앙값 | 중위수, 중앙값 | 중앙, 중앙치 | |
| 중점 | 가운데점 | 중점 | |
| 증가하는 | 증가하는, 느는 | 증가하는 | |

| 남한 | 북한 | 조총련 | 비고 |
|---|---|---|---|
| 증명 | 증명 | 증명 | |
| 지름 | 직경 | 직경 | |
| 지수 | 어깨수, 지수 | 지수 | |
| 지수법칙 | 어깨수법칙, 지수법칙 | 지수 | |
| 지표 | 지표 | 지표 | |
| 직각 | 직각 | 직각 | |
| 직각삼각형 | 직각3각형 | 직각3각형 | |
| 직교좌표 | 직각자리표 | 직교좌표 | |
| 직사각형 | 직4각형, 장방형 | 장방형 | |
| 직선 | 직선, 곧은선 | 직선 | |
| 직육면체 | 직6면체 | 직방체 | |
| 진분수 | 참분수 | 진분수 | |
| 진수 | 진수 | 진수 | anti-logarithm |
| 집합 | 모임 | 집합 | |
| 집합론 | 모임론 | 집합론 | |
| 집합연산 | 모임의 셈법 | 집합연산 | |
| 차 | 차 | 차 | |
| 차수 | 차수 | 차수 | |
| 초점 | 모임점 | 초점 | |
| 최대 | 최대 | 최대 | |
| 최대공약수 | 최대공통약수,<br>가장큰 공통약수 | 최대공약수 | |
| 최댓값 | 최대값 | 최대치 | |
| 최소공배수 | 최소공통곱절수,<br>가장작은공통곱절수 | 최소공배수 | |
| 최솟값 | 최소값 | 최소치 | |
| 추론 | 추론, 연역 | 추론 | |
| 축 | 축대칭도형 | 축 | |
| 축소 | 간약 | 축소 | |
| 축척, 눈금 | 축척, 눈금 | 축척 | |
| 측량 | 측량 | 측량 | |
| 치역 | 값구역 | 치역 | |
| 카이 | 히 | 카이 | |
| 컴팩트, 옹골찬 | 꼼팍트 | 꼼팍트 | |

| 남한 | 북한 | 조총련 | 비고 |
|---|---|---|---|
| 켤레복소수 | 짝진복소수 | 공액복소수 | |
| 코사인 | 코시누스 | 여현 | |
| 코사인 | 코시누스 | 코싸인 | |
| 킬로그램 | 키로그람 | 키로그람 | |
| 킬로미터km | 키로메터 | 키로메터 | |
| 타원 | 긴원 | 타원 | |
| 타원면 | 긴원면 | 타원면 | |
| 탄젠트 | 탕겐스 | 탄젠트 | 삼각함수 |
| 탄젠트, 접선 | 탕겐스 | 정접 | |
| 텐서 | 텐소르 | 텐소르 | |
| 통계 | 통계 | 통계표 | |
| 통분 | 통분 | 통분 | |
| 특성값 | 특성값 | 특성치 | |
| 특수해 | 특수풀이 | 특수해, 특해 | |
| 파이 | 피 | 파이 | |
| 판별식 | 판별식 | 판별식 | |
| 팔각형 | 8각형 | 팔각형 | |
| 퍼센트 | 퍼센트, 백분율 | 퍼센트 | |
| 평균 | 평균 | 평균 | |
| 평균값 | 평균값 | 평균치 | |
| 평균값정리 | 평균값의 정리 | 평균치의 정리 | |
| 평면 | 평면 | 평면 | |
| 평행 | 평행 | 평행 | |
| 평행선 | 평행선 | 평행선 | |
| 평행이동 | 밀기, 평행이동 | 평행이동, 이동 | |
| 평형 | 평형, 비김 | 평형 | |
| 폐곡면, 닫힌곡면 | 다문곡면 | 폐곡면 | |
| 폐곡선 | 다문곡선 | 폐곡선 | |
| 폐구간, 닫힌구간 | 닫긴구간 | 폐구간 | |
| 포물 | 포물, 팔매 | 방물 | |
| 포물면 | 포물면, 팔매면 | 방물면 | |
| 포물선 | 포물선, 팔매선 | 방물선 | |
| 표 | 표 | 표 | |
| 표고, 해발 | 표고, 해발높이 | 표고 | |

| 남한 | 북한 | 조총련 | 비고 |
|---|---|---|---|
| 피감수 | 덜릴수 | 피감수 | |
| 피보나치수열 | 피보나치수렬 | 휘보낫지수렬 | |
| 피승수 | 곱해지는 수 | 피승수 | |
| 피적분함수 | 적분할함수,<br>피적분함수 | 피적분함수 | |
| 피제수 | 나누일 수 | 나누이지는 수 | |
| 피타고라스정리 | 세평방정리 | 피타고라스정리 | |
| 필요 | 필요 | 필요 | |
| 필요충분 | 필요충분 | 필요충분 | |
| 할선 | 가름선 | 할선 | |
| 함수 | 함수 | 함수 | |
| 함숫값 | 함수값 | 함수치 | |
| 합 | 합 | 합 | |
| 합동 | 합동, 꼭맞기 | 합동 | |
| 합동인 | 꼭맞는, 합동인 | | |
| 합사건 | 합사건 | 합사상 | |
| 합집합 | 합모임 | 합집합 | |
| 항 | 마디 | 항 | |
| 항등식 | 늘같기식 | 항등식 | |
| 해, 근 | 풀이 | 해, 풀이 | |
| 해법 | 풀이법 | 해법 | |
| 해석 | 해석 | 해석 | |
| 해집합 | 풀이모임 | 해집합 | |
| 허근 | 허수풀이 | 허수해 | |
| 허수단위 | 허수단위 | 허수단위 | |
| 허수부 | 허수부 | 허부 | |
| 허수축 | 허축 | 허수축 | |
| 현 | 호도법, 라디안법 | 현 | |
| 호 | 활등 | 호 | |
| 호도법 | 호도법, 라디안법 | 호도법 | |
| 확대 | 확대, 넓히기 | 확대 | |
| 확률 | 확률 | 확률 | |
| 확률론 | 확률론 | 확률론 | |
| 확률변수 | 확률변수, 우연변수 | 확률변수 | |

| 남한 | 북한 | 조총련 | 비고 |
|---|---|---|---|
| 활꼴 | 활형, 아치형 | 궁형 | |
| 회전 | 회전 | 회전 | |
| 회전각 | 돌림각 | 회전각 | |
| 회전 중심 | 돌기 중심 | 회전 중심 | |
| 회전체 | 회전체 | 회전체 | |
| 히스토그램 | 기둥도표 | 히스토그람 | |

## 2) 북한 학술지 『수학』(2001~2010년)에 나오는 수학 용어 일람

굵은 글씨로 표시된 단어는 대한수학회에서 편찬한 『표준수학용어집』(청문각 발행)에 등재된 단어다.

가공자름면곡선
가능성공간
**가능성분포**
**가능성측도**
가동주기밀도함수
가또도함수
가또미분
가법적군
가법적부분모듈
가법적오차
**가분바나흐공간**
가분반사바나흐공간
가분성
가분엄격볼록반사반나흐공간
가분힐베르트공간
가성 AHP
가속곁수
가속단조반복도식
가속단조법
가속병행단조반복도식
가속웃완화법
**가수**

가역대칭범사
가역원소군
가역축소넘기기
가우스-뉴톤법
가우스-르쟝드르점배치법
가우스방정식
가우스소거
가우스우연량
가우스-자이델반복법
가우스-자이멜법
**가우스정리**
가우스핵함수
가지공간
가지의 무게
가지한계법
가지-한계원리
가측넘기기
가측유계
가측유계함수
**가측함수**
가치함수
가해리군

가해리대수
가환
**가환군**
가환반환
가환척도행렬
가환평방
각도불안정성
각변위
간막이계 초기값
간막이행렬
갈래군
갈래반환
갈래차거리
갈래차렬
갈래환
갈롸환
갈료낀근사
갈료르낀근사
갈료르낀도식
갈료르낀방법
갈료르낀유한요소법
갈료르낀행렬
감쇠고유각진동수

감쇠고유주기
감쇠마디
감쇠항
감음수
값함수
강근사도식
강단조
강단조성
강단조자기공액연산자
강련속반군
강마르팅게일
강마르팅겔
강반미끈하다
강불룩함수
**강수렴**
강수렴근사식
강오일레르근사
강위상
강일치성
강정상 혼합혈
강정상성
강정상시계렬
강제적인 연산자
**강제함수**
강차수
강타원성
강타원연산자
강풀이
강한 대각우세행렬
강한 차수
강한불룩성
같기식
같은각넘기기
개방고장분포
갱신공식
갱신알고리즘
거꿀K-무게중심선택문제
거꿀K-일반중심
거꿀K-일반중심선택문제
거꿀넘기기
거꿀무게중심선택문제
거꿀방향유일성
거꿀변환
거꿀부등식
거꿀성조건
거꿀수
거꿀연산자
거꿀원소
거꿀원소합동법
거꿀제곱법
거꿀증가연산자
거꿀평형상태
거꿀함수
거꿀행렬
거리척도
거울반사
거의 2차수렴성
거의 도처에서
거의수렴성관계
거의적구조
거의직적구조
거친모임
걸음값
걸음걸이
걸음길이
걸음벡토르
걸음크기
걸음회수
검사행렬
검열
검증식
겉면쓸림힘곁수
겉면쓸림힘관계식
게지마당
겔판드넘기기
겔판드표현
결손1인 m차스플라인
점배치법
결심채택자
결심표
결정수조
**결정함수**
결정합
결정행렬
결합(사귐)부분속
결합론적방법
결합적우연량렬

겹방향
겹뿌리
겹수
겹스펙트르
겹침능력계산
경계
경계(내부)연산자
경계값
경계거꿀문제
경계곡선
경계근사오차
경계마디점
경계미적분연산자
경계연산자
경계요소근사
경계요소도식
경계웨이브레트
경계유한요소법
경계적분등식
경계적분방정식
경계적분연산자
**경계점**
**경계조건**
**경계행렬**
경기값
경로독립적분
경로독립적분방법
경로추적법
경사반사확률미분방정식
경사비약
경향변동
경험적베이스추정문제
곁수
곁수거꿀문제
곁수비교법
곁수함수
곁수행렬
계곡함수
계단프로필
**계단함수**
계면류량함수
계산그물
**계산기하학**
계산도식
계산량적안전성
계산실험
계차도식
계차법
계차비국부적문제
계차연산자
계차포함식
계차화
계층묶음
계층분석법(AHP)
계획행렬
고강도타원암호체계
고계노름
고계법선도함수
고계빗도함수
고계빗도함수경계값문제
**고리**
고리공간
고리형구역
고상구역
고속전진법(Fast Marching Method)
고유각진동수
**고유값**
고유값곡선
고유길이
고유모호파레도최량풀이
고유방식
고유방식법
**고유벡토르**
고유벡토르행렬
고유쌍
고전듀아멜원리
고전적갈료르낀근사풀이
고전적함수론
고전풀이
고정구역
고정단
**고정점방정식**
고정회전지점
고차무한소
고차초미분군
고차초접속

고차초접속공간
고차초형식
곡률보존변환
곡률조종파라메터
**곡률텐소르**
곡면발전
곡선결수
곡선계차그물작성방법
곡선길이에 대하여 보조
　변수화된 곡선
곡선넘기기
곡선의 정의 방향
곡선의 호길이자리표
곡선자리표
곡선전개모형
곡선토막화
곡선호
곡선활등
곱하기조건
공간상사부분다양체
공간차원수
공구자름면
공리적률거리
공변도함수
공변도함수기호
공변미분
공변미분연산자
**공분산행렬**
**공액**
공액가분
공액가분군
공액가분군쌍
공액갈래
공액갈래함수
공액계
공액공간
공액동형넘기기
공액마당
공액모둘
공액방정식
공액복소수
공액사영연산자
공액성
공액스키마
**공액연산자**
공액원소
공액웨블레트함수
공액웨이브레트
공액인 자리표
공액자리길이
공액접공간
공액조화함수
공액척도함수
공액표현
공통끝점
공형대응
공형변환
공형평탄조건
과정렬
과정족
관련우연량
관성힘렬벡토르
괄호아낙의 첨수
**교대군**
교대사슬
교차연산자
교차하지않는
교체변환
교체표본
교환상보행렬
교환이동변환
**교환자**
**교환자군**
**교환자부분군**
구간값동시믿음구조
구간값사후사연함수
구간값조건부믿음구조
구간베제곡선
구간수
구간수무게벡토르
구간수벡토르
구간수선호관계
구간수일치성배수선호관계
구간해석법
구면제형조화형결수
**구면함수**
구부림모멘트

구역
구역변환
구역변환족
구역분할법
구역수렴
구역족
구역형태최량화
구역형태최량화방법
구자리표계
구조법-약화법 결합모형
구조벡토르모임
구조아피노르
구조적귀납법
구조직교이방성
국대이데알공간
국부기본계획
국부닐센수
국부단엽
국부민꼽스끼공간
국부반복함수계
국부받침
국부부동점갈래
국부불룩위상벡토르공간
국부선형련결
국부선형추정량
국부안장점
국부유계연산자
국부자름점
국부자리표
국부자리표계
국부자리표근방
국부자리표변환
국부자리표변환에 의한 표준형
국부적단엽사상
국부적미끈성
국부적부동점정리
국부적분가능한 함수
국부적쌍직교토대
국부적유일성
국부적최량풀이
국부적표시
국부적한잎
국부초선형수렴
국부최대값
국부최량점
국부최량풀이
국부최소값
국부콤팍트
국부풀이
국부한잎해석함수
국부해밀튼연산자
국부환
국소부분평활화
국소불변부분공간
군거꿀
**군대수**
군산법
굳은 미분방정식
굳음성
**궤도**
귀납극한넘기기
**귀유법**
규격화된 적분
규정곡선렬
규칙추출
균등분할
균질화억세기
균형미분방정식
균형열린모임
균형차수
균형콤팍트
**그라디엔트**
그라디엔트사영법
그라디엔트연산자
그라스마니안
**그라스만다양체**
그라스만피복
**그라프**
그라프노름
**그람-슈미트직교화방법**
**그람행렬식**
그레이넘기기
그로모브너비
그로텐디크위상
그론월의 부등식
그론웰의 보조정리

까르딴접속
까를레만방정식
깐또르모임
**꺾인선**
꼬경계연산자
꼬륜체공간
꼬사슬
꼬쉬-리만방정식
꼬쉬문제
꼬쉬-부냐꼽쓰끼부등식
꼬쉬-뻬아노정리
꼬쉬의공식
꼬쉬적분공식
꼬쉬핵
꼬쉬형적분
꼬쉬형적분표시
꼬임공액가분군쌍
꼬임공액불변함수공간
**꼬임률**
꼬임유도제한행렬
꼬임유도표현
꼬임점
꼬임프로베니우스-번사이드정리
꼭두점
꼴모고로브의 국부평형리론
꼴모고로브-펠러방정식
꽉찬 쥴리아모임

꾸웨인뉴알고리듬
끝상태
끝점
끝점호모토피적
끝조종
끝조종문제
끼르싸노브의 정리
낀대칭성
나눔수
나눔수합동갈래
나르개에 따르는 초등정보
나르개의 선택
나머지n닐센수
**나무구조**
나무의 정점
나무형근사절대레트락트
련속체
나블라연산
**나비에-스토크스 방정식**
내부린접점
내부웨이브레트
내부초접속
내부파라메터행렬
**내점**
내점법
내점법알고르듬
내점풀이법
내점허용풀이
넘기기

넘기기성질
넘기기쌍
넘기기의 위상도
넘기기차수
넣기연산자
넣기의 콤팍트성
넣기정리
네배유리점
노로노이령역
노르말형조건
**노름**
노름공리
노름에 의한 위상
노름의동등성
노이만대수
**노이만문제**
노이만형경계값문제
노이만형경계조건
노이만형함수
뇌테르성
뇌테르성조건
뇌테르형
뉴대
뉴톤AOR법
뉴톤걸음
뉴톤도식
뉴톤-라프숀법
뉴톤반복점
뉴톤방향

단순다각형
단순닫긴곡선
단순닫긴원활경계
단순령점
단순보
단순뿌리
단순상보행렬
단순스펙트르
단순이동변환
단순정상근사(SSA)방법
단순특이점
단엽
단엽등각사상하면
단엽사상
**단엽함수**
단위가진 유한가환환
단위각변위비약
**단위구**
단위나무(뿌리)
단위분해
단위선비약
**단위원소**
단일겹스텍트르
단일경계디리클레문제
단일넘기기
**단일련결**
**단일련결구역**
**단조**
단조감소함수
단조모임
단조반복법
**단조성**
단조아핀부분공간
**단조연산자**
단조증가유계
단조평가식
단조형연산자방정식
단층연산자
단층열연산자
단층포텐샬
단편다중해석함수
단편다항식함수공간
단편단조사상
단편련속함수
단편미분가능
단편분할
단편상수쌍직교B스플라
　인 웨이블레트 토대
단편상수함수
단편선형근사
단편선형사상
단편선형유한요소근사풀이
단편쌍선형함수
단편원활경계
단편원활한련속인 함수
단편정칙함수
단편-평등 수렴
단항분수계미분방정식
닫긴 구간
닫긴 원활한 길
닫긴경고
닫긴구
닫긴넘기기
닫긴모형
닫긴부분공간족
닫긴부분대수
닫긴부분모임
닫긴블룩모임
닫긴선형부분공간
닫긴선형부분공간렬
닫긴풀이형태
닫긴형식
닫긴형태
닫김성
달아나는 파라메터구역
달아나지 않는 구역
달아나지 않는 특이점
당김불안정성
**대각선**
대각선블로크행렬
**대각선원소**
대각선합
대각선행렬
대각우세넘기기
대각우세행렬
대리범함수
대상류관추출알고리듬

동차디리클레경계조건
**동차방정식**
동차선형재귀렬
동차선형회귀합렬
동특성
동형넘기기
동형연산자
되돌려넘기기
두걸음그라디엔트사영법
두계단확률계획법문제
두라파메터뿌아쏭점과정
두배유리점
두변수정칙함수
두브로빈의 텐소르
두블로크AOR법
두상미정경계문제
두수준계획법문제(BLPP)
두제곱길이
두제곱연산
두제곱웃흐름법
두제곱적분가능
두제곱적분가능한 가측
　마르팅게일
두층선형-2차계획문제
두층선형계획문제
두파라메터웨이불분포
두파라메터위너과정
두파라메터위너형백색
　잡음

둥그리기오차
듀핑진동자
드라진거꿀
등가마디점
등가행렬
등각넘기기
**등각사상**
등각사상론
등거리넘기기
등거리동형
등거리동형정리
등거리성분(성분)
등거리적
등고면절단법
등급토대
등둘레상수
등방성후험오차평가
등분할
등분할렬
등식제한
등파라메터요소
등파라메터유한요소법
등포텐샬
디래크구조
디래크-니젠후이스구조
**디래크의 델타함수**
디래크의 델타형함수
**디래크함수**
디리클레경계조건

디리클레문제
디킨걸음
디킨경로
디킨타원체
따름
떠돌이
떼르짜기방법
또르
뜨레스까류동조건
띠구역
띠염관련우연마당
띠염우연마당
띠염지표
띠염직교성
띠염파라메터
띠염화
띠폭
띠행렬
라그랑쥬무격자법(SPH)
라그랑쥬미정승수법
라그랑쥬보간다항식
라그랑쥬뿌아쏭분포
라그랑쥬선형유한요소
　보간함수
라그랑쥬승수벡토르
라그랑쥬원리
라그랑쥬자리표계
라그랑쥬조건
라그랑쥬-직접법

령점차수
령조종가능성문제
령차스플라인
령차원국부합류넘기기
령차원넘기기
령차원열린넘기기
령차원합류넘기기
령측도모임
령측지선
령평균가운스과정
령풀이
**령행렬**
령화조건
로그장법
로그장벽함수
로그장벽항
**로그정규분포**
로모브정규화
로모브정규화법
로바스트성
로바스트성문제
로바스트정규화근사풀이
로바스트회귀문제
로에도식
로에평균도식
로엘란즈식
로지스티크사상
로지스틱크넘기기
론리변수
론리변수모임
루쉐의 정리(루세의 정리)
루적편차
루적형불안정성
루트값
루트근사계산법
룽게쿠다(RK)형방법
룽게쿠타가우스-르장드르 점배치법(MSGLRK법)
**룽게쿠타법(룽게-꾸따법)**
류량야코비행렬
류량함수
**류빌의 정리**
**류사관계**
류수
르레의 경계연산자
**르베그가측함수**
**르베그측도**
르장드르기호
르장드르다항식
르차니츤핵
릉
릉모임
릉무게벡토르
릉방향벡토르
릉변환법
리까찌대수방정식
리넥스손실
**리대수**
리만경계값문제
리만계량
**리만곡률텐소르**
리만-류빌의미
**리만접속**
리만-크리스토펠곡률 텐소르
리만풀이자
리만-후루위츠공식
리만-힐베르트형혼합 경계값문제
리산그린의공식
리산기둥초조종
리산노름
리산방정식
리산요소법
리산웨브레트변화
리산조종계
리산초조종
리산최소최대문제
리산최소최대의 불룩계획 법문제
**리산화**
리산화걸음
리산화된 하밀톤-야코비 방정식
리상방안
**리상점**
리상점접근법

면내짐
면외변위
면외짐
면적자리표
모둘라형식
**모듈**
모듈연산
모멘트방정식렬
모세각(적심각)
모임값함수
모임족
모호CSP
모호값조건부믿음함수
모호값조건부사연함수
모호값확률
모호곁수
모호고장확률
모호다목적계획문제
모호닫긴모임
모호모임
모호믿음성연구
모호믿음확률
모호배수선호관계
모호변수
모호부등식
모호부분모임
모호부분족
모호불룩
모호사건
모호선호관계
모호성원함수
모호수
모호수리계획법문제
모호수벡토르
모호일반세기
모호일치성행렬
모호파라메터
모호파레도최량풀이
모호판단행렬
모호확률
목록복호법
목적범함수
목적범함수의 증분공식
목적식
**목적함수**
목적함수의 헤씨안
목표모임
목표상태
목표상태공간
몰이법의 전진과정
몰이법의 후진과정
몽떼-까를로모의방법
몽떼까를로모의법
뫼비우스잎
무게곁수
무게붙은 경로
무게붙은 동차다항식
무게붙은 두제곱추정
무게붙은 별형순서
무게붙은 유한상태무한 나무
무게붙은 중심
무게붙은 차수
무게붙은 휠데르공간
무게차수
무공진풀이공간
무딘각
무리공간
무부하예비계
무부하중복법
무차원 량
무차원변수
무차원상수
무한경로
무한구역
무한먼점
무한소량
무한소성
무한소접속
무한소차수
무한요소법
**무한원점**
무한합렬
무한합렬형식
묶음법칙
문자거리
문턱점

**반단순대수**
반단순분해
반대원소
반대칭핀슬러다양체
반띠폭
반련속군
반련속연산자
반련속피복함수
반련속함수
반리산도식
반리산화
반리어도식
반마르꼬브과정
반마르꼬브핵(반마르꼬르브핵)
반마르꼬브행렬
반마르팅게일
반모임벌
반미끈함수
반복도식
반복렬
반복문제렬
**반복법**
반복법연산자
반복복잡도
반복사상
**반복적분**
반복함수계
**반복행렬**
**반사**
반사경계조건
**반사바나흐공간**
반사성
반선형
반선형거꿀문제
반선형미적분방정식
반선형쌍곡형방정식
반선형포물선형방정식
반선형항
**반순서관계**
반순서모임
반순서바나흐공간
반정값대칭행렬
반정의계획법(SDP)
반정의계획법문제
반정의상보성문제(SDCP)
반정의상분성문제
반정의선형상보성문제(SDLCP)
반정의정값대칭행렬
반정의정값실대칭행렬
반정의정값행렬
반직교부등간격스플라인웨이브레트
반직교준등간격스플라인웨이브레트
**반직선**
**반환**
반환의 이데알
**받침**
받침구간
받침크기
받침평면
**발산**
**발전방정식**
방사련속강제단조연산자
방사련속약단조강제연산자
방식중첩법
방안모임
방향계차도식
방향교대법
방향그물선
방향변위
방향붙은파이버공간
배다항식
배렬형더하기
배렬형표시
배주파수
배치궤도
배치근사
배치점
백색소음과정
백색소음분산
벌칙문제
벌칙법
벌칙파라메터

벌칙함수
벌칙함수률
벌칙함수법
벌칙함수정리
범함수
범함수수직미분
범함수의 세기
범회색수(U수)
범회색수련립1차대수방정식
**법선도함수**
법선추조건
법선토막
**법칙수렴**
베르누이계함수
베르누이침투
베른슈쩨인토대함수
베른슈타인다항식토대
베른슈테인독립우연량렬근사
베쎌미분방정식
베쎌방법
베쎌함수
베쏘브공간
**베이스방법**
베이스위험
베제곡선(베지에곡선)
베제곡선토막
벡토르값함수
벡토르다발
**벡토르마당**
벡토르엄격포함모임
벡토르의 회리
벡토르포함모임
벤더즈분해
벨레캄프–마쎄이알고리듬(BM알고리듬)
벨만방정식
벨만범함수
벽함수
벽–흔적법칙
변결수2계상미분방정식
변결수련립미분방정식
변결수미분방정식
변결수정규분수계선형비동차미분방정식
변단체
변동노름
변분대칭
**변분방정식**
**변분법**
변분부등식
변분풀이함수
변분형식
**변수**
변수변환다항식
**변수분리법**
변위법
변위함수
변자름면련속보
변자름면련속보구부림진동
변형제자리모임
변형텐소르
변화곡선
**변환규칙**
변환접속
**별형(불룩)**
병렬련결
병진변위
병진변환행렬
병행단조법
병행도식
보간값
보간공간
**보간다항식**
보간마디점
보간부등식
보간연산자
보간점
**보간함수**
보간핵의 평활길
보렐가측실수값함수
**보렐가측함수**
보렐넘기기
보렐모임
보렐모임벌

보렐측도클라스
보렐확률측도
보로노이도형
**보외법**
보요소
보원소
보정자
보조변수
보조변수스플라인
보조변수함수
**보조정리**
보조종
보존평활풀이
보충변수
보충행렬
보통함수조종
보편원활한 덴드로이드
보편피복공간
복소공간
복소반결합곁수
복소수적
**복소수체**
복소수평면
복소수형식
복소쌍프레임레트계
복소엄밀프레임레트계
복소해석공간
복합뿌아쏭과정
복합상보행렬

복합이동변환
복호가능한 부호
복호오유확률
복호함수
본질적대표모임
본질적대표원소모임
본질적부동적갈래
본질적유계함수
볼떼라형
봉사짐근사(MOL)방법
봉사짐의 공식
봉우리
부결합적(NA)
부곡률
부관련우연량렬
부냐꼽스끼의 부등식
**부동점(흡인체)**
부동점갈래
부동점리론
부동점수불변의 정리
부동점지수
부등간격스플라인웨이브
레트
부등간격회색동태모형
**부라우에르의 부동점정리**
**(부라우데르부동점정리)**
부리상점
부방향
부분구역조종

부분나무
부분다면체
부분렬
부분리만계량
부분리만다양체
**부분분수**
부분선형공간
부분위상벡토르공간
부분인자평면대수
부분초함수조종클라스
부분틀
부분폰노이만대수
부분흔적
부수
부수지수
부시네스크방정식
부씨네스쿠근사
부아닌 련속함수
부아닌 비감소실수렬
부아닌 상수
부아닌 수렬
부아닌 실수
부아닌 옹근수
부아닌옹근수값우연량
부의 반정값행렬
부의 상관
부의성분
부인 함수
부정공간

불퇴화다차원해밀튼연산자
불퇴화련속변형
불퇴화리산기둥초조종
불퇴화리산초조종
불퇴화부분련속체
불퇴화상수행렬
불퇴화외부기둥조종
불퇴화정점
불퇴화해석다면체
불퇴화행렬
불편강일치추정량
불편일치추정량
붙임넘기기
브라운방략
브라운방법(반복법)
브라운의 알고리즘
브라운함수
브로웨르의 정리
블라흐트의 정리
블래크-숄즈가격
블랜드규칙
블레래형
블렉크웰공간
블로크대각행렬
블로크소행렬
블로크야코비반복법
비가역넘기기
비가환군
비감소렬

비계량반대칭리만다양체
비교방정식
비교원리
비교차합
비구조그물
비구조그물류량벡토르분
리방법
비국부경계조건
비국부꼬쉬문제
비국부반선형포물선방정식
비국부이동속도
비국부지연항
비국부특이퇴화포물형방
정식
비국비해밀튼연산자
비기둥첨수
비나머지 n닐센갈래
비닫김
비달리정리
비대각원소
비대칭p차형식
비대칭공액접공간
비대칭구역
비대칭국부리군
비대칭미분형식
비대칭센정값행렬
비대칭형식
비동차대수련립방정식
비동차방정식

비동차슈트리카르츠평가
비등방성확산
비등방성후험오차평가
비등방쏘볼레브공간
비등엔트로피
비련결쥴리아모임
비령무게
비령원소
비례정규불변모멘트
비리프쉬츠결수
비리프쉬츠조건
비마르꼬브형볼테라확률
적분방정식
비모호모임
비밀파라메터
비보존도식
비본질적모임
비부값
비부값성
비부값함수
비분해세줄대각행렬
비불룩2차계획법문제
비불룩최량화문제
비불룩추
비선형BLPP
비선형가설검정문제
비선형경계조건
비선형다항분수계미분방
정식

뿌리모임
뿌아쏭곁수
**뿌아쏭괄호**
뿌아쏭률
뿌아쏭비
뿌아쏭우연과정
뿌아쏭우연측도
뿌아쏭측도
뿌아쏭흐름
뿌아젤흐름
**뿌앵까레부등식(뽀앙까레 부등식)**
쁘세우도-리만계량
사건벌
사귐
사귐각
사귐구역
사귐연산
사귐점
사상도
사슬도식
사슬상보행렬
사슬이동변환
사연함수
사영
사영BFGS법
사영가능한 리만계량
사영가능한 초접속
사영그라디엔트법
사영넘기기
사영도식
사영아핀접속
사영연산자
사영행렬
사이거리
사이행렬
사전거리
**사전식순서관계**
사칙연산
사후모멘트
사후확률분포(베이스예측 분포)
산일항
산적평균화
삼각형1차유한요소풀이
**삼각형분할**
삼각형정칙분할
**삼각형행렬**
삽입마르꼬쁘사슬
**상**
상곁수미분다항식
상곁수방정식
상곁수선형다항분수계미 분방정식
상곁수타원형방정식
**상계**
상계차방정식
상계확률
상곡선
상관곁수
상관스펙트르
상관특징거리
상관행렬
상대간약
상대넘기기
상대닐센수
상대드람렬
상대레드메스터수
상대속성간약계산문제
상대속성간약판정함수
상대식별2진수렬
상대식별행렬
상대장형공간
상대적 내점
상대적각변위
상대적선변위
상대중간부분인자
상대콤팍트
상대콤팍트구역
상대콤팍트성
상대포함
상모임
**상미분방정식**
상미분-적분방정식
상반다항식
**상반련속**
상벌함수법

섭동우연극값문제
섭동행렬
성긴 그물
성긴행렬
성분공간
성분별적벡토르
성분별크기관계
성원부호
성원함수
세걸음
세분규칙
세분분할렬
세블로크SOR법
세블로크야코피반복법
세줄대각대칭
세줄대각선방정식
세줄대각선행렬(세줄대각행렬)
세파드함수
세파라메터웨이불분포형식
세포자동체
세포차수
센 정값행렬
센 정값형식
센단조연산자
센대칭정값쌍선형범함수
센일치추정량
센정값련속쌍선형범함수
센정값상수
센정값성
센정값연산자
센정값유계쌍선형비대칭함수
셀수있는 리산군
소그라프
소득행렬
소성구역경계
소속함수
**소행렬**
**속**
속성간약판정함수
속성계층모형(AHM)
속성도차
속성무게벡토르
쇼우텐괄호
숀버그–위트니의 보간정리
수감요소
수값표현형식
수값풀이
수값풀이방법
수력학형동차하밀톤연산자
수력학형비동차뿌아쏭구조(뿌아쏭괄호)
수렴가지
수렴렬
수렴부분렬
**수렴성**
수렴성차수
수렴속도
수렴차수
**수론함수**
수신벡토르
**수정자**
수좌부분행렬
수좌소행렬식
수준모임
수준모임형방정식
수직k–형식
수직외미분
수직자름면
수직축소함수
수파라메터
수평벡토르마당
**수평올림**
수평이동접속
수평접공간
수평접속
수평초접속
수평평행이동
순렬공간
순렬구성방법
순서가분
순서바나흐공간
순서보존분할
순서화된 웃풀이, 아래풀이
순수방략모임
순수비약과정

약유효점모임
약접근조종
약정상렬
약정상풀이
약정칙분리
약차수
약콤팍트
약풀이
약하게 결합되였다
약한 차단곡선
약한 대각우세행렬
약한 하반련속성
약형식
양계차도식
양그률
양그의 부등식
양도식
양적공식
양적인 표현식
양적표시공식
양적표시식
어떤 부분대응에 도형
억세기분포
억세기저하
억세기행렬
억세기행렬법
엄격단조성
엄격대각우세행렬(엄격한 대각선우세행렬)
엄격블록범함수
엄격블룩
엄격블룩모임
엄격정값
엄격최대점
엄격최소점
엄격한 블룩
엄격한p-쌍확장
엄격히 정인 함수
엄밀
엄밀기틀
엄밀블룩련속범함수
엄밀프레임레트계
엄지기호
에네르기노름
에네르기평가방법
에네르기평형관계식
에네르기평형방정식
**에르고드적(에르고드성)**
**에르미트계량**
에르미트곡선
에르미트다발
엔탈피형식
엘렌베르크-마클렌공간
여가환평방
여동반다발
여러값넘기기
**여러값함수**
여러겹스펙트르
여러마디꺾인선
여러변수정칙함수
여소행렬
여적
**여차원**
여행렬식
역경계값
역꼬쉬문제
**연산자**
연산자반군
연산자방정식
연산자족
연간자변환
연장닐센수
연장정리
연장초형식
연직벡토르마당
연직웃방향
연직이동
연직접공간
연직접속
연직초접속
연직평행이동
열린부분모임
**열린구**
열린망
열린모임
열린블룩모임
열쇠흐름발진기

완전순서상가분
완전순서하가분
완전위수조건
완전위수행렬
완전정규풀이
완전초적분가능하다
완전표현
완전행위수
완전혼합방략
완전히 포함된다
완화곁수
완화핵
완화형가우스-뉴톤알고리듬
완화형비미끈가우스-뉴톤알고리듬
외곽형유한생성모호모임
외미분연산자
**외법선**
외법선단위벡토르
외부기둥
외부기둥조종
외안정
외적신호
**외접원**
왼쪽끝단
왼쪽모호도
왼쪽반평면
왼쪽불확정도
왼쪽이데알
왼쪽정칙모둘
왼쪽정칙행렬
요소사건
요소사건공간
요소억세기행렬
요소체적
요청수확률과정
우니따르성
우니타르대수
우니타르표현
우로 단엽
우로 반련속
우로 헤미련속
우로의 넘기기
우물포텐샬
우선권넘기기
우선권연산
우선권연산자
우연걸음
우연고유값문제
우연과정
우연넘기기
우연떠돌이
우연량
우연량계렬
우연량의 우연부분
우연량의 확정성부분
우연벡토르
우연변수
우연섭동법
우연수
우연시간
우연암호도식
우연원소
우연유한요소법
우연일반응력
우연점-모임넘기기
우연준그라디엔트
우연측도
우연타원면
우연파라메터
우연표본
우연함수
우연합
우연행렬
우자와알고리듬
우점
운동량적분법
운동에네르기곁수
운동자리길
웃거동범위
웃근사
웃마르팅게일
웃밀도
웃방향
웃빗대각선
웃삼각행렬

유계쌍선형성
유계풀이
유도넘기기
유도원소
유도준동형넘기기
유도파이버공간
유리미분형식
유리함수
유리함수체
유일가해성
유일부동점
유일연장성
유일연장성정리
유일존재(유일존재성)
유일클라스터림계확률
유일풀이
**유클리드공간**
유클리드노름
유한경로
유한능력
유한대역웨블레트족
유한모임론적방법
유한방안결심채택문제
유한삼각합렬
유한상태무한나무
유한생성모호모임
유한씨체
유한외곡넘기기
유한요소그물
유한요소근사
유한요소근사풀이
**유한요소법**
유한요소분할
유한요소풀이
유한요소함수공간
유한적모양
유한점방법
유한지표
유한차극점
유한차원공간
유한차원넘기기
유한차원우니타르표현
**유한체**
유한피복
유한환
유향사슬
유효렐레이수
유효릉
유효부등식
유효점
유효점모임
유효점성곁수
유효정점
유효포함
유효풀이
율-워커방정식
율-워커추정량
융합에 관한 차원의 승법성
음극
음도식
음룽게쿠타방법
음연산자존재정리
음적도식
의거꿀함수
의리만다양체
의리만직교틀
의배꼽공간상사부분다양체
의배꼽부분다양체
의불룩(의불룩성)
의불룩계획법
의불룩함수
의스플라인
의오목함수
이끌림준동형넘기기
이데알층
이뎀포텐트
이동경계
이동넘기기
이동변수
이동불변
이동적인 마르꼬브사슬
이동적인 사슬
이동적인 삽입마르꼬브
사슬
이동평균곁수
이동평균과정
**이또공식**

자기쌍대정추
자기준동형넘기기
자기회귀곁수
자동상사풀이
자료점
자르기알고리듬
자름곡률
자름면
자름변형곁수
자름오차
자름중심점
자름포복핵
자름함수
자리길
자리길련속성
자리길유일성
자리길유일하다
자리길이
자리표
자리표계
자리표묶음
자리표미분
자리표성분공간도함수
자리표원점
자리표축
자리표치환
자리표평면
자리표함수
자명한 매듭
자식정점
자연넘기기
자연넣기
**자연로그**
자연묻기
**자연사영**
자연수모임
자연준동형넘기기
자유가환군
자유겉면
자유겉면함수
자유단
자유립자법
자유미지수
자유특이점
자체회귀이동평균(ARMA)모형
**작용**
장애문제연구
장애변분부등식
장애제한
재규격화된 풀이
쟝공간
쟝형공간쌍
적
적공간
적공간노름
적공간사영
적넘기기
적다항식
적다항식렬
적분가능성지수
적분같기식
**적분경로**
적분-미분경계요소법
**적분방정식**
적분연산자
적분위너과정
적심상
적연산
적응토대
적합련속확률과정
적형행렬
전도거리
전문가조사법
**전변동**
전쌍대공간
전옹근수블록2차계획법문제
전원상
전위
전위행렬
전진가측과정
전진소거과정
전형
절단가능면
절단거리
절단부등식

정규백색소음과정
정규벌칙근사문제
**정규분포**
정규분포함수
정규분할족
**정규이데알**
정규직교계
정규직교토대
정규초함수
정규추
정규풀이
정규화법
정규화변수
정규화알고리즘
정규화함수
정규확률지
정류점
정모멘트
정밀빛표현
정방향
정보계
정보보존구역
정보형더하기
정보형표시
정상나비에-스톡스방정식
정상리산계
정상봉사계
정상상태봉사계
정상상태확률
정상점과정
정상증분
정상풀이
정수뿌리
정의 방향
정의 상관
정의 상수
정의 수정자
정의3항식
정의곡면측도
정의구역
정의다항식
정의된 모임
정의식
정의옹근수
정의정값
정의정값대칭행렬
정의정값범함수
정의정값행렬
**정의함수(지표함수)**
정의형식
정의호반행렬
정인 상수
정점
정점제거분할
정정능력
정준형변환행렬
정치묻기
**정칙**
정칙n형식
**정칙값**
정칙기약포함조건
정칙넘기기
정칙다발동형넘기기
정칙벡토르다발
정칙벡토르함수
정칙부
정칙분리
정칙불룩모임
**정칙성**
정칙세분
정칙연산자함수
정칙유계
정칙절단
정칙추
정칙피복공간
정칙피복넘기기
**정칙함수**
정칙핵
정판별확률
정풀이
정항합렬
정행렬
**정확도**
정확도차수
정확히 조종가능
제1수평초접속
제1연직초접속

준방-방조종
준변분부등식
준불룩
준불룩함수
준비곁수
준삼각행렬
준선형쏘볼레브방정식
준선형팔매선형방정식
준선형포물선방정식
준선형포물선형방정식
준선형확산방정식
준성긴행렬
준아래근사함수
준약상태콤팍트모임
준우연수렬
준우연수발생법
준웃삼각형행렬
준위
준이동그라프
준적분최대값원리
준정규사상
준정점법의 원리
준최량성기준
준최량성평가
준층
준평등분할
중간부분인자
중간형임풀스미분방정식
중국인나머지정리
중립점
**중복도**
중선형회귀모형
중심경로
중심경로방정식
중심계차근사
중심계차법
중심균렬당김시편(CCT)
**중심극한정리**
중심우연량
**중심원소**
**중심점**
중첩방정식
중첩원구역
중첩형구역분해방법
중층포텐샬
쥬꼽스끼변환
쥴리아모임
증가콤팍트넘기기
**증가함수**
증분공식
증분의 상관함수
지도
**지수분포**
지수분포의 무리력성
지수분포형직렬체계
지연반결합모형
지연반결합방법
지연변수
지연형임풀스미분방정식
지지벡토르
지지벡토르곁수
직각자리표요소
직경렬
직교과정렬
직교다중해상도해석
직교보공간
**직교분해**
직교사영연산자
직교직선등간격그물
직교척도함수
**직교행렬**
직립방체구역
직선분
**직적**
직적공간
직적으로 구성
직접쌍대디킨경로추적알고리듬
직접쌍대쌍(직접-쌍대쌍)
직접-쌍대알고리듬
직접쌍대허용쌍
직접점
직접흡입구역
직합기호
진공간
진당함수
진동적분

초접속형식
초직방체
초타원곡선
초특이경계적분연산자
초특이타원곡선
초평면렬
초풀이
**초함수**
**초함수공간**
초함수적으로 령과 같다
초함수조종
초확률밀도
초흡입구역경계
초흡입부동점
총적인자리표
총적인 자리표변환
총적평가
최대값원리
최대경사도
최대경사릉
최대반단순부분군
최대분리능력
최대아낙각
최대우도추정
최대위수
최대점렬
최대정의고유값
최대종속도원칙
최대콤팍트불변부분군
최량값
최량계획
최량과정
최량구역조종
최량궤도
최량기둥
최량릉
최량리산초조종
최량목적함수값
최량무리모임
최량방략
최량방안
최량벡토르
최량부족풀이
최량분할
최량비선형려파기
최량비선형려파방정식
최량성정리
최량성조건
최량쌍
최량쌍직교웨이블리트
최량오차평가
최량옹근수풀이
최량자리길이
최량점
최량조정
최량조종
최량조종비존재구역
최량조종존재구역
최량지연값
최량초포화계획
최량초함수조종
최량파풀이
최량풀이
최량혼합방략
최량화지표
최소2노름풀이
최소2승추정량
**최소값**
최소거리아래한계
**최소다항식**
최소두제곱원리
최소두제곱추정량
최소두제곱편차법
최소받침
최소안정성결수
최소옹근수
최소이승법
**최소점**
최소화범함수
최소화정리
최소화풀이
최약고리사상
최우무게
최우무게벡토르
추
추상미분방정식
추상미분포함식

콤팍트받침
콤팍트받침대
콤팍트선형련결
콤팍트선형련결공간쌍
**콤팍트성**
콤팍트승적
콤팍트연산자
콤팍트의 배꼽공간상사부분다양체
쿤-타커조건(쿤타커조건)
크라메르공식
크랑크-니콜스갈료르낀근사
크로네카적
크로네케르상수
크로네케르수
크로네케르적산법
**크리스토펠기호**
크릴로브방법
크릴로브법
**큰수의 강법칙**
**큰수의 약법칙**
클라스터
클라스함수
클루스터만합
키르흐호프방정식
타원곡선공개열쇠방식
타원곡선위수계산
타원곡선판별식

타원분포
타원자리표
타원형미분방정식
타원형변분부등식
타원형연산자
**타원형편미분방정식**
타이트의 채색법
턱값
테일러곁수
테일러수
**테일러합렬**
텐소르적
텐소르적공간
텐소르점성
토대
토대변환
토대풀이
토대풀이조
토대함수계
토대행렬
토르적
토막1계련속
토막1계리프쉬츠련속
토막련속
토막미끈
토막미끈한 곡선
토막미끈한 함수
토막미끈한경계
토막미끈한다양체

토막미분가능
토막상수웨이블레트갈료르낀도식
토막상수함수
토막선형련속스플라인함수공간
토막회리
토친스끼공간분해
토플리쯔행렬
통합제한호모토피(ACH)
퇴화반선형쌍곡형방정식
퇴화성
퇴화정점
퇴화타원성
퇴화타원형방정석
퇴화포물선형연산자
퇴화포물형방정식
튐성지지
튐소성체운동
튜트다항식
트레이스적
트리비알
트위스토르공간
**특성값**
특성렬
특성부
**특성함수**
특이가지
특이꼬쉬문제

평모멘트차수
평탄리만계량
**평행이동**
평행이동마당
평행이동연산자
평형각변위
평형점
평형풀이
평활화과정
**페포**
포괄공간
포괄넘기기
포락선
**포물선**
**포물선형**
포물선형구적공식
포물형몽쥬-암페르방정식
**포물형방정식**
포복핵
포텐샬
포텐샬마당
포텐샬문제
포텐샬흐름
포텐샬힘
포함넘기기
표본값
표본련속
표본발취간격
표본축소연산
표본화주기
표본확대연산
표상함수
**표시(행렬에 의한 표시)**
표시식
표식그라프
표준기본계
표준기약다항식
표준다항식
표준대상
표준더하기지표
표준모임
표준번호
표준벨만방정식
표준빗대칭안정한분포
표준상대접속
표준상반다항식
표준선다발
표준올림
표준완비시장
표준점
표준중심계차비
표준직교토대
표준직교화
표준토대
**표준표현**
표준함수
표준화된 합
**표현**
표현능력
표현이데알
푸르다수
푸리드리히스의 부등식
**푸리에변환**
푸리에전개결수
푸리에합렬전개
풀이
풀이공간
풀이궤도
풀이모임
풀이반군
풀이의 끝상태
풀이평가식
풀이표시식
프락탈공간
프락탈근사
프락탈보간곡면
프락탈보간함수
프락탈브라운과정
프락탈브라운운동
프락탈브라운함수
프락탈차수
**프란쉐렐정리**
프레드홀름넘기기
프레드홀름성
프레드홀름연산자
프레드홀름적분방정식
프레드홀름형

해밍구안
해밍무게
**해석곡선**
해석구역
해석미분
해석범함수공간
해석연장
해석적구조
**해석적방법**
해석적인 표시공식
해석적중심근방점
해석적풀이
해석평면
해석평면족
해석풀이
**해석함수**
**핵**
핵밀도
핵원소
**핵함수**
핵회귀추정
행대표원계
**행렬**
행렬공간
행렬도함수
행렬미분연산자
행렬분해법
행렬섭동법
행렬셈법
행렬표현부호
행렬함수
향방가능하다
향방프레드홀름구조
**허수**
**허수부**
허수뿌리
허용계획
허용리산초조종
허용모임
허용분할
허용쌍
허용쌍모임
허용조종
허용조종모임
허용초함수조종
허용풀이
허축
헤르쯔접촉너비
헤미련속
헤비사이드단위함수
**헤비사이드함수**
헤스행렬
헤시안의 고유값
헤쎈버그형방정식
**헤씨안행렬**
헤테로크리니크풀이
**헬름홀쯔방정식(헬뭄홀츠 방정식)**
헬리의정리
형식위수
형식적 공액연산자
형식적 수직변분미분
형식적합렬
형식합렬
형태도함수방법
형태함수
호모크리니크풀이
호모클리니크궤도
호모토피방법
호모토피불변성
호모토피올림
호모토피적인 넘기기
호몰로지유도준동형넘기기
호상위치관계
호상작용
호상작용힘
호상전환
호출관계
**호프분기**
호프분지
호형련결성
호환거리
혼합경계값
혼합경계값문제
혼합결수
홀게이트뿌아쏭분포
홀더노름

## 3. 북한 학술지 『수학』과 『과학원통보』의 권두언 자료

### 1) 『수학』의 권두언(2007~2012년)

**2007년 제1호: 수학 역학 부문의 과학자들은 더 높은 과학연구 성과로 선군조선의 일대 전성기를 열어나가자**

오늘 우리는 선군의 기치 높이 원대한 포부와 신심에 넘쳐 일대 비약을 이룩한 자랑과 기쁨을 안고 희망찬 새해 주체 96(2007)년의 보람찬 진군길에 들어섰다.

지난해에 수학 역학 부문에서는 사회주의 강성대국 건설에 이바지하는 많은 성과가 이룩되었다.

수학 부문의 과학자들은 금융 시계열 모형들의 추정과 점근적 성질, 점성 유체 운동의 조종 이론, 포텐셜 마당의 구역형태최량화 방법에 대한 연구를 진행하였으며 고정밀자기마당 조사에 의한 표사광상탐사컴퓨터지원체계, 플라즈마에 의한 기차바퀴겉면 열처리 컴퓨터 지원체계 등 첨단기술개발에 이바지하는 가치 있는 연구 결과들을 내놓았다.

역학 부문의 과학자들은 화력발전소 보이라의 화염 중심을 합리적인 위치로 이동시켜 수천 kW의 전력 증산 방도를 찾았고 화력 터빈과 풍력 터빈, 조수력터빈 설계에서 나서는 역학적 문제들을 해결하였으며 기계진동진단 컴퓨터 지원체계를 더욱 발전시켜 최신 과학기술에 기초한 경제의 현대화, 정보화에 크게 이바지하였다.

(농업 분야) 수학력학 부문의 과학자들은 농업과학발전에 힘을 넣어 농업경영의 최량화를 비롯한 과학리론적 문제들을 제때에 해결함으로써 당의 농업혁명방침 관철에 적극 이바지하며 경공업 부문에서 생산공정을 현대화하고 질 좋은 인민소비품이 쏟아져나오게 해야 한다.

(4대 선행 부문) 인민경제의 4대 선행 부문인 전력, 석탄, 금속, 철도운수 부문이 앞서나가고 련대적 혁신을 일으켜야 나라의 전반적 경제가 활성화된다.

(석탄, 전기, 철도 운수 부문) 수학력학 부문의 과학자들은 화력발전설비들의 능력을 높여 전력생산을 훨씬 늘이며 석탄생산을 정상화하는 데서 나서는 수학력학적 문제들을 해결함으로써 긴장한 석탄, 전기문제를 결정적으로 푸는 데 적극 이바지하여야 한다. 또한 금속공업 부문에서 주체성을 강화하고 기술개건을 다그치는 데서 제기

되는 기술적 문제들을 해결하며 철도운수 부문의 수송조직과 지휘를 현대화하여 수송수요를 원만히 보장하는 데서 한몫하여야 한다.

(에네르기, 자원개발 부문) 수학력학 부문의 과학자들은 에네르기 및 자원개발 사업을 전망성 있게 해나가며 채취, 기계, 화학, 건재, 림업 부문들에서 생산을 활성화하기 위하여 나서는 과학기술적 문제들을 풀기 위한 연구사업도 힘있게 벌여야 한다. 또한 자력갱생의 구호를 더 높이 추켜들며 인민경제 모든 부문에서 이미 마련해놓은 튼튼한 생산토대와 잠재력을 최대한으로 동원하는 데 크게 이바지할 수 있는 새로운 연구종자를 찾아쥐고 전심전력하여 훌륭한 성과를 이룩하여야 한다.

**2008년 제1호: 수학력학 부문의 과학자들은 공화국창건 60돌을 맞는 올해를 더 높은 과학연구 성과로 빛내이자**

사회주의 조선의 희망찬 미래에 대한 커다란 포부와 락관을 안고 뜻깊은 새해 주체97(2008)년을 맞이한 수학력학 부문의 과학자들은 승리자의 긍지와 전투적 기백에 넘쳐 경제강국 건설을 위한 올해의 총진군길을 힘있게 다그치고 있다.

수학 부문의 과학자들은 반환우에서 행렬리론과 Lp공간에서 연산자값푸리에 인자정리, 비유계구역에서 포텐샬마당의 형태최량화 등 리론연구에서 새로운 성과를 거두었으며 타원곡선암호에 의한 무선통신의 암호화와 복호화, 독립성분 분석에 의한 잡음 제거, 최량화방법에 의한 전력계통구성과 같은 첨단기술개발에 이바지하는 가치있는 연구결과들을 내놓음으로써 인민경제발전의 확고한 담보를 마련하였다.

력학 부문의 과학자들은 회전기계의 진동상태 평가를 위한 립체스펙트르진단과 송전탑의 지지능력 제고, 카오스의 조종과 동기화 방법들의 성능개선 등에서 새로운 연구결과들을 내놓았으며 화력발전소 미분탄보이라의 화염중심을 낮추는 연구사업에서 성과를 확대하였다.

수학력학 부문의 과학자들은 또한 축전지생산을 위한 검사공정과 주조공정의 컴퓨터화를 실현하였으며, 우리 식 조작체계에 의한 과학기술계산 프로그람 개발을 힘있게 벌렸다.

지난해 7월에 윁남의 하노이에서 진행된 제48차 국제수학올림피아드에서 우리나라 선수들은 금메달 1개, 은메달 4개, 영예상 1개를 쟁취하여 우수한 성과를 거두었다.

수학력학 부문의 과학자들은

(인민경제 선행 부문)을 추켜세우기 위하여 기류식 분쇄기, 설비진단체계를 비롯한 발전설비들의 현대화에 나서는 력학적 문제를 해결함으로써 전력생산을 빨리 늘리는 데 적극 이바지하여야 한다.

(금속공업)또한 금속공장들의 압연공정의 설비수명을 늘이는 데서 나서는 수학력학적 문제들을 원만히 해결함으로써 금속공업발전에 이바지하여야 한다.

(철도운수 부문)수학력학 부문의 과학자들은 철도운행표 작성을 비롯한 철도수송조직과 지휘에서 나서는 수학적 문제들을 해결하여 늘어나는 수송수요를 원만히 보장하여야 한다.

(기초공업 부문)우리의 과학자들은 기초공업 부문에서 쓰이는 콘덴샤의 고속충전체계와 기계공장의 단조주조공정의 설비수명을 늘이는 데서 나서는 수학력학적 문제들과

(지질탐사 부문)지질탐사사업인 표사광상탐사에서 나서는 수학적 문제들을 해결하여야 한다.

(정보산업 부문)수학력학 부문의 과학자들은 정보산업시대의 요구에 맞게 필기체 조선글 인식을 비롯한 정보기술발전에서 나서는 수학적 문제들을 해결하는 것과 함께 확률미분방정식과 수리물리 거꿀문제, 비선형분포계의 수값해석과 최량화를 발전시키기 위한 리론연구에 힘을 집중하며 카오스, 프락탈, 웨이블레트, 유전알고리듬의 보급과 응용을 더욱 확대해 나가야 한다.

**2009년 제1호: 새로운 혁명적 대고조의 불길 높이 올해를 더 높은 과학연구 성과로 빛내이자**

우리 혁명과 강성대국 건설에서 력사의 분수령을 이루게 될 희망찬 새해 주체98(2009)년을 맞이한 수학력학 부문의 과학자들은 앞날에 대한 커다란 희망과 포부, 신심에 넘쳐 경제강국 건설을 위한 총공격전에 힘차게 떨쳐나서고 있다.

지난해에 수학력학 부문에서는 강성대국건설에 이바지하는 많은 성과가 이룩되었다.

수학력학 부문의 과학자들은 통계적 품질관리리론을 우리 실정에 맞게 발전시키고 그것을 적용하여 나라의 위력을 강화하는 데 크게 이바지하였고, 돌변색관측체계를 세워 백두산 3대장군의 혁명사적물들을 연구 보존하는 데 이바지하였으며, 비선형분포계의 수값해석, 대수곡선의 유리점 계산, 비선형모형의 예측과 조종 등 과학기술발

전 5개년계획의 첫해 과제수행에서 성과를 이룩하였다.

2진체우에서 타원암호연산을 고속화하기 위하여 우리나라 수학자들이 내놓은 새로운 점두배공식은 해당 부문의 국제학계에서 좋은 평가를 받았다.

력학 부문의 과학자들은 수력발전기의 진동원인을 해명하고 대책을 세워 발전기의 조립과 운영에 크게 도움을 주었으며, 화력발전소의 생산정상화와 동력발전기술을 발전시키는 데서 나서는 력학적 문제를 해결하였으며, 초고층건물, 교량구조, 수행기구체계설계에서 나서는 력학적 문제들을 해결하였다.

기계진동진단, 기계균형잡이에 관한 전국적인 과학기술발표회는 이 부문 과학자들의 연구활동을 총화하고 새로운 성과에로 고무추동하였다.

여러해 동안 력학 부문의 과학자들이 연구완성한 『콤퓨터에 의한 기계진동진단체계』에 2.16과학기술상이 수여되었으며, 수학 부문의 과학자들이 집필한 『광명백과사전』 제10권 「수학편」이 출판되었다.

에스빠냐에서 진행된 제49차 국제수학올림피아드에 참가한 우리나라 선수들은 4개의 금메달과 2개의 은메달을 쟁취하여 우리 인민을 기쁘게 하였다.

지난해 1월에는 제18차 전국프로그람경연 및 전시회에 출품된 프로그람들을 몸소 보아주시었다.

수학력학 부문의 과학자들은 경제의 자립성을 강화하고 현대화를 다그치며 국방공업을 발전시키는 데서 나서는 수학력학적 문제들을 적극적으로 해결함으로써 조국의 륭성발전에 이바지하여야 한다. 또한 수값모형화, 품질공학수법을 리용하여 금속공장의 생산정상화에서 나서는 기술적 문제들을 해결함으로써 강철전선을 힘있게 지원하여야 한다.

수학력학 부문의 과학자들은 기계진동진단기술을 전국의 발전소들에 받아들여 수력발전소들의 조업을 최대한 앞당기고 화력발전소들을 만부하로 돌리는 데 이바지하여야 한다.

수학력학 부문의 과학자들은 수리운영학을 수송조직과 지휘에 적극 받아들여 철도의 통과능력을 훨씬 높이는 데 기여하여야 하며 정보공학 수법을 물고기잡이, 기초식품생산에 받아들여 인민들의 식생활 향상에 기여하여야 한다.

**2010년 제1호: 수학력학 부문의 과학자들은 당창건 65돌을 맞는 올해를 더 높은 과학연구 성과로 빛내이자**

지난해에 수학력학 부문에서는 강성대국의 대문을 두드리는 놀라운 성과들이 이룩되었다.

수학력학 부문의 과학자들은 운반로케트 『은하-2호』로 인공지구위성 『광명성2호』를 궤도에 진입시키는 데서 나서는 수학력학적 문제들을 해결함으로써 나라의 우주과학기술발전에서 새로운 력사적 리정표를 마련하였다. 인공지구위성의 성과적 발사는 강성대국건설에서 장쾌한 승리의 첫 포성을 울린 력사적 사변이였다.

수학력학 부문의 과학자들은 CNC 기술에서 제기되는 조종프로그람들을 작성함으로써 우리의 CNC 기술이 세계의 첨단을 확고히 돌파하고 우리의 무궁무진한 기술적 잠재력을 시위하는 데 크게 이바지하였다.

수학력학 부문의 과학자들은 우리 혁명의 명맥이며 만년재보인 백두의 혁명전통을 영원히 옹호고수해 나가기 위한 과학기술적 문제들을 해결하는 데 크게 이바지하였다.

인민경제의 선행 부문, 기초공업 부문에서 생산을 획기적으로 장성시키고 전반적인 공업부문을 활성화하기 위하여 수학력학 부문의 과학자들은 제당소의 가열로개조와 송배전망에서의 전력 도중손실을 줄이며 공기 베아링, 직기기구운동 특성을 해석하기 위한 수학력학적 문제들을 해결하였다.

특히 기계공업 부문에서 하나의 혁명으로 되는 새형의 압축기를 개발하고 화력발전소 보이라의 화염중심을 낮추기 위한 연구가 완성도입되어 경제강국 건설에 크게 이바지하였다.

수학력학 부문의 과학자들은 선군시대의 기념비적 창조물로 솟아오른 녕원발전소의 발전기 운영정상화에서 절실한 균형보장의 과학성을 수학적으로 철저히 담보하였으며, 수자식류량계, 수위측정장치, 수자식온도검사 및 정보장치들을 높은 수준에서 개발하고 발전기와 타빈에 성과적으로 도입하였다.

수학부문의 과학자들은 현대수학의 성과를 리용하여 세멘트소성로의 콤퓨터 조종, 흑백색동화상의 색화를 실현하였으며, 구조보존계차도식리론, 대수적 부호리론, 미분다양체리론에서 새로운 성과를 이룩하였다.

〈KCC바둑〉 프로그람이 국제콤퓨터바둑경기대회에서 또다시 1등을 하여 7차례나 우승함으로써 인공지능연구 분야의 〈왕좌〉의 지위를 확고히 차지하였으며 도이췰란

트에서 진행된 제50차 국제수학올림피아드에서 또다시 우승하였다.

당의 경공업혁명방침, 농업혁명방침을 계속 튼튼히 틀어쥐고 이미 다져진 생산잠재력을 남김 없이 발휘하는 데서 나서는 수학력학적 문제들을 해결하여야 한다.

수학력학 부문의 과학자들은 수값모형화, 품질공학적 수법을 리용하여 금속공장의 생산정상화에서 나서는 기술적 문제들을 해결함으로써 강철전선을 힘있게 지원하며 기계진동진단기술을 전국의 발전소에 도입하여 수력발전소의 조업을 최대한 앞당기고 화력발전소설비들을 만부하로 돌리는 데 이바지하여야 한다. 그리고 수리운영학을 수송조직과 지휘에 적극 도입하여 철도의 통과능력을 훨씬 높이는 데 기여하여야 한다.

수학력학 부문의 과학자들은 정보산업시대의 요구에 맞게 CNC화를 계속 높은 수준에서 실현하기 위한 문제들을 해결하고 조종프로그람들을 개발하여야 한다.

올해의 총공세에서 새로운 비약을 이룩하기 위한 근본비결은 수학력학 부문에서 첨단을 돌파하기 위한 투쟁을 과감히 벌이는 데 있다.

**2011년 제1호: 수학력학 부문의 과학자들은 최첨단돌파전을 힘차게 벌려 올해를 더 높은 과학연구 성과로 빛내이자**

장엄한 대고조진군 속에서 수학력학 부문에서는 자랑찬 성과들이 이룩되었다.

모든 것을 인민생활대고조에로 부른 당의 전투적 호소를 높이 받들고 수학력학 부문의 과학자들은 과학연구사업에서 집단주의를 높이 발휘하여 회전설비들의 진동감쇠대책과 구조물의 진동흡수대책을 세워 경공업 부문을 비롯한 여러 부문 공장, 기업소들의 현대화와 생산정상화에 이바지하였다.

또한 주체철생산공정에서 제기되는 수학력학적 문제들을 원만히 해결함으로써 주체철생산체계를 완비하는 데 큰 기여를 하였으며 희천발전소를 비롯한 대규모수력발전소 건설에서 제기되는 수화열처리대책 문제들을 해결하여 건설기일을 훨씬 앞당기는 데 적극 이바지하였다.

수학 부문의 과학자들은 첨단과학기술분야들에 대한 연구를 심화시켜 새로운 수학계산도구, 통계계산도구, 컴퓨터입력기 등을 개발하여 우리식 컴퓨터조작체계를 발전시키는 데 이바지하였으며, 기억기보안체계를 개발하고 은행카드체계의 보안대책을 세워 인민경제의 정보화, 과학화를 실현하는 데 적극 기여하였다. 또한 류체운동방정식의 질론, 대수계리론, 디래크기하리론 등기초리론연구에서 새로운 성과들이 이룩되었다. 회전기계동력전달 계통의 비선형동적상태와 고체알갱이무리현상의 운동특성을 해석하고, 류체기계의 성능을 개선하는 데서 제기되는 수학력학적 문제들을 해결하여 인민소비품의 질을 결정적으로 높이고 생산의 현대화, 과학화를 실현하여야 한다.

기계진동기술을 적극 도입하여 희천발전소를 비롯한 대규모 수력발전소들의 조업을 최대한 앞당기고 화력발전설비들의 만부하, 만가동을 보장하며 생산공정을 CNC화하는 데 적극 이바지하여야 한다.

주체철생산공정에 대한 컴퓨터모의와 최량방안확정을 실현하기 위한 과학연구사업을 줄기차게 벌리며 단조과정을 비롯한 강한 비선형성을 띠는 소성가공과정의 력학적 해석방법을 확립하고 열처리공정의 CNC화를 실현하는 데서 제기되는 과학기술적 문제들을 해결하여 금속공업부문 공장, 기업소들에서 높이 세운 생산목표를 점령하는 데 도움을 주어야 한다.

CNC 기술의 패권을 틀어쥔 경험에 토대하여 모든 분야에서 세계가 도달한 과학기술수준을 최단기간 내에 뛰어넘어 지식경제시대의 전렬에 서자는 것이 우리 당의 최첨단돌파사상이다. 최첨단돌파전의 선봉에서 내달리고 있는 회천련하기계종합공장의 과학자, 기술자들의 모범을 적극 따라 배워야 한다.

수학부문의 과학자들은 대수계리론을 발전시켜 정보통신, 타원곡선암호화에 리용하며, 류체운동기본방정식의 질적 특성과 국부 및 대역조종가능성 증명, 그것의 유한덩이 및 불련속갈료르낀유한요소법에 의한 수값풀이도식의 안정성, 수값알고리듬의 수렴성 증명, 공업 및 의학 부문에서 제기되는 컴퓨터화상의 경계구분 및 잡음 제거를 위한 화상에네르기범함수의 최소화문제 풀이의 존재성, 계산알고리듬의 수렴성에 관한 연구사업을 더욱 심화시켜야 한다.

**2012년 제1호: 수학력학 부문의 과학자들은 새 세기 산업혁명의 기치 높이 최첨단돌파전을 힘차게 벌리자**

장엄한 대고조진군 속에서 수학력학 부문에서는 자랑찬 성과들이 이룩되었다.

수학력학 부문의 과학자들은 희천발전소 언제 건설에서 제기되는 블로크식공법의 력학적계산 기초자료를 보장하고, 대형합성탑의 열처리와 지열압축기의 진동방지에서 나서는 수학력학적 문제를 해결하였다. 또한 수지연필생산공정의 현대화에서 나서는 수학력학적 문제, 승강기생산공정의 현대화에서 제기되는 감속기의 프로필결정문제, 흑색영화를 천연색영화로 만드는 체계를 개발하고 도입하는 데서 나서는 수학적 문제를 해결하였다.

수학 부문의 과학자들은 수학적 방법을 리용하여 축전지의 고속충전체계를 개발하여 인민경제 여러 부문에 도입하였다.

김일성종합대학 창립 65돌 기념 국제학술토론회에서는 수학 부문에서 이룩된 우수한 과학연구 성과들이 발표되어 우리나라의 과학발전 수준을 과시하였으며, 네데를란드에서 진행된 제52차 국제수학올림피아드에서 우리의 나어린 학생들은 금메달 3개, 은메달 3개를 쟁취하여 주체조선의 존엄과 민족의 영예를 남김 없이 떨치였다.

수학력학 부문의 과학자들은 현장균형잡이기계진동진단을 위한 기구제작 및 조종분석프로그람들을 첨단수준에서 개발하여 진동진단체계를 보다 완비하고 인민경제 여러 부문에 도입하여야 한다. 또한 화력발전소들의 발전기타빈축용재생산공정을 수값모의하여 합리적인 용접조건을 보장하는 데서 제기되는 역학적 문제를 해결하여야 한다.

전자저울수감부의 합리적인 구조결정과 양말포장기의 동력학적기구 모의해석에 관한 연구와 대형풍력발전기의 풍차날개를 수값모의하여 합리적인 설계정수를 결정하기 위한 연구를 심화시켜야 한다.

수학 부문의 과학자들은 준지수시간에 리산로그를 계산하는 알고리듬과 거친 경계를 가지는 구역에서 류체운동방정식의 풀이평가, 고계슈뢰딩게르방정식의 기본풀이평가, 특이분포계의 타당성과 근사풀이법의 수렴성 등에 관한 연구를 심화시키며 대수학, 기하학을 비롯한 기초수학을 발전시켜 나노기술, 정보기술 등 핵심기초기술과 첨단과학기술의 원리적, 방법론적 토대를 쌓아야 한다.

### 2) 『과학원통보』의 권두언(2007~2012년)

**2007년 제1호: 새로운 과학기술 성과로 선군조선의 일대 번영기를 열어나가자**

과학자, 기술자들은 지난해에 정보기술과 나노기술 연구에서도 획기적인 진전을 이룩하였으며 그 성과들을 생산실천에 응용할 수 있는 전망을 열어놓았다.

생물공학 부문에서는 유전자공학적 수법으로 고급한 여러 가지 생리활성물질들을 손쉽게 얻을 수 있는 기술을 개발하여 생물약품을 다량생산할 수 있는 확고한 토대를 마련하였다.

인민경제의 주공전선인 전력과 석탄생산에 이바지할 여러 가지 설비들의 연구개발, 비저항지하단층촬영기술의 도입, 고회석세멘트에 의한 탄광용침목생산기지의 조성, 발효에 의한 집짐승배설물의 재리용과 속성생육방법들의 연구도입, 화학약재를 쓰지 않고 질좋은 흰종이를 생산할 수 있는 쇄목팔프종이생산기술공정의 완성, 경공업공장들에 도입된 수많은 과학기술적 발명들과 연구성과들, 과학적인 바다가양어, 양식체계의 확립 등 지난해에 우리 과학자, 기술자들이 이룩한 과학연구 성과들은 경제강국건설을 위한 보람찬 투쟁의 귀중한 밑천으로 되고 있다.

(농업 부문)무엇보다도 농업과학 발전에 큰 힘을 넣어 인민들의 먹는 문제해결에서 획기적인 진전을 이룩하여야 한다.

선진 영농방법과 우량품종 재배기술을 도입하여 알곡정보당수확량을 결정적으로 높이고 그 본보기를 온 나라에 일반화해야 한다.

지난해에 이룩한 성과들을 토대하여 축산에서 먹이단위를 낮추고 사양관리를 과학화하기 위한 복합균 생산기지들을 꾸리고 전국의 축산기지들에 도입하여 고기와 알생산을 결정적으로 늘여야 한다.

미루벌자연흐름식 관개에 필요한 과학기술적 문제들을 제때에 풀며 선진적인 영농기계들을 더 많이 설계제작하여야 한다.

(경공업 부문)경공업공장들의 개건과 생산정상화에 필요한 과학기술적 문제해결에 계속 큰 힘을 넣으며 과학적인 규격관리체계를 세워 인민소비품의 가짓수와 질을 끊임없이 높여나가야 한다.

인민경제의 4대 선행 부문인 전력, 석탄, 금속, 철도운수 부문의 과학연구사업에 박차를 가하여야 한다. 전력과 석탄생산을 늘리며 도중손실과 허실을 줄이기 위한 과학기술적 대책들을 세워나가야 한다. 도처에 일어서고 있는 발전소들의 조업에 필요한 과학기술문제들과 시공, 설계, 제작도면들을 제때에 보장하여야 한다.

(전력공업 부문)화력발전소 보이라의 급수뽐프 날개 개조사업을 완성하여 지금 있는 발전소들의 정상가동을 보장하여야 한다.

금속공업 부문의 기술개건을 다그쳐 원료와 연료의 소비기준을 결정적으로 낮추고 강재의 종류를 늘이고 질을 끊임없이 높여나가야 한다.

철도운수 부문의 수송지휘에 정보기술의 새로운 성과들을 적극 받아들여 수송조직과 지휘의 과학성을 더욱 높이며 레루맞댐 용접기술을 완성하여 이음목 없는 직선철길구간을 넓혀나가야 한다.

(에너지자원 부문)경제발전의 전망을 고려하여 지질탐사 부문에 앞선 기술을 적극 도입하고 에네르기 및 자원개발사업을 추진시켜 나라의 자원을 효과적으로 리용하도록 하여야 한다.

채취, 기계, 화학, 건재, 림업 부문들의 생산활성화에 필요한 과학기술적 문제들을 실속있게 풀어나가며 건축물의 조형화, 예술화 실현에 필요한 설계도면들과 시공공법들을 제때에 보장하여야 한다.

과학기술자들은 핵심기초기술과 첨단과학기술에 대한 연구에 박차를 가하여 정보기술, 나노기술, 생물공학 발전의 진면모를 보여주는 새로운 과학연구 성과들을 달성하여야 한다.

**2008년 제1호: 자랑찬 과학기술 성과를 안고 9월의 대축전장에 들어서자**

지난해 우리의 과학자, 기술자들은 새롭고 독특한 우리 식의 주체철생산방법을 완성하여 강철생산을 늘일 수 있는 전망을 열어놓았으며 첨단설비들을 제작하고 대규모발전소들과 중요 탄광, 광산들에 새 기술을 도입하여 전력, 석탄, 채취공업 부문의 기술개건에 적극 이바지하였다.

우리 과학자, 기술자들의 고심 어린 탐구와 노력에 의하여 첨단기술로 장비된 시험공장이 일어서고 생산공정의 현대화가 높은 수준에서 추진되었다.

농업 부문의 과학자, 기술자들은 다수확품종들과 우리 식의 선진적인 과학농법, 능률적인 농기계들을 적극적으로 연구 도입함으로써 농업의 과학화 수준을 한계단 높이고 알곡생산을 훨씬 늘일 수 있는 확고한 전망을 열어놓았다.

우리의 과학자, 기술자들은 첨단과학기술 특히 핵심기초기술 분야들을 새롭게 개척하기 위한 투쟁을 힘있게 벌려 여러 가지 나노기술설비들을 연구 · 개발하고 생물공학과 우주 및 해양과학을 빨리 발전시킬 수 있는 토대를 마련하였으며 여러 부문의 생산실천이 제기하는 수많은 과학기술적 문제들을 성과적으로 해결하였다.

과학자, 기술자들은 경제의 주체성을 더욱 강화하고 사회주의경제건설의 생명선인 인민경제 선행 부문, 기초공업 부문을 추켜세우기 위한 과학기술적 문제들을 적극적으로 풀어나가야 한다.

전력공업 부문의 과학자, 기술자들은 도처에 일어서고 있는 발전소들의 조업에 서 제기되는 과학기술적 문제들을 제때에 풀어주며 이미 있는 발전기들의 현대화 수준을 높이는 데서 나서는 과학기술적 문제들을 원만히 해결하여야 한다.

석탄공업 부문 과학기술적 문제들을 참다운 애국심을 지니고 첨단과학기술을 대담하게 개발 도입하여 현실에서 제기되는 과학기술적 문제들을 해결함으로써 경제발전과 인민생활에 필요한 석탄을 원만히 생산 보장하는 데 적극 기여하여야 한다.

금속공업 부문에서는 우리 식의 철생산방법을 완성하고 받아들이기 위한 과학기술적 문제들을 성과적으로 풀어나가야 한다.

철도운수 부문의 수송지휘에 정보기술의 새로운 성과들을 적극 받아들여 수송조직과 지휘의 과학성을 더욱 높이며 철길의 강도를 높여 화물통과능력을 개선하기 위한 과학기술적 문제들을 해결하여야 한다.

(지질탐사)경제발전의 전망을 고려하여 지질탐사 부문과 채취공업 부문에 앞선 기술을 적극 도입하고 나라의 자원을 합리적으로 개발리용하며 기계, 화학, 건재, 림업공업 부문들의 생산적 앙양에 필요한 과학기술적 문제들을 실속있게 풀어야 한다.

(농업 부문)농업혁명방침을 관철하기 위한 과학연구사업을 힘있게 벌여야 한다. 다수확품종들의 육종과 생산공정을 더욱 과학화, 현대화하여 종자문제를 결정적으로 풀며 선진적인 영농기술과 영농농법을 적극 받아들이고 농업의 기계화 비중을 한 계단 더 높여 알곡생산을 획기적으로 늘이는 데 적극 이바지하여야 한다.

(축산업 부문)축산에서 먹이단위를 낮추고 사양관리를 과학화하며 축산 부문에서 이룩한 과학기술 성과들을 전국의 축산기지들에 도입하기 위한 사업을 밀고나가야 한다.

(경공업)경공업공장들의 기술개건과 생산정상화에 필요한 과학기술적 문제해결에 계속 큰 힘을 넣으며 인민들의 살림집문제 해결에 필요한 설계도면들과 시공공법들을 제때에 보장하여야 한다.

(환경보호 부문)국토관리와 환경보호사업에 대한 과학연구사업에 힘을 넣으며 의료봉사활동을 과학적으로 하고 임상기술수준을 더 높이 끌어올려 보건정책을 철저히 관철하는 데 적극 이바지하여야 한다.

**2009년 제1호: 조국의 융성발전에 이바지할 과학연구 성과로 올해의 총진군을 힘차게 떠밀자**

(전력공업 부문)과학자, 기술자들은 전국 각지의 수력발전소들에서 언제구조물의 설

계와 건설을 더욱 과학화하고 수차의 효율을 높이었으며 현대적인 운영조종체계를 도입하였다. 보이라의 가동시간을 늘이고 연소효율을 높이는 한편 화염중심을 낮출 수 있는 획기적인 과학기술안들을 받아들였으며 새롭고 독특한 채굴방법들을 발명하였다.

(금속공업 부문)우리 식의 초고전력전기로가 단 몇 달 동안에 완성되어 주체적인 철생산공정이 더욱 완비되었으며 우리의 원료에 의한 여러 가지 합금강생산기술과 고온공기연소기술을 받아들이기 위한 투쟁에서 훌륭한 성과들이 이룩되었다.

철도운수 부문에서는 레루맞대용접기술이 확대도입되고 성능이 좋은 전기기관창견인전동기생산능력을 높이게 되었으며 수송지휘의 정보화에서 큰 진전이 이룩되었다.

핵심기초과학연구 부문에서는 새로운 컴퓨터기술과 레이다기술, 새로운 재료들이 개발되었다.

(금속공업 부문)과학자, 기술자들은 주체철생산을 결정적으로 늘이고 나라의 야금기지들을 현대화하는 데 선차적인 관심을 돌리며 대형수력타빈발전기들의 진동상태를 개선하여 전력생산을 정상화하고 수차와 타빈의 효율을 높여야 한다.

(석탄공업 부문)또한 합리적인 채탄기술을 보다 완성하기 위하여 무연탄채탄장용 짬버럭천공기와 막대동발천공기를 개발 도입함으로써 석탄생산을 결정적으로 늘이는 데 적극 이바지하며 곡선철길과 구조물에서 용접레루기술을 확대 도입하여 철도의 통과능력을 높이고 늘어나는 수송수요를 보장하기 위한 과학연구사업을 활발히 벌려나가야 한다.

(농업 부문)과학자, 기술자들은 종자혁명방침, 두벌농사방침, 감자농사혁명방침, 콩농사방침의 생활력을 높이 발양시키기 위한 농업과학, 생물학연구에서 연구과제를 바로 정하고 시간을 앞당겨 완성하여야 한다. 그리고 축산업과 수산업을 발전시키고 식료가공을 현대화하기 위한 과학기술적 문제들을 제때에 풀어야 한다.

과학자, 기술자들은 인민소비품 생산과 살림집건설, 도시경영, 산림조성사업을 전망성 있게 벌려나가는 데서 나서는 과학기술적 문제들도 모가 나게 해결하여야 한다.

**2010년 제1호: 과학자, 기술자들은 모든 전선에서 첨단을 돌파하기 위한 투쟁을 더욱 과감히 벌리자**

(광명성2호)우리의 과학자, 기술자들은 현대과학기술의 총집합체인 인공지구위성의

설계, 제작, 조립, 발사, 관측에 이르는 모든 과학기술적 문제들을 100% 자체의 힘과 기술로 해결하여 "광명성2호"를 우주에 쏴올렸다.

(제2차핵실험)이어 제2차 지하핵실험을 성공적으로 진행하여 군사강국, 과학기술강국의 지위에 당당히 올라선 선군조선의 위력을 다시 한 번 온 세계에 과시하고 우리 인민들에게 커다란 신심과 용기를 안겨주었다.

과학자, 기술자들은 우리 식의 주체철생산체계를 완성하여 이제 더는 남을 쳐다보지 않고 우리의 자원으로 꽝꽝 강철을 생산해낼 수 있게 하였다.

(기계공업 부문)지난해에 기계공업 부문을 비롯한 온 나라에 세차게 휘몰아친 CNC화 바람은 첨단으로 치솟아 세계를 향하여 힘차게 나아가는 우리나라의 막강한 과학기술적 잠재력을 과시하였다.

초고전력전기로와 남비정련로에 쓰이는 내화물과 남비가스노즐의 개발 도입, 화력발전소의 블로크식 집단려자조종체계확립, 성능 높은 석탄탐사레이다기술의 개발 도입, 새형의 전기기관차개발의 첫 단계 목표달성, 곡선구간 철길 레루맞댐용접기술 도입, 새로운 콩크리트 시공방법과 갱도 발파가스 및 먼지제거기술 등 지난해에 모든 부문, 모든 단위에서 새로운 과학기술 성과들이 연구 도입되었다.

과학기술 발전을 위한 핵심기초기술인 정보기술, 나노기술, 생물공학발전과 핵기술, 우주기술, 해저탐사기술, 레이다기술, 풍력발전기술개발, 3색대형전자현시판, 생물무진실용공기조화기개발을 비롯한 첨단기술연구 분야에서도 큰 진전이 이룩되었다.

경공업과 농업은 인민생활향상을 위한 투쟁의 주공전선이다.

(경공업)과학자, 기술자들은 경공업 부문의 공장, 기업소들의 현대화를 높은 수준에서 실현하기 위한 투쟁을 계속 힘있게 벌리며 끊임없는 탐구로 인민소비품의 가지수를 늘이고 그 질을 최상의 수준에서 보장해야 한다.

(섬유공업)3원색물감에 의한 천연색기술을 완성하며 방직, 편직, 피복 공장들의 현대화와 기계설비의 고속화를 힘있게 밀고나가야 한다.

농업 부문과 생물학 부문의 과학자, 기술자들은 유기농법을 비롯한 새로운 영농방법과 영농기술을 적극 개발 도입하여 주체적인 육종체계가 서고 실리주의원칙이 구현된 현대적인 축산, 양어, 과일생산기지들을 확대하는 데서 제기되는 과학기술적 문제들을 제때에 풀어나가야 한다.

4대 선행 부문은 인민경제의 기관차이며 인민생활을 풀기 위한 관건적인 고려이다.

(금속공업)과학자, 기술자들은 우리의 원료, 연료에 의거한 주체철생산능력을 늘이고 최첨단 수준에서 강질을 개선하여 나라의 금속공업을 보다 높은 수준에 올려세워야 한다.

전력공업 부문의 과학자, 기술자들은 도처에 발전설비들의 효율을 높이며 정보산업시대의 요구에 맞게 조종체계를 완성하고 희천발전소를 비롯한 대규모수력발전소를 비롯한 대규모수력발전소 건설에서 건설속도와 질을 높이는 데서 제기되는 과학기술적 문제들을 해결하여야 한다.

석탄공업 부문의 과학자, 기술자들은 GIS 기술에 의한 무연탄의 평가체계를 세우며 수자지질도와 수준별 지질도를 작성하여 석탄의 참사와 개발, 자원관리의 정보화를 실현하여야 한다.

철도운수 부문의 과학자, 기술자들은 우리 식의 새로운 전기기관차 생산체계를 완성하고 계렬생산을 보장하며 수송지휘의 정보화를 보다 높은 수준에서 완성하여야 한다.

기계공업 부문의 과학자, 기술자들은 첨단을 돌파한 CNC화를 계속 높은 수준에서 실현하고 성과를 확대하며 공구혁명을 일으켜 성능 높은 첨단설비들을 더 많이 연구개발하여야 한다.

**2011년 제1호: 최첨단돌파전을 계속 힘있게 벌려 경공업혁명과 인민경제발전에서 제기되는 가치 있는 과학연구 성과들을 더 많이 이룩하자**

과학자, 기술자들은 평양곡산공장과 평양밀가루가공공장의 기술개건전투를 힘있게 벌려 짧은 기간에 당과류 생산의 전문화, 현대화, 과학화를 실현하고 대규모련속생산공정들에 대한 컴퓨터 통합조종체계를 완비하였으며 룡성식품공장의 CNC화, 무균화를 최상의 수준에서 실현하는 성과를 이룩하였다.

농업 부문의 과학자들은 우리 식의 1대 잡종 벼를 비롯한 우량품종의 농작물에 대한 생산체계를 철저히 확립하고 농작물생육 예보의 폭을 넓히고 그 과학성과 신속성을 보장하며 효능 높은 미생물비료와 생물농약들을 개발 도입하기 위한 투쟁을 적극 벌여 농업생산에 크게 이바지하였다.

(기계공업)우리의 과학자들은 또다시 고성능형의 최첨단 CNC 설비인 9축선삭가공중심반을 개발하여 선박, 우주, 항공공업 등 나라의 공업 전반을 비약적으로 발전시키기 위한 튼튼한 토대를 마련하였다.

과학자, 기술자들은 올해에 경공업공장들을 만부하로 돌리고 생산공정들을 전면적으로 더욱 높은 수준에서 현대화, CNC화하기 위한 과학연구사업을 우선시하고 여기에 모든 힘을 집중하여야 한다.

경공업은 올해 총공격전의 주공전선이며 여기에 더 큰 박차를 가하는 것은 경제강국건설의 성숙된 요구로, 초미의 과제로 나서고 있다.

과학자, 기술자들은 인민소비품생산을 늘이고 그 질을 결정적으로 높이는 데서 나서는 과학기술적 문제를 제때에 해결하기 위한 연구과제들을 가장 중요한 과제로 틀어쥐고 최첨단돌파전을 더욱 힘있게 벌려나가야 한다.

우리 당이 커다란 품을 들여 일떠세운 현대적인 경공업공장들과 새 세기 표본으로 되는 훌륭한 소비품생산기지들은 인민생활 향상을 위한 고귀한 재부이다. 과학자, 기술자들은 위대한 장군님의 뜨거운 은정이 깃든 공장, 기업소들의 생산을 높은 수준으로 정상화하는 데서 제기되는 과학기술적 문제들을 제때에 풀어나가야 한다. 과학자, 기술자들은 1차소비품을 비롯하여 인민생활에 널리 쓰이는 필수품생산을 정상화하는 데 힘을 집중하면서 전반적 소비품생산을 확대 강화하기 위한 과학연구사업을 힘있게 벌려야 한다.

경공업 부문의 과학자, 기술자들은 하나의 제품을 설계하여도 인민들의 호평을 받는 인기상품, 그 어디에 내놓아도 손색이 없는 세계적인 경쟁력을 가진 제품들을 설계하고 생산공정을 짜고들어야 한다.

인민소비품의 표준화, 규격화사업을 더욱 심화시키고 품질인증과 품질관리, 계량계측사업을 높은 수준에서 실현하여야 한다.

화학공업 부문에서는 올해 총공격전의 주공전선인 경공업에 필요한 원료, 자재생산을 주체화, 국산화하는 데서 제기되는 과학기술적 문제를 푸는 데 력량을 집중하여야 한다.

농업 부문의 과학자, 기술자들은 당의 종자혁명방침, 두벌농사방침, 감자농사혁명방침, 콩농사방침을 철저히 관철하고 유기농법을 비롯한 선진영농방법과 기술을 전면적으로 도입하는 데서 나서는 과학기술적 문제들을 적극 풀어나가야 한다.

생물과학 부문의 과학자들은 인민들의 건강증진에 이바지하는 줄기세포기술, 세포배양기술 등 첨단생물공학기술을 적극 개발 도입하고 키낮은사과나무접그루를 대량증식하여 수종이 좋은 나무들을 널리 퍼치고 식용열매나무의 다수확품종을 적극 개발하기 위한 대상과제수행에 지혜와 열정을 깡그리 바쳐나가야 한다.

동력기계과학 부문의 과학자들은 능률 높은 착암기를 개발하여 황철의 레루생산공정운영과 김철의 원호식조괴공정의 CNC화 실현에서 제기되는 과학기술적 문제들을 풀고 대용량발전기들의 운영실태에 대한 해석과 예방보수체계를 확립하며 여러 탄광들의 현대화 실현에 이바지하기 위한 투쟁을 힘있게 벌려야 한다.

석탄 및 금속과학 부문에서는 성능 높은 갱내 석탄탐사용레이다 개발 도입, 고품위흑연정 · 광생산공정 확립 그리고 무산광산련합기업소에서 생산을 늘이고 김책제철련합기업소에서 주체철용광로의 기술경제적 지표를 더욱 개선하기 위한 문제를 비롯하여 국가적 의의가 큰 대상과제 수행에 큰 힘을 넣어야 한다.

건설 및 운수과학 부문 과학자들은 평양시 10만 세대 살림집건설에 새로운 건설공법들을 적극 도입하며 이음목 없는 철길구간을 더욱 늘이고 철도수송정보관리체계를 확립하는 등 운수 부문의 발전에 이바지하기 위한 목표를 높이 세우고 그 수행을 위하여 피타는 사색과 탐구를 바쳐야 한다.

기초 및 정보과학 부문의 과학자, 기술자들은 남들이 못한다는 것도 기어이 해내고야 마는 불굴의 기질로 김책제철련합기업소와 황해제철련합기업소, 순천화학련합기업소를 비롯한 여러 대상들의 CNC화 실현에 적극 이바지하며 어장예보의 정확성을 높이기 위한 투쟁과 공작기계용 CNC장치와 자동화 요소 및 기구, 여러 가지 전자재료와 전자요소 등 첨단제품생산기지들을 훌륭히 꾸리고 그것이 은을 내도록 하기 위한 투쟁에 한 사람같이 떨쳐나서야 한다.

**2012년 제1호: 위대한 김정일동지의 유훈을 받들어 우리 당의 웅대한 강성부흥전략을 과학기술로써 관철해 나가자**

지난해에 과학자, 기술자들은 CNC기술의 명맥을 확고히 틀어쥐고 CNC공작기계생산에서 결정적 비약을 상징하는 대형복합가공중심반의 결정적 비약을 상징하는 대형복합가공중심반의 총시운전을 성과적으로 진행하였으며 현대적인 본보기공장들을 세우는 데서 나서는 과학기술적 문제들을 훌륭히 해결하였다.

(섬유공업)또한 2.8비날론련합기업소에 수평방사공정을 새로 꾸린 것을 비롯하여 비날론생산공정들을 보다 완비하여 그 생산량과 질을 한계단 더 높이였으며 흥남비료련합기업소 갈탄가스화1계렬공사를 끝내고 조업을 성과적으로 보장하였다. 하여 남

흥에서뿐만 아니라 흥남에서도 장쾌한 주체비료폭포가 쏟아져내리게 되었다.

과학자, 기술자들은 위대한 장군님의 의도를 높이 받들고 황철, 룡성, 대홍, 룡양 등 대고조 격전장들에 달려나가 우리의 기술, 우리의 자원으로 강성국가 건설에 긴요하게 쓰일 원료, 자재, 설비들을 국산화하는 데서 제기되는 수많은 과학기술적 문제들을 해결하였다.

과학자, 기술자들은 새 세기 산업혁명의 요구에 맞게 경공업공장들을 현대적 과학기술로 더욱 보강하고 완비하여 인민의 기호에 맞고 인민의 인정을 받는 질좋은 경공업제품들을 더 많이 쏟아져나오게 하는 데 적극 이바지하여야 한다.

이와 함께 경공업 부문에 필요한 원료, 자재를 국산화하기 위한 투쟁을 줄기차게 벌려 제국주의 반동들의 경제봉쇄정책을 단호히 짓부셔버려야 한다.

농업 부문의 과학자, 기술자들은 우량종자육종체계와 고리형 순환생산체계, 유기농법들을 적극 도입하기 위한 과학연구사업을 더욱 심화시켜나가야 한다.

과학자, 기술자들은 함남의 불길 따라 인민경제의 선행 부문, 기초공업 부문들의 생산을 더욱 활성화하기 위한 과학연구사업에 계속 큰 힘을 넣어 전력과 석탄생산을 결정적으로 늘이며 주체적 생산능력을 더 높이고 압연 생산공정의 현대화를 힘있게 다그치는 데 적극 이바지하여야 한다.

과학자, 기술자들은 최신식 CNC공작기계생산에서 비약적 발전을 이룩한 련하의 개척정신, 련하의 창조기풍으로 생산공정의 정보화를 적극 다그치며 우리 경제를 기술집약형으로 전변시키기 위한 과학연구사업을 전망성 있게 밀고나가야 한다.

과학연구기관들에서는 정보기술, 나노기술, 생물공학과 같은 핵심기초기술과 중요부문 기술공학 발전에 계속 큰 힘을 넣어 세계를 디디고 올라설 수 있는 연구성과들을 더 많이 내놓아야 한다.

# 4. 방문기와 교류기

## 1) 평양 방문과 남북 수학 교류기*

2007년 5월 7일부터 11일까지 닷새간 평양에서 열린 민족 화학자 학술대회에 참관인 자격으로 다녀왔다. 남북간의 수학교류를 위해 여러 방안을 모색 중이던 차에 좀 더 구체적이고 실현가능한 계획을 추진할 수 있으리란 기대를 안고 출발했다. 이제 평양방문기를 쓰려니 지난 4반세기 동안 남북 수학 교류에 걸친 필자의 인연 또한 주마등처럼 스쳐간다. 이번 기회에 수학의 남북교류사를 나름대로 정리한다는 생각으로 이 글을 쓰니 혹 개인적인 내용이 지루하게 느껴지시더라도 이해해주시기 바란다.

해방 후 첫 남북 학자 간의 공식 교류는 1991년 여름 중국 연변대학에서 열린 한민족과학기술 학술회의였다. 화학계에서 단독으로 추진하던 일을 한국과학기술단체총연합회(과총)가 맡아 과학기술 여러 분야를 묶은 학술회의를 주관하였다. 당시는 이러한 학술회의가 일반적으로 가능하지 않던 시기지만 이북에서 화학만은 이승기 박사의 비날론 업적에 긍지를 가져 이북 과학원 소속 함흥 화학연구소의 연구원이 많이 참석하여 공동학술회의가 열릴 수 있었고, 이와 더불어 수학, 물리, 지구과학 등 여러 분야도 포함되었다. 남쪽에서는 김종식 회장, 우무하 부회장, 기우항 교수, 김도한 총무, 이북에서는 조주경 김일성대학 수학부장, 박태재 김책공업대학 응용수학부장, 정재부 수학연구소 실장, 재미동포 수학자 채수봉 교수가 참석하였다. 중국 동포 수학자로는 연변대 김원택 수학부장, 최성일 교수, 하얼빈 공대 이용록 도사(導師) 교수 등이 참석하였다.

북한의 조주경 교수는 6.25 당시 서울대 문리대 수학과 2학년을 다니다 의용군으로 징집되어 낙동강 전투에서 한쪽 팔을 잃고 이북으로 가서 모스크바 대학 유학 후에 과학원 원사까지 역임한 분으로 워낙 인품이 있는 수학자라 격의 없는 대화가 가능하였다. 남북 수학자들은 조주경 교수 덕분에 노래방에 같이 가 술도 마시고 다른 분야의 참석자들에 비해 훨씬 더 친해졌다. 또한 재미동포로 참여한 채수봉 교수는 필즈 상 수상자인 서스턴(Thurston) 교수가 학부 시절 자기 제자라고 자랑도 하

---

* 이 글은 『대한수학회 소식지』 제113호(2007년 5월)에 실린 내용을 수정한 것임.

고 스프링어(Springer)에서 나온 『측도론(*Measure Theory*)』이 아직까지도 잘 팔린다고 좋아하는 등 상당히 유쾌한 분위기를 만들어주었다. 그러나 그에게도 만주 연변 지역에서 태어나 해방 후 어머니만 남겨놓고 남쪽으로 피난을 와 이번 방문에서 어머니의 생사 여부와 묘소를 어느 곳에 모셨는지를 백방으로 알아보았으나 묘소조차 찾을 수 없었다는 가슴 아픈 사연이 있었다. 학술회의가 끝나고 미국에 돌아간 채 교수에게 연락을 해보았더니 이때 간염에 감염되어 미국으로 돌아간 지 일 년도 되지 않아 돌아가셨다는 소식을 듣고 너무 슬펐다. 조주경 교수는 마지막 남북 이산가족 상봉단으로 남쪽을 방문하여 부산 지역 절에서 아들만 기다리며 사시던 어머니를 50년 만에 만난 사연을 여러 신문에서 다루었었다. 그 당시 조 교수님을 남쪽에서 다시 한번 만났으면 좋았을 텐데 아쉽다. 지난 여름 어머니와 아들 두 분이 거의 같은 시기에 서로 모르게 돌아가셨다는 소식을 듣고 미전향 장기수 대신에 조 교수 어머님을 보내드리는 것이 훨씬 인도적이었을 것이라는 생각을 하기도 하였다.

이 학술회의가 성공적으로 마무리되고 다음해인 1992년 여름, 수학 분야만으로 연변에서 학술회의를 추진했으나 아직까지도 밝혀지지 않은 이유로 연변행 비행기가 베이징에서 뜨지 않아 베이징에서 중국 과학원과 반쪽회의를 열 수밖에 없어 김종식 전 회장님이 애를 많이 태우신 것을 기억한다. 김종식 전 회장도 그 다음해인 1993년 겨울에 돌아가셔서 인생의 허무함을 느꼈다. 그 당시 연변에서 이북 수학계의 실세가 될 거라고 소문이 돌던 정재부 실장은 평양의 수학연구소 소장이 되어 베이징과 마드리드 세계 수학자대회에서 만났는데 우리 참가단의 규모와 여유에 많이 의기소침한 것을 보고 마음이 무거웠다.

1994년 8월에는 한국에 초청 방문을 하고 간 양로 중국수학회 회장이 남북 교류를 위하여 중국과학원 주최로 "1994 국제 순수 및 응용수학 학술회의"를 열어 한국에서 36명, 미국에서 동포 수학자 3명, 북한에서 방효숙 수학연구소 연구원, 유네스코 담당 서기 리봉희, 위세가 당당한 지도원 리동일 등 3명, 동포 수학자인 한경청 과학원 교수, 이용록 하얼빈 공대 교수, 최성일 연변대 교수 3명을 포함한 33명의 중국 수학자, 필리핀에서 2명, 미국에서 1명 등 모두 100여 명의 수학자가 참석하였다. 이 학술회의에 관한 필자의 보고서는 1994년 소식지에 나와 있으니 참고하시기 바란다. 그때의 에피소드가 있다. 제 논문 발표 후에 이러한 학술회의를 베이징에서 할 것이 아니라 연례행사로 제주도와 금강산에서 돌아가면서 했으면 좋겠다는 그 당시로서는 불가능한 희망을 피력하였다. 이 제안을 북한 측에서는 굉장히 심각하게 생각했는지 그다음 중국인 수학자의 발표 내내 방효숙 교수와 지도원이 숙의를 하더니 강연이 끝나자마자 평소 조용한 방 교수가 갑자기 손을 들고 나와 "김일성 주석 장례식에 조문을 오지 않은 남쪽 당국과는 대화를 않겠다"는 것이 북쪽의 방침이라고 언성을 높이는 바람에 갑자기 분위기가 서먹서먹해졌던 기억이 아직도 생생하다. 이제 시간이 흘러 남북 수학 학술회의를 이북에서 할 수 있는 방안을 찾으러 평양을 방문하기에 이르렀으니 격세지감이랄 수밖에 … 학술회의 당시 남쪽 방문단 분위기를 부드럽게 했던 강원대 한성호 교수도 타계하고 2002년 베이징 ICM에서 이북 수학자들로부터 방효숙 교수도 사망했다는 소식을 듣고 다시 한번 세월의 무상함을 느꼈다.

또 한번 우연히 이북 수학자들을 만난 경험이 있다. 1992년 편미분방정식 특별년을 맞은 폴란드 바르샤바의 바나흐 센터를 동경대의 가네코 교수, 과학기술원의 권길헌 교수와 함께 방문하였다. 소장인 보야르스키(Bojarski) 교수가 폴란드도 독일의 오버볼파흐(Oberwolfach)처럼 일년 내내 국제학술회의만 여는 장소를 베드레보(Bedlewo)에 마련하고자 하니 많은 도움을 바란다고 말하면서, 자기도 금강산을 다녀왔고 이번에 북한 수학자들이 방문하기로 되어 있는데 연락 없이 갑자기 나타나 언제 올 줄 모르겠다고 하소연하였다. 이북 수학자 만나기는 힘들겠다고 생각했는데 떠나기 이틀 전에 소장이 북한 수학자 3명이 갑자기 나타나서 당장 체재비를 달라고 요청한다고 당혹해 하면서 우리를 만나게 해주었다. 3명의 수학자는 리재곤 과학원 원사, 수학연구소의 최성부 교수, 이름은 모르는 재일교포 수학자인 고○○였다. 고○○는 보통 이북 사람과는 달리 가디건 차림에 김일성 배지도 달지 않아 권력자와 관계있는 듯한 분위기를 풍겼는데 나중에 추측하기로는 김정일 부인인 재일교포 고영희의 친척이 아닌가 하는 생각이 들었다. 나중에 돌아와서 선배 수학자에게 들으니 리재곤 교수는 상당히 민족주의적인 성향의 수학자로 독학으로 수학을 공부하여 해방 후 경성사범학교 교수를 하다가 월북하였다고 한다. 이북에는 수학 용어의 한글화 작업이 상당히 잘 되어 있어 과정이 어떻게 되었냐고 리재곤 교수께 물었더니 자신의 주장과 노력으로 시작된 사업이라고 대답하였다. 지금 기억나는 또 한 가지는 제 동료 수학자가 우연한 기회에 이북 신문에 나비어-스톡스 방정식에 관하여 이북 수학자의 업적이 난 것을 본 적이 있다고 이 교수에게 말하자 리 교수 자신이 테맘(Temam)의 나비어-스톡스 책을 읽다가 문제점을 하나 발견하여 제자에게 주었더니 금방 풀어 신문에 나게 되었다고 한다. 최성부 교수는 권길헌 교수가 이미 전에 불가리아 학회에서 만났던 수학자로 지금 생각해도 상당히 적극적이고 통이 커 다른 이북 수학자와는 달리 우리와 적극적으로 대화하는 것을 피하지 않았다. 이 분들은 권길헌 교수와 필자의 강연을 듣고 영어로 발표를 자유롭게 하는 것을 부러워하였다. 떠나기 전날 필자가 바르샤바 메트로 호텔에서 이북의 수학자 3명, 가네코 교수, 권길헌 교수 6명 함께 스테이크로 저녁 식사를 대접하였더니 그 당시 사회주의 국가에서 일인당 5달러짜리 식사가 너무 비싸다고 생각했는지 돈을 너무 쓰는 것이 아니냐고 물어 처갓집에서 노자에 도움을 받아 문제없다고 대답하고 같이 웃은 생각이 난다. 헤어지면서 리재곤 교수가 어렵게 운을 띠워 자기 가족이 이남에 남아 있는데 연락을 해주었으면 좋겠다고 부탁을 하여 흔쾌히 응낙하고 본적과 아들의 인적사항을 적어 받았다. 대신 필자의 삼촌도 세브란스 의과대학 졸업반 재학 중에 납북되었는데 1950년 8월인가 평양에서 할머니께 어머니를 애타게 그리면서 엽서 한 장 보냈을 뿐 아직도 생사를 모르니 혹시 만나게 되면 조카인 저를 만났다는 사실만 알려달라고 하였다. 돌아와 통일원에 문의하면 당연히 알 수 있으리라 생각했지만 지금까지 아무 대답이 없다. 그 후 리재곤 교수 아들이 수소문하여 나를 찾아와 반갑게 만나 가족사를 듣게 되었다. 리재곤 교수가 월북할 때 부모까지 포함하여 모든 가족이 월북을 하였다고 한다. 상당히 잘살고 있었는데 6.25가 나고 며칠 되지 않아 맥아더의 명령인지 평양이 B29 폭격을 받았다고 한다. 이때 리재곤 교수는 북한 당국이 중요 인사를 가족도 모르게 예비적으로 피난을 시켰는지 행방이 묘연해졌다고 한다. 리 교수를 찾다가 포기하고 가족들은 모두 고향인 청원군으로 다시 월남하였다고 한다. 상당히 고생을 하였지만 1990년 초에는 아들이 사업에 성공한 것으로 보였고 일본, 미국을 통하여 아버지와 연락을 하는데 자기들은 아버지가 그리워 편지를 길게 쓰면서 달러도 많이 부쳐 드렸는데 답장은 김일성 덕분에 잘 산다는 것만 길게 쓰고 제일 마지막에 아주 짧게 안부 인사를 한다고 섭섭한 심정을 밝히기도 하였다.

2002년 베이징 ICM에는 20명이 넘는 상당히 많은 이북 수학자들이 참석하였다. 이북 수학자 대표로는 연변에서 만났던 정재부 실장이 평양 수학연구소장이 되어 참석하였다. 전반적인 분위기는 남쪽 수학자들이 북쪽 수학자 강연에 많이 참석하여 관심을 보였지만 이북 수학자들은 꼭 두 명 이상이 같이 다니면서 남쪽 수학자들과 대화하는 것을 상당히 꺼려하였다. 바르샤바에서 만났던 최성부 교수를 다시 만나 반갑게 대화를 나누었는데 전반적인 분위기로 인하여 긴 얘기를 할 수 없어 안타까웠다. 필자가 당시 수학회 직책은 없었지만 정재부 소장을 설득하여 정동명 당시 수학회장을 포함한 간단한 남북 수학자 대화 모임을 ICM 회의장 커피숍에서 갖는 것을 주선하였지만 깊은 대화는 할 수 없었고 기억나는 것은 정재부 소장이 평양 수학연구소에 김정일 "장군"이 "손수" 방문하여 컴퓨터도 새로 교체해주고 현지 지도도 해주었다는 것을 열심히 설명한 것이 기억날 정도다. 이북 사람들과 만나면 항상 답답해지는 것이 직책이 높더라도 전문가가 결정할 수 있는 일은 전혀 없다는 사실이다. 모든 것은 지도원이나 당의 대남 전위기관에서만 결정할 수 있는 것으로 보인다. 중국과학원의 응용수학 분야 연구원인 한경청 교수에게도 남북 수학자 교류에 관하여 힘을 써 달라고 하였더니 자기도 정재부 교수를 비롯하여 이북 수학자들에게 같은 민족 수학자끼리 대화를 해야지 되지 않냐고 강하게 얘기했지만 소용이 없고 이북 수학자들의 사정을 아니 더 강하게 나갈 수도 없다고 하였다.

2005년에는 일본 조총련계 대학인 조선대학교의 수학 교수를 역임한 신정선 교수를 대한수학회 총회에 초청하여 이북의 수학 현황에 대하여 강연을 들었으나 역시 남북 학술교류를 추진하기에는 많은 어려움이 있다는 것만 다시 한 번 느꼈다. 그 당시 신 교수의 강연 중 북쪽을 "우리나라"라고 표현하는 데서 다시 한 번 민족 분단의 아픔을 실감하였다.

2006년 마드리드 ICM에는 단 두 명의 이북 수학자가 참석하였다. 베이징 ICM에도 참석하였던 정재부 수학연구소 소장과 김두진 교수로, 김두진 교수는 『과학원통보』와 『수학』에 비교적 활발하게 논문을 써 오래 전부터 이름은 알고 있던 수학자였다. 개회식장에서 이 두 명의 수학자를 만나 예전의 인연으로 반갑게 인사를 하였지만 역시 이남 수학자와는 대화를 꺼리는 것이 역력하였다. 김두진 교수는 ICM에서 편미분방정식의 제어성에 관하여 논문을 발표하였는데 남쪽 수학자들이 많이 참석하였다. 이북 수학자들은 북쪽에서는 인터넷 접속이 불가능해서 그런지 시간이 날 때마다 구글에서 논문 정보를 찾고 있었다. 필자는 장선영 이사, 이건희 교수와 함께 부회장 자격으로 ICM 회의장 카페테리아에서 식사를 대접하면서 장선영 교수가 소식지에 나올 인터뷰를 할 때 남북 학술교류 가능성에 관하여 다시 한 번 문의를 하였으나 예상한 대로 대답을 들을 수는 없었다. 남북 수학 교류에 적극적으로 도울 의사를 가지고 있는 중국 수학회장 란웬의 노력에도 불구하고 큰 소득은 없었다. 그 당시 이북 수학자들의 가장 큰 관심은 장기간 회비를 내지 못해 국제수학자 연맹 회원자격을 박탈당한 것을 그 간의 회비를 내지 않고 새로 가입할 수 있도록 중국, 즉 마지밍 세계수학자 연맹 부회장의 도움을 구하는 것이었는데 사실 불가능한 일이었다.

오랫동안 남북 교류를 위하여 노력하다가 이북 수학자들과의 대화로는 일이 진행될 수 없다는 것을 알고 상당히 낙담이 되어 사실은 1994년의 경우와 같이 중국과학원을 통해 중국에서 학술회의를 갖는 것을 시도하는 중이었다.

이런 중에 현재 대한수학회와 기초과학학회협의체(기과협)를 구성하여 협력관계에 있는 대한화학회와 과총이 작년 평양에서 열린 IT, NT, BT 분야의 1회 남북학술회의에 이어 1991년과 같이 평양에서 2회 민족화학학술회의를 추진한다는 것을 알려왔다. 채영복 과총회장과 1991년 연변 학술회의 주관 팀장으로 현재는 이 행사를 주관하고 있는 과총 이욱환 정책기획실장에게 이번 추진이 성공하면 다음에는 수학도 꼭 포함시켜 달라고 부탁하였다. 그리고 남북학술회의를 하려면 비용이 상당히 많이 들어 그 문제를 해결하는 것이 쉽지 않다는 것도 알게 되었다. 30명의 화학자와 100명 정도의 참관단이 참가하고 다음 학술회의 가능성이 있는 몇 분야의 전문가들도 학술회의에 참가한다고 하였는데 수학 분야는 너무 늦게 관심을 표명하여 이번에는 가지 못한다는 대답을 들었다. 그러나 갑자기 지난 4월 30일 과총으로부터 민족화학학술토론회에 한 명의 여석이 생겨 수학회에서도 참석할 수 있다는 통보를 받고 급히 주례회의를 열어 장래 남북 학술 교류를 위하여 참석하기로 결정하고 번갯불에 콩 볶아 먹는 식으로 서류 신청, 통일 교육 등을 신속히 진행시켰다.

이번 회의의 목적은 남북 과학 기술자들이 한자리에 모여 학술 발표 및 정보 교류를 통하여 상호 유대를 강화하고 직접 교류의 계기를 마련하여 남북과학기술 교류 활성화에 기여하는 것이었다. 5월 7일부터 11일까지 체재한 평양에서 벅차오르는 감정과 “이상한 나라의 김도한”이 되는 기분을 여러 번 느꼈다.

5월 7일 10시에 150명 정도의 참가단이 김포공항에 모여 11시에 고려항공 전세기를 타고 서해 직항로를 통하여 평양 순안 비행장으로 향하였다. 비행기를 탈 때 빨강 파랑의 치마저고리를 입은 이북 스튜어디스를 보고 정말 이북으로 향하는 것이라는 실감을 하였다. 비행기 안에서 승무원 사진을 찍었으나 제지하지는 않았다. 한 시간도 되지 않아 이북 내륙으로 들어갔는데 다락밭이 많고 산에 나무가 없이 붉은 부분이 많아 여름에 정말 홍수가 문제겠구나 하는 생각이 들었다. 텔레비전 뉴스에서 많이 보던 순안비행장에 내리면서 정말 이북 땅에 내리는구나 하며 감개가 무량하였고 비행장을 배경으로 사진 찍는 것이 허용이 되어 이북도 생각보다는 많이 유연해졌다는 것을 느꼈다. 공항 건물에 들어가니 우리나라 작은 지방의 공항보다 규모가 작아 상당히 놀랐다. 입국 수속도 생각보다는 쉬웠지만 가지고 간 서너 권의 책은 하나하나씩 다 조사하였다. 순안 공항에서 4대의 버스에 나누어 타고 금수산 김일성 묘, 김일성 대학을 지나 제일 먼저 만수대에 있는 김일성 동상에 갔다. 상당히 큰 동상으로 남쪽 참가단은 따로 참배는 하지 않고 사진만 열심히 찍었지만 막 결혼식을 올린 듯한 여러 부부를 비롯 이북 사람들은 모두 최경례를 하고 있었다. 버스에 탄 안내원이 상당히 꽃미남이었는데 나중에 남북 경의선 동해선 연결 행사 때 북측 참가단으로 텔레비전에 나온 것을 보았다. 6.15 선언 당시에는 "아태평화위원회"가 대남 사업에서 힘이 센 기관이었지만 현재는 민화협이라는 기관이 모든 일을 주관하여 우리를 접대한 안내원과 지도원 모두 민화협 소속이라고 하였다. 대동강변에 있는 옥류관에서 점심으로 냉면을 먹었는데 상당히 담백한 맛이었다. 면은 메밀 70%, 전분 30%라 하고 무게는 200그램, 값은 4유로였다. 숙소는 대동강에 있는 세 섬 중의 하나인 양각도에 있는 양각도 호텔이었다. 다른 두 섬은 모란봉 근처의 능라도와 하류 만경대 근처의 쑥섬이다. 양각도 호텔은 섬에 위치하고 있기 때문에 대규모 참가단을 통제하기 쉬워 요즈음은 모두 이 호텔에 묵게 한다고 한다.

둘째 날은 하루 종일 학술회의에 참석하였다. 화학 분야에서 무기 및 나노, 촉매, 고분자 화학 및 재료, 유기 화학 등 4분과로 나누어 남쪽에서 30명, 북쪽에서 12명이 발표를 하였다. 필자는 무기 및 나노 분야에 참석하였는데 논문의 질적 차이가 상당한 것으로 보였다. 특히 이북에서는 많은 실험을 할 수 없는 상황이라 상대적으로 이론 분야의 논문이 많았다. 북쪽에서도 상당히 많은 화학자가 참석하여 강의실에서 남북 화학자가 섞여 앉기를 기대하였으나 북측 지도원들이 원하지 않아 결국 강의실 좌석도 남북으로 갈렸다. 고분자 화학 분야에는 비날론을 발명한 이승기 박사의 아들인 이종과 박사도 참석하였다.

이번 학회에서 만난 최고령자(87) 마경석 전 충주비료 사장으로부터 여러 가지 흥미

있는 얘기를 들었다. 일제강점기 때 정규 대학에 조선인 교수는 딱 두 분 이승기, 이태규 박사가 계셨는데 모두 교토대학에서 이태규 박사가 먼저 촉매 분야에서 조교수가 되었고, 이승기 박사는 응용화학 분야에서 조교수는 늦게 되었으나 비날론을 발명하여 정교수 자리에 오른 유일한 분이 되어 전체 조선인 학생들의 우상이 되었다고 한다. 그러나 두 분 다 강의는 할 수 없었다고 한다. 이 두 분은 해방 후 모두 경성대 교수로 재직하다가 국대안 반대 등 좌우 대립의 와중에 한 분은 북쪽으로 다른 한 분은 미국으로 떠났다.

해방 직후 남쪽에서 사용한 전기량이 4만 kW였는데 흥남화학공장 단지 한 군데에서만 60만 kW를 썼다고 한다. 현재 비날론이라는 섬유는 경제성이 없지만 주체 섬유로 생각을 해서 아직도 많이 생산하는 것으로 보였다. 최근에도 자본주의 경제를 도입하려다 좌천된 이북의 총리급 고위 관료들이 평남 순천 비날론 공장, 함남 2.8 비날론 공장 지배인으로 좌천되었다는 기사를 보았고, 남쪽으로 오는 비행기 안에서 본 평양의 영어 신문에도 비날론이 뇌경막을 대신할 수 있는 가장 효과적인 섬유라고 주장하는 기사를 보았다.

남측 참관단의 다른 분야 학자들은 자기 분야의 학자들을 만날 것을 기대하였으나 북쪽 담당자들은 학자들끼리의 개별적인 접촉은 절대로 허용하지 않았다. 대신 남쪽의 과총 담당자와 북쪽의 민화협 담당자, 민족과학기술협회 담당자가 만나 내년 학회의 가능성에 관하여 논의하였다. 북쪽에서 원하는 분야는 풍력 및 수력 발전 분야의 과학기술 분야였고, 남쪽의 과총에서 생각한 것은 말라리아 등 질병 관리 분야, 기생충 분야, 원자력 발전 분야, 지질 탐사 및 지진 분야, 고생물학 및 자연사 박물관 분야, 수학 분야였다. 필자는 남북 수학자의 학술회의를 통해 학술 교류, 학술 용어 통일 문제 등을 다룰 수 있다는 점, 북쪽도 이번에 베트남 국제올림피아드에 참석한다고 하여 올림피아드 분야에서의 협력, 즉 올림피아드 계절학교 공동 운영 가능성, 아시아 수학연맹을 설립할 때 남북한이 협력하면 큰 힘이 될 수 있다는 것 등을 강조하였다. 민족과학기술협회 담당자는 과학원 소속이라 정재부 수학연구소장과 함께 남북 학술회의에 적극적으로 도와달라고 다시 한 번 부탁하였다. 또한 채영복 과총 회장에게도 단일학회가 남북학술회의를 계획하기는 불가능하니 내년에는 과총 주관으로 수학, 물리, 화학 등 전체 자연과학을 묶어 남북학술회의를 여는 방안을 추진하자는 의견을 냈다.

이틀간은 북쪽에서 보여주고 싶어 하는 주체탑, 개선문, 만경대, 남포 갑문, 만경대

김책공대 도서관의 수학 관련 양서

소년소녀궁전, 대안친선유리공장, 묘향산 국제 친선 전람관과 보현사, 김책공대 등을 돌아보았는데 우리 쪽에서 보고 싶어 하는 평양의 유명한 경승지인 부벽루, 을밀대는 근처에도 가지 못했다. 1992년은 이북에서는 김일성이 80살이 된 뜻깊은 해로 기념 구조물을 짓는 데 상당히 많은 비용을 들였다. 주체탑은 높이가 170m, 개선문은 높이가 60m, 넓이가 45m나 된다. 이북에서 또 하나 자랑하는 남포 갑문은 1990년대에 김일성, 김정일 2대에 걸친 대규모 공사로 주체적으로 건설하였다는 점을 특히 강조하였다. 상당히 큰 구조물로 둑 길이가 6km나 된다고 하나 현재 새만금 방조제의 둑 길이가 33km이니 남쪽 사람들에게 자랑하기에는 모자라다는 생각이 들었다. 또 하나 묘향산의 경치 좋은 곳에 김일성, 김정일이 외국 사람으로부터 받은 선물을 전시하는 국제친선전람관이란 건물을 산 속에 굴을 파고 지었는데 주체탑, 개선문, 만경대와 함께 우상화의 절정이라고 할 수 있다. 안내원의 청산유수 같은 설명을 들으며 전람관을 돌고 마지막 방에서 김일성 실물 크기의 밀랍 인물상에 이북의 모든 참배객은 최경례를 하고 있었다. 음악이 계속 흘러나와 해설원에게 무슨 음악이냐고 물었더니 실망의 기색이 역력한 얼굴로 전 세계 인민이 경배하는 김일성 장군의 노래를 어떻게 모를 수 있느냐고 하도 섭섭해해 머쓱해지기도 했다.

버스를 타고 다니면서 모든 곳을 유심히 보고 기억에 담아두려고 노력하였다. 평양의 주요 거리에는 25층 내지 30층 높이의 콘크리트 아파트가 꽤 많이 있다. 그러나 아

평양 순안 비행장에서 과총 이욱환 실장(오른쪽)과 함께

파트는 보수가 제대로 되지 않아 상당히 낡았고 대동강 철교까지 녹이 슬어 있는 모양이 페인트 등 물자가 정말 모자란 것으로 보였는데 이번 개성의 학술회의 마지막 협상에서도 상당한 양의 페인트를 요구하였다고 한다. 평양 아파트에는 밤새 전기가 들어온 듯했으나 주요 거리에도 가로등이 없는 곳이 많고 상점에도 바깥 조명이라는 개념이 없어 전체적으로 상당히 어두웠다. 특히 평양의 주요 거리에도 손전등을 들고 다니는 사람들까지 있어 신기한 한편 안쓰럽기도 하였다. 평양에서 묘향산으로 가는 평양-신의주 고속도로는 편도 2차선이었으나 차는 띄엄띄엄 보였고 평양 외곽에서는 목탄차도 보았다. 이 간선 고속도로상의 모든 터널에도 전등이 전혀 없어 다시 한 번 에너지 부족의 심각성을 엿볼 수 있었다. 그리고 북쪽에서 상당히 중요시 여길 경의선도 단선인 것으로 보였다. 가장 안쓰러웠던 것 중 하나는 평양에서 시골로 갈수록 많은 사람들, 특히 중년 여인들과 할머니들이 정말 커다란 등짐을 지고 다니는 것이 보여 삶의 고단함을 엿볼 수가 있었다.

경제 상황은 1달러가 공정환율로는 150원이나 암시장에서는 3,000원이라고 하는데 당고위관료 월급이 6,000~7000원, 교수가 4,500원, 일반 노동자는 2,500 내지 3000원이라고 한다. 대신 개성공단 노동자는 평균 월급 55달러와 성과급 10달러 정도를 받아 상당히 경쟁이 세다고 한다.

김책공대 전자도서관을 방문하였을 때 응용수학 등 수학을 공부하는 여러 학생을 만나보고 잠시 대화는 나누었으나 깊은 얘기는 할 수 없었다. 김책공대에서는 주요 구미 학술지를 12개 정도 구독하고 있었다. 도서관에서 우연히 장용섭이라는 수학 교수를 만나 박태재 전 학부장에게 안부를 전해 달라고 부탁하였다.

많은 이야기를 남기려는 욕심에 두서 없이 길어진 감이 있으나 남북 교류에 대한 필자의 충정이라 여겨주시기 바란다. 끝으로 수학회 힘만으로 남북학술회의를 개최한다는 것은 거의 불가능한 감이 들지만 과총의 주도로 과학기술 분야의 여러 학회가 함께 남북학술회의를 개최하는 것은 가능한 것으로 보인다. 내년이나 그 후에 남북학술회의가 가능할 때 회원 여러분의 많은 참여를 바란다.

## 2) 일본 조선대학교 방문기*

지난 7월 31일 일본 도쿄 코다이라 시 소재 조선대학교를 방문하여 가진 학술 강연 및 이학과(수학, 물리, 화학 전공 포함) 교수들과의 간담회는 아주 뜻깊은 모임이었다.

조선대학교(영어명, Korea University)는 북한의 지원으로 1955년 설립되어 재일 조선인 단체인 조총련(재일본조선인총연합회)이 운영하고 있는 대학교로, 현재 정치경제학부, 문학역사학부, 경영학부, 외국어학부, 영어학부, 일본어학부, 이공학부(이학과, 전자정보학과), 교육학부, 체육학부, 단기학부 등으로 구성되어 있다. 강의는 기본적으로 한국어로 진행되며 재학생의 대다수가 조총련계 조선고급학교 출신이다. 우리에게도 잘 알려진 정대세 선수는 조선대 축구부 출신이다.

2006년 마드리드 ICM에 참석했을 때, 북한 수학계의 주요한 인물인 정재부 수학연구소장과 ICM에서 논문도 발표하고 외국 학술지에 논문을 게재하고 있는 몇 안 되는 수학자 중 한 명인 김두진을 만나 남북 학술 교류에 관하여 논의를 시도하였으나 여의치 않았다. 남북한 간의 사정을 잘 알고 있는 당시 란웬 중국수학회 회장과 마지밍 국제수학연맹 부회장까지 중간에 나서서 학술 교류를 도우려고 노력하였으나 역시 허사였다. 그 후 2007년 5월 학회장 재임 시 평양에서 열린 민족화학 학술대회에 참석하여 예정대로라면 2008년 여름에는 수학 분야의 남북 공동학술회의가 평양에서 개최될 수 있을 것이란 기대를 할 수 있었다. 그러나 금강산 사건, 그 후 연평도 포격사건, 천안함 사건 등으로 남북 간의 거의 모든 교류가 단절되면서 수학 분야의 남북 학술회의도 물 건너 가버렸다. 특히 우리 수학계가 2014년 ICM을 서울에 유치하는 개가를 이루고 북한 수학자들의 많은 참가를 유도하고자 하는 상황이라 더욱 답답하였다.

지난 여름 평소에 알고 지내는 서울대 평화통일연구원 교수를 만나 남북 수학 교류에 관한 수학계의 노력을 말하면서 협조를 요청하였다. 아직까지 이공계 분야에서는 평화통일에 관한 연구가 활발하지 않으니 좋은 시도가 될 수 있겠다는 의견에 "북한의 수학 연구 현황"이라는 제목으로 지원을 신청하였고, 다행스럽게 지원을 받게 되었다. 이미 대한수학회에서 2001년부터 2009년까지 한국에서 수행된 논문을 분석하여 "한국 수학계의 연구동향분석"이라는 제목으로 보고서를 발표하였기에 북한의 수학 연구

* 이 글은『대한수학회 소식지』제145호(2012년 9월)에 실린 내용을 수정한 것임.

현황을 분석하면 남북한의 수학 연구 분야에 대한 구체적이고 정량적인 비교가 가능하고 이를 통해 앞으로의 연구방향도 제시할 수 있을 것이다.

이전에는 북한의 논문을 열람하는 것이 쉽지가 않아 방대한 자료를 어떻게 구하나 걱정을 많이 하였는데, 연구 개시 후에 여러 군데 문의해보았더니 북한 학술 논문집의 거의 대부분은 북한학 전자도서관인 www.kpjournal.com에서 구할 수가 있어 격세지감을 느끼게 되었다. 특히 수학 분야는 『수학』, 『과학원통보』, 『김일성 종합대학 학보』가 거의 완벽하게 구비되어 있어 연구에 큰 도움이 되었다.

그래도 남북 수학 교류를 위해서는 직접 접촉할 필요가 있으나 이북 수학자를 접촉하는 것은 불가능하여 그 대신 일본 조총련이 운영하는 조선대학교를 방문하려고 시도하였다.

작년 말 도쿄에서 열린 학회에 참석하였다가 지인의 소개로 어렵게 조선대학교 김희남 이공학부장과 만나 6월부터 김희남 교수와 이메일로 접촉하기 시작하였다. 먼저 이번 방문은 순전히 학술적인 행사를 위한 방문인 것을 강조하고 학술강연, 학부생을 위한 강연, 그리고 교수들과의 남북 교류 증진에 관한 간담회를 가졌으면 좋겠다는 뜻을 밝혔다. 이력서, 초청장을 위한 필요 서류를 보낸 다음 긍정적으로 검토하겠다는 학부장의 편지를 받았다. 그러나 "중앙"의 허가를 얻는 데 시간이 상당히 걸릴 것으로 보이니 같이 참고 일을 진행하고 현재 남북 교류 사정이 좋지 않아 학부생에 대한 강연은 힘들 것으로 생각한다고 하였다. 이러한 정치 상황에서도 학술적인 교류는 필요하다는 학부장의 간청이 통했는지 결국은 "중앙"의 허가가 나 처음 계획한 것보다 일주일 늦게 일정이 잡혔다.

조선대를 방문하여 나중에 알게 된 사실이지만 남북 정치 상황이 긴장 상태로 바뀐 지난 3, 4년간 한국과 조선대와의 학술 교류는 거의 끊겼고, 작년 조선대 55주년 기념식에 포항공대 총장을 역임한 박찬모 박사만 미국 시민이라 방문이 가능하였다고 한다.

7월 31일 조선대에서 김희남 학부장을 반갑게 만났다. 상당히 많은 이메일을 주고받은 사이라 금세 친하게 느껴졌고 나중에 알고 보니 우리 모두 6.25 동란이 일어난 1950년생이었다. 먼저 김 학부장과 함께 장병태 학장의 집무실을 방문했다. 앞으로 조선대가 남북 학술 교류에 중요한 역할을 담당하면 좋겠다는 뜻을 밝히고 나서 2014년 국제수학자대회가 서울에서 열릴 때 재일동포 수학자들이 많이 참석하면 좋겠다는 얘기를 꺼냈더니 장 학장은 재작년에 코엑스에서 열린 IEEE 정보 분야 국제학술회의에서 재일교포인 한태순 교수가 새넌 상을 받았다는 기사를 보여주면서 화기애애한 대화를 나누었다. 장 학장이 교토대에서 화학을 전공한 분이라 일제강점기 시대에 교토대학에서 화학을 전공하고 거의 유일하게 교수, 조교수 직에 올라 한국 학생들에게 큰 꿈이 되어준 이승기, 이태규 박사의 얘기도 나누었다.

이학과에서의 일정은 다음과 같았다. 먼저 2시 30분에 필자가 「평양방문 및 남북 수학 교류기」에서의 경험을 중심으로 남북 학술 교류에 대한 소견을 밝히고 나서, 3시에 조선대 송화헌 교수가 논문 「의리만공간에서의 고유 d 라선과 외적구면에 관하여」를 발표하고, 이어서 필자가 "Fourier analysis on hyperfunctions and application"이라는 제목으로 학술강연을 하였다. 그 후 4시 30분경에 다시 국제수학자대회 서울 ICM 2014 유치 과정과 현재 진행 상황에 관하여 설명하고 조선대 교수들의 협조를 부탁하였다. 이학과 교수 모두가 ICM에 큰 관심을 보였고 세 명의 수학 전공 교수들 모두 ICM에 참가하기를 희망하여 ICM 조직위원회를 통하여 최대한 노력하겠다고 화답하였다.

강의가 끝나고 물리학 전공인 임정혁 교수가 저서 『조선과학사』와 논문을 몇 편 필자에게 주었는데 『조선과학사』에는 영의정이자 수학자인 최석정[1](병자호란 당시 유화파인 최명길의 손자) 선생의 업적까지도 포함하였다. 또한 『한국과학사학회지』에 발표한 일제강점기 때 조선의 대표적인 물리학자인 도상록의 연구활동에 관한 논문도 상당히 흥미가 있었다.

이후 자연박물관과 역사박물관을 참관하고 나서 이학과 교수들과 저녁 회식을 같이 하면서 담소를 나누었다. 이학과 교수 대부분이 한국의 정치 상황에 관심이 많았고 특히 차기 대통령 선거에 많은 관심을 갖고 있는 것을 보고 상당히 놀랐다.

현재 조선대는 경제적으로 상당히 어려운 상황인 것으로 보였다. 1960, 70년대에는 북한에서 매년 30억 엔 정도를 동포 교육을 위하여 지원하였는데 2000년대 이후는 지원액이 1억 엔에도 못 미친다고 한다. 그럼에도 불구하고 조선대와 북한과의 교류는 아직까지도 상당히 활발한 것으로 보였다. 학생들이 북한으로 졸업 여행을 가고 수학 전공의 오성우 교수는 다음날 새벽 학생들을 인솔하고 평양으로 떠나는데 금수산 의사당 부근의 명문 중학교에서 학생들이 교생 실습을 한다고 자랑스럽게 말하였다.

---

1 2012년 과학 · 기술 명예의 전당에 헌정되었다.

그 다음 날도 김희남 학부장과 일부 수학 전공 교수들과 이자카야(일본식 술집)에서 반주를 곁들인 식사를 하였는데 안주들 중에 치즈 떡볶이, 김치전, 순두부찌개도 생선회와 함께 나와 보통 술집에까지 한류가 침투한 것으로 보여 흐뭇하였다.

조선대 방문 중에 북한의 과학원 원사를 역임한 리재곤 교수가 집필하여 1962년 과학원출판사에서 출판한『특이 적분의 성질과 일반 타원형 련립 편미분방정식』을 받았다. 리재곤 교수는 1992년 필자가 바르샤뱌 바나흐 센터에서 만난 수학자로 월북 전에는 경성사범대 교수를 역임하였다. 책 내용을 살펴보니 수준이 굉장히 높고 참고문헌에 그 당시 연구를 이끌었던 세계적인 수학자들인 칼데론(A. Calderon), 지그문트(A. Zygmund), 회르만더(L. Hormander), 락스(P.D. Lax), 니렌버그(L. Nirenberg) 등의 저서와 논문이 포함되어 많이 놀랐다. 그 당시 남한에서 연구 분위기가 정착되지 않은 것과 비교하면 상당히 놀라운 일이다. 우리의 연구수준이 괄목할 성장을 보인 반면, 현재 북한의 연구 수준은 그 후로 답보 상태에 있는 것으로 보여 그 원인을 살펴볼 필요가 있다고 생각한다.

이번 조선대 방문에서 학문에 대한 열정과 열의는 정치적 이념과 상관없이 지키고 성장시켜야만 한다는 것을 느꼈다. 이 작은 시작을 계기로 재일동포 수학자들도 이념을 떠나 2014년 서울 국제수학자대회에 많이 참석하게 되기를 바라고, 앞으로 조총련계 동포 수학계와 한국 수학계의 활발한 교류가 이루어져 상호 발전의 에너지가 될 것을 기대한다.

# 찾아보기

## ㅈ



## ㅊ



## ㅋ



## ㅌ



## ㅍ



## ㅎ

Abstract

## Analysis of Mathermatical Research in North Korea

Dohan Kim and Jong Son Shin

Reunification is the imperative goal of the nation. It is one that calls for a ready attitude for the changes that it may bring forth.

The recent inter-Korean relations have been quite stiff for more than five years long, but it is in these daft times that we realize a bigger need to build a foundation for mutual understanding and cooperation. Such foundation can be sought only by understanding the reality of our counterpart through a detailed analysis and comparing it with our own.

In this light, the necessity to understand the current studies and methods in mathematics of the North is clear, especially in a knowledge-based era where pure sciences serve as the fundamental engine to a nation's advancement. Mathematics is also the most promising in terms of academic exchanges, as it is a field that is free from idealisms.

The book includes a basic introduction to North Korean mathematics, followed by a comparison of faculties, trends, areas, and capabilities of the two Koreas. We believe this information will serve as a base material in building the mentioned foundation for the mathematical societies of the North and South alike.

# 저자 소개

## 김도한

서울대학교 공과대학 전자공학과, 대학원 수학과를 졸업하고 미국 럿거스대학교에서 박사학위를 받았다. 현재 서울대학교 수리과학부 명예교수이며, 재직 시 학부장, BK21 수리과학사업단장을 역임하였다. 대한수학회장 재직 중 서울 2014 세계수학자대회 유치 등 한국 수학의 국제화와 남북 수학 교류에 힘을 쏟았다. 전공 분야는 초함수론과 미분방정식 분야다.

## 신정선

일본 조선대학교 물리수학과를 졸업하고 도호쿠대학에서 박사학위를 받았다. 조선대학교 교수, 강좌장, 부학부장, 조선과학기술협회 부회장을 역임하였고, 퇴직 후 일본 법정대학, 도쿄도시대학 등에서 강의를 하면서, 전공 분야인 상미분방정식의 정성적 성질에 관한 연구에 힘쓰고 있다.

## 서울대학교통일학연구총서

01 북한체제의 형성과 한반도 국제정치
김세균 외 7인

02 북한 산업개발 및 남북협력방안: 지리적 접근
박삼옥 · 허우긍 · 박기호 · 박수진

03 탈북가족의 적응과 심리적 통합
이순형 · 조수철 · 김창대 · 진미정

04 남북한 환경정책 비교연구 1: 자연환경, 자원 및 에너지
윤여창 외 6인

05 남북한 환경정책 비교연구 2: 물환경, 대기, 폐기물, 도시계획
김정욱 외 4인

06 남북통합지수, 1989~2007
김병연 · 박명규 · 김병로 · 정은미

07 통일한국의 어린이 영양
이연숙 · 윤지현 · 심재은 · 장수정

08 북미 대립: 탈냉전 속의 냉전 대립
장달중 · 이정철 · 임수호

09 네트워크 세계정치: 은유에서 분석으로
하영선 · 김상배 엮음

10 김일성사회주의청년동맹과 조선민주녀성동맹: 사회변동과 체제유지의 기제
이온죽 · 이인정

11 다플랫폼 다채널 시대의 통일방송
윤석민 · 배진아 · 곽정래 · 이현우 · 채정화

12 기초자료로 본 독일 통일 20년
임홍배 · 송태수 · 정병기

13 탈북인의 공 · 사적 관계와 의사소통
이순형 · 김창대 · 진미정